# 养鹅

## 家庭农场致富指南

肖冠华 编著

化学工业出版社

·北京·

**图书在版编目（CIP）数据**

养鹅家庭农场致富指南 / 肖冠华编著 .—北京：化学
工业出版社，2023.1
ISBN 978-7-122-42500-3

Ⅰ.①养… Ⅱ.①肖… Ⅲ.①鹅 - 饲养管理 - 指南
Ⅳ.① S835.4-62

中国版本图书馆 CIP 数据核字（2022）第 208271 号

责任编辑：邵桂林　　　　　　　文字编辑：李玲子　药欣荣　陈小滔
责任校对：王鹏飞　　　　　　　装帧设计：韩　飞

出版发行：化学工业出版社
　　　　　（北京市东城区青年湖南街 13 号　邮政编码 100011）
印　　装：河北鑫兆源印刷有限公司
850mm×1168mm　1/32　印张 11　字数 297 千字
2023 年 6 月北京第 1 版第 1 次印刷

购书咨询：010-64518888　　　　售后服务：010-64518899
网　　址：http：//www.cip.com.cn
凡购买本书，如有缺损质量问题，本社销售中心负责调换。

定　　价：75.00 元

我国有 3000 多年的养鹅历史，在鹅的品种、养鹅技术、鹅产品上处于绝对的优势，鹅的饲养量占世界的 90％以上，是世界上的养鹅大国。

近年来，大公司带动养殖、孵化区带动养殖和屠宰加工厂带动养殖等新方式的出现，带动了我国养鹅产业的快速发展；还出现了种鹅之乡、孵化之乡、苗鹅之乡、肉鹅之乡、鹅屠宰加工之乡等，这些对养鹅产业的区域布局、产业模式、饲养技术、健康发展等方面会有很好的促进作用，在国际贸易上具有很大的发展潜力。

家庭农场是全球最为主要的农业经营方式，在现代农业发展中发挥了非常重要的作用，各国普遍对家庭农场发展特别重视。作为农业的微观组织形式，家庭农场在欧美等发达国家已有几百年的发展历史，坚持以家庭经营为基础是世界农业发展的普遍做法。

2008 年，党的十七届三中全会所作的决定当中提出，有条件的地方可以发展专业大户、家庭农场、农民专业合作社等规模经营主体，这是我国首次把家庭农场写入中央文件。

2013 年，中央一号文件进一步把家庭农场明确为新型农业经营主体的重要形式，并要求通过新增农业补贴倾斜、鼓励和支持土地流转、加大奖励和培训力度等措施，扶持家庭农场发展。

2019 年，中农发〔2019〕16 号《关于实施家庭农场培育计划的指导意见》中明确，加快培育出一大批规模适度、生产集约、管理先进、效益明显的家庭农场。

2020 年，中央一号文件中明确提出"发展富民乡村产业""重点培育家庭农场、农民合作社等新型农业经营主体"。

2020 年 3 月，农业农村部印发了《新型农业经营主体和服务主体高质量发展规划（2020—2022 年）》，对包括家庭农场在内的新型农业经营主体和服务主体的高质量发展作出了具体规划。

国际经验与国内现实都表明，家庭农场是发展现代农业最重要的经营主体，将是未来最主流的农业经营方式。

家庭农场作为新型农业经营主体，有利于推广科技，提升农业生产效率，实现专业化生产，促进农业增产和农民增收。家庭农场相较于规模化养殖场也具有很多优势。家庭农场的劳动者主要是农场主本人及其家庭成员，这种以血缘关系为纽带构成的经济组织，其成员之间具有天然的亲和性。家庭成员的利益一致，内部动力高度一致，可以不计工时，无需付出额外的外部监督成本，可以有效克服"投机取巧、偷懒耍滑"等机会主义行为。同时，家庭成员在性别、年龄、体质和技能上的差别，有利于取长补短，实现科学分工，因此这一模式特别适用于农业生产和提高生产效率。特别是对从事养殖业的家庭农场更有利，有利于调动家庭成员的积极性、主动性，家庭成员在饲养管理上更有责任心、更加细心和更有耐心，经营成本更低等。

家庭农场经营的专业性和实战性都非常强，涉及的种养方面知识和技能非常多。这就要求家庭农场的成员具备较强的专业技术，可以说专业程度决定其成败，投资越大，专业要求越高。同时，随着农业结构的不断调整以及农村劳动力的转移，新型职业农民成为从事农业生产的主力军。新型职业农民的素质直接关乎农业的现代化和产业结构性调整的成效。加强对新型职业农民的职业培育，对全面扩展新型农民的知识范围和提高专业技术水平，推进农业供给侧结构性改革，转变农业发展方式具有重要意义。

为顺应养鹅产业的不断升级和家庭农场健康发展的需要，本书针对养鹅家庭农场经营者应该掌握的经营管理知识和养殖技能，对养鹅家庭农场投资兴办、养殖场区选址和规划、优良品种鹅的选择与繁殖、饲料的加工与供应、鹅场日常饲养管理、养鹅牧草的种植、鹅产品加工、鹅疾病防治和家庭农场经营管理等家庭农场经营过程中涉及的一系列知识，详细地进行了介绍。

这些实用的技能，既符合家庭农场经营管理的要求，又符合新型职业农民培训的要求，为家庭农场更好地实现适度规模经营，取得良好的经济效益和社会效益助力。

本书在编写过程中，参考借鉴了国内外一些养殖专家和养殖实践者实用的观点和做法，在此对他们表示诚挚的感谢！由于作者水平有限，书中有些做法和体会难免有不妥之处，敬请批评指正。

编著者
2023 年 4 月

# 目录  CONTENTS

# 视频目录

## 第一章

# 家庭农场概述

## 一、家庭农场的概念

家庭农场，一个起源于欧美的舶来名词；在中国，它类似于种养大户的升级版。通常定义为：以家庭成员为主要劳动力，从事农业规模化、集约化、商品化生产经营，并以农业收入为家庭主要收入来源的新型农业经营主体。

家庭农场具有家庭经营、适度规模、市场化经营、企业化管理等四个显著特征，农场主是所有者、劳动者和经营者的统一体。家庭农场是实行自主经营、自我积累、自我发展、自负盈亏和科学管理的企业化经济实体。家庭农场区别于自给自足的小农经济的根本特征，就是以市场交换为目的，进行专业化的商品生产，而非满足自身需求。家庭农场与合作社的区别在于家庭农场可以成为合作社的成员，合作社是农业家庭经营者（可以是家庭农场主、专业大户，也可以是兼业农户）的联合。

从世界范围看，家庭农场是当今世界农业生产中最有效率、最可靠的生产经营方式，目前已经实现农业现代化的西方发达国家，普遍采取的都是家庭农场生产经营方式，并且在 21 世纪的今天，其重要性正在被重新发现和认识。从我国国内情况看，20 世纪 80 年代初期我国农村经济体制改革实行的家庭联产承包责任制，使我国农业生产重新采取了农户家庭生产经营这一最传统也是最有生命力的组织形式，极大地解放和发展了农业生产力。然而，家庭联产承包责任制这种"均田到户"的农地产权配置方式，形成了严重超小型、高度分散的土地经营格局，已越来越成为我国农业经济发展的障碍。在坚持和完善农村家庭承包经营制度的框架下，创新农业生产经营组织体制，推进农地适度规模经营，是加快推进农业现代化的客观需要，符合农业生产关系要调整适应农业生产力发展的客观规律要求。而家庭农场生产经营方式因其技术、制度及组织路径的便利性，成为土地集体所有制下推进农地适度规模经营的一种有效的实现形式，是家庭承包经营制的"升级版"。与西方发达国家以土地私有制为基础的家庭农场生产经营方式不同，我国的家庭农场生产经营方式是在土地集体所有制下从农村家庭承包经营方式的基础上发展而来的，因而有其自身的特点。我国的家庭农场是有中国特色的家庭农场，是土地集体所有制下推进农地适度规模经营的重要实现形式，是推进中国特色农业现代化的重要载体，也是破解"三农"问题的重要抓手。

家庭农场的概念自提出以来，一直受到党中央的高度重视，党中央为家庭农场的快速发展提供了强有力的政策支持和制度保障，使其具有广阔的发展前景和良好的未来。截至 2018 年底，全国家庭农场达到近 60 万家，其中县级以上示范家庭农场达 8.3 万家。全国家庭农场经营土地面积 1.62 亿亩。家庭农场的经营范围逐步走向多元化，从粮经结合，到种养结合，再到种养加一体化，一、二、三产业融合发展，经济实力不断增强。

# 二、养鹅家庭农场的经营类型

## （一）单一生产型家庭农场

单一生产型家庭农场是指单纯以养鹅为主的生产型家庭农场，以产肉、产蛋、产绒、产肥肝为核心，以出售种蛋、商品肉鹅、鹅蛋、鹅绒和鹅肥肝为主要经济来源的经营模式。

单一生产型适合产销衔接稳定、饲草料供应稳定、养鹅设施和养殖技术良好、周转资金充足的规模化养鹅的家庭农场。

## （二）产加销一体型家庭农场

产加销一体型家庭农场是指家庭农场将本场养殖的种鹅产的种蛋、商品肉鹅、鹅蛋、鹅绒等产品进行初加工，如种蛋孵化鹅雏、鹅蛋加工成咸鹅蛋或松花蛋、肉鹅加工成板鹅等后对外进行销售的经营模式（见图1-1）。即生产产品、加工产品和销售产品都由自己来做，省掉了很多中间环节，延长了养鹅生产的产业链，使利润更加集中在自己手中。

养鹅 ➡ 加工鹅产品 ➡ 销售鹅产品

图1-1 产加销一体型家庭农场示意图

产加销一体型家庭农场，以市场为导向，充分尊重市场发展的客观规律。其依靠农业科技化、机械化、规模化、集约化、产业化等方式，延伸经营链，提高了家庭农场经营过程中的产品的附加价值。

### （三）种养结合型家庭农场

种养结合型家庭农场是指将种植业和养殖业有机结合的一种生态农业模式，即将鹅养殖产生的粪便作为有机肥的基础，为种植业提供有机肥来源；同时，种植业生产的作物又能够给鹅养殖提供食源或者将作物生产场地作为鹅活动、觅食的空间。该模式能够充分将物质和能量在动植物之间进行转换及良好的循环，既解决了鹅养殖的环保问题，又为生产安全放心食品提供了饲料保障，做到了农业生产的良性循环（见图1-2）。如广泛采用的种草养鹅，具有成本低、效益好的优点。

图1-2　利用果园养鹅

我国野草资源丰富，是鹅青绿饲料的主要来源，应当充分利用。但是，单靠野草是不够的，特别是规模养鹅，要建立养鹅人工草地，并注意选择适宜鹅采食、适口性好、耐践踏的品种，如黑麦草和苜蓿草。同时，在饲养中应视牧草质量、采食情况和增重速度而酌情补料，一般以糠麸为主，掺以甘薯、秕谷和豆粕。经试验，补充配合饲料和稻谷的鹅，比不补充的平均日增重高 25 克，饲养期缩短 15 ~ 20 天。

再比如在池塘同时养鹅、鲢鱼、草鱼、鲤鱼。鹅吃剩下的草渣、草屑以及鹅槽里残留的饲料碎末，鹅的粪便排到水里，会促进水中浮游生物迅速繁殖，鲢鱼专吃浮游生物，草鱼专吃草，鲤鱼吃杂食。这样既净化水质，又不浪费草料和饲料，还可形成新的财源，一举多得。

种养结合型家庭农场模式属于循环农业的范畴，可以实现农业资源的最合理化和最大化利用，实现经济效益、社会效益和生态效益的统一，降低种养业的经营风险。其适合既有种植技术，又有养殖技术的家庭农场采用，同时对农场主的素质和经营管理能力，以及农场的经济实力都有较高的要求。

### （四）公司主导型家庭农场

公司主导型家庭农场（见图 1-3）是指家庭农场在自主经营、自负盈亏的基础上，与当地龙头企业合作，龙头企业统一制定生产规划和生产标准，以优惠价格向家庭农场提供种苗、农业生产资料及技术服务，并以高于市场的价格回收农产品的经营模式。家庭农场按照龙头企业的生产要求进行鹅生产，产出的鹅产品直接按合同规定的品种、时间、数量、质量和价格出售给龙头企业。家庭农场利用场地和人工等优势，龙头企业利用资金、技术、信息、品牌、销售等优势。一方面，减少了家庭农场的经营风险和销售成本；另一方面，龙头企业解决了大量用工、大量需要养殖场地的问题，减少了生产的直接投入。在合理分工的前提下，相互之间配合，获得各自领域的效益。

一般家庭农场负责提供饲养场地、鹅舍、人工、周转资金等。龙头企业一般实行统一提供鹅品种、统一生产标准、统一饲养标准、统一技术培训、统一饲料配方、统一市场销售等六统一。有的还实行统一供应良种、统一供应饲料、统一防病治病等。

| 家庭农场 | 公司 |
|---|---|
| 咨询、洽谈 | 考察、评估 |
| 申请开户、交纳保证金 | 建档开户 |
| 建设养殖场，达到可使用状态 | 指导建设标准化养殖场 |
| 双方签订委托养殖合同 | 双方签订委托养殖合同 |
| 领雏鹅、饲料和兽药 | 孵化场、饲料厂和服务部备货 |
| 按照作业指导书规范养殖 | 提供技术指导，做好检查监督 |
| 鹅及鹅蛋达到上市标准交付产品 | 公司组织统一销售 |
| 若继续合作签订下一期委托养殖合同 | 双方结算养鹅收益 |

图1-3　公司主导型家庭农场模式

　　"公司＋农户"的养殖模式，公司作为产业链资源的组织者，优质种源的培育者和推广者，资金技术的提供者，防病治病的服务者，产品的销售者，饲料营养的设计者，通过订单、代养、赊销、包销、托管等形式与农户连成互利互惠的产业纽带，实现了降低生产成本、降低经营风险、优化资源配置、提高经济效益的目的，有效推进了养鹅产业化进程与集约化经营，实现了规模养殖、健康养殖。

　　此模式减少了家庭农场的经营风险和销售成本，家庭农场专心养好鹅就行。该模式适合本地区有信誉良好的龙头企业的家庭农场采用。

## （五）合作社（协会）主导型家庭农场

合作社（协会）主导型家庭农场是指家庭农场自愿加入当地养鹅的养殖专业合作社或养殖协会，在养殖专业合作社或养殖协会的组织、引导和带领下，进行鹅专业化生产和产业化经营，产出的鹅产品由养殖专业合作社或养殖协会负责统一对外销售的经营模式。

一般家庭农场负责提供饲养场地、鹅舍、人工和周转资金等，通过加入合作社获得国家的政策支持，同时，又可享受来自合作社的利益分成。养殖专业合作社或养殖协会主要承担协调和服务的功能，在组织家庭农场生产过程中实行统一提供鹅优良品种、统一技术指导、统一饲料供应、统一饲养标准、统一产品销售等五统一。同时注册自己的商标和创立鹅产品品牌，有的还建立鹅养殖风险补偿资金，对不可抗拒因素造成的损失进行补偿。有的养殖专业合作社或养殖协会还引入公司或龙头企业，实行"合作社＋公司（龙头企业）＋家庭农场"发展模式。

在美国，一个家庭农场要同时加入4～5家合作社；欧洲一些国家将家庭农场纳入了以合作社为核心的产业链系统，例如，荷兰的以适度规模家庭农场为基础的"合作社一体化产业链组织模式"。在该种产业链组织模式中，家庭农场是该组织模式的基础，是农业生产的基本单位；合作社是该组织模式的核心和主导，其存在价值是全力保障社员的经济利益；公司的作用是收购、加工和销售家庭农场所生产的农产品，以提高农产品附加值。家庭农场、合作社和公司三者组成了以股权为纽带的产业链一体化利益共同体，形成了相互支撑、相互制约、内部自律的"铁三角"关系。国外家庭农场发展的经验表明，与合作社合作是家庭农场成功运营、健康快速发展的重要原因，也是确保家庭农场利益的重要保障。养殖专业合作社或养殖协会将家庭农场经营过程中涉及的畜禽养殖、屠宰加工、销售渠道、技术服务、融资保险、信息资源等方面有机地衔接，实现资源的优势整合、优化配置和利益互补，化解家庭农场小生产与大市场的矛盾，解决家庭农场标准化生产、食品安全和适度规模化问题，使家庭农场能获得更强大的市场力量、更多的市场权利，降低家庭农场养殖生产的成本，增加养殖效益。

该模式适合本地区有实力较强的养鹅专业合作社和养殖协会的家庭农场采用。

### （六）观光型家庭农场

观光型家庭农场是指家庭农场利用周围生态农业和乡村景观，在做好适度规模种养生产经营的条件下，开展各类观光旅游业务，借此销售农场畜禽产品的经营模式。

如家庭农场以农业休闲观光为主题，利用水库、鱼塘、河流养鱼和鹅，利用鹅粪在空闲地种植有机蔬菜。在园区内开设农家乐，开设清水养殖、果蔬种植、水上游乐、休闲观光等功能区，开展餐饮、宿营、烧烤、水上嬉戏、无公害蔬菜采摘等乡村休闲旅游户外活动，吸引游客前来体验。并开展肉鹅和鹅蛋深加工，开发麻辣鹅肉、香辣鹅脖、五香鹅肉、风香鹅、烤鹅、卤鹅头、香茶鹅、五香鹅蛋等休闲食品，为旅客提供新鲜、绿色、味美的鹅肉和鹅蛋，让家庭农场更有活力和吸引力，从而延伸产业链、提升综合效益。

这种集规模养鹅、休闲农业和乡村旅游于一体的经营方式，既满足了消费者的新鲜、安全、绿色、健康饮食心理，又提高了鹅产品的商品价值，增加了农场收益。其适合城郊或城市周边交通便利、环境优美、种养殖设施完善、有特色餐饮、住宿条件良好的家庭农场采用。该模式对自然资源、农场规划、养殖技术、营销能力、经济实力等都有较高的要求。

## 三、当前我国家庭农场的发展现状

### （一）家庭农场主体地位不明确

家庭农场是我国新型农业经营主体之一，家庭农场立法的缺失制约了家庭农场的培育和发展。现有的民事主体制度不能适应家庭农场培育和发展的需求，家庭农场在法律层面的定义不清晰，导致家庭农场登记注册制度、税收优惠、农业保险等政策及配套措施缺乏，融资及涉农贷款无法解决。再加上家庭农场抵御自然灾害的能力差，这些都对家庭农场的发展造成很大制约。

应当明确家庭农场作为新型非法人组织的民事主体地位，这是家庭农场从事规模化、集约化、商品化农业生产，参与市场活动的前提条件。家庭农场的市场主体地位的明确也为其与其他市场主体进行交易等市场活动，或与其他市场主体进行竞争打下良好的基础。

## （二）农村土地流转程度低

目前我国的农村土地制度尚不完善，导致很多地区农地产权不清晰，而且农村存在过剩的劳动力，他们无法彻底转移土地经营权，进一步限制土地的流转速度和规模。体现在四个方面：其一是土地的产权体系不够明确，土地具体归属于哪一级也没有具体明确的规定，制度的缺陷导致土地所有权的混乱。由于土地不能明确归属于所有者，这样就造成了在土地流转过程中无法界定交易双方权益，双方应享受的权利和义务也无法合理协调，使得土地在流转过程中出现了诸多的权益纷争，加大了土地流转难度，也对土地资源合理优化配置产生不利影响。其二是土地承包经营权权能残缺，即使我国已出台《物权法》，对土地承包经营权进行相应的制度规范，但是从目前农村土地承包经营的大环境来看，其没有体现出法律法规在现实中的作用，土地的承包经营权不能用于抵押，使得土地的物权性质表现出残缺的一面。其三是农民惜地意识较强，土地流转租期普遍较短，稳定性不足，家庭农场规模难以稳定，同时土地流转不规范合理，难以获得相对稳定的集中连片土地，影响了农业投资及家庭农场的推广。其四是不少农民缺乏相关的法律意识，充分利用使用权并获取经济效益的愿望还不强烈，土地流转没有正式协议或合同，容易发生纠纷，土地流转后农民的权益得不到有效保障。

## （三）资金缺乏问题突出

家庭农场前期需要大量资金的投入，土地租赁、畜禽舍建设、养殖设备、种畜禽引进、农机购置等需大量资金。并且家庭农场的运营和规模扩张亦需相当数量的资金，这对于农民来说是无形中的障碍。

目前，家庭农场资金的投入来源于家庭农场开办者人生财富的积累、亲友的借款和民间借贷。而农业经营效益低、收益慢，家庭农场又没有可供抵押的资产，使其比较难于从银行得到生产经营所需的贷款，即使能从银行得到贷款，也存在额度小、利息高、缺乏抵押物、授信担保难、手续繁杂等问题，这对于家庭农场前期的发展较为不利。除沿海发达地区家庭农场发展资金通过这些渠道能够凑足外，其他地区相对紧迫，都不同程度地存在生产资金缺乏的问题。

## （四）经营方式落后

家庭农场是对现有单一、分散农业经营模式的突破和推进，农民必须从原有的家长式的传统小农经营意识中解脱出来，建立现代化经营理念，要运用价格、成本、利润等经济杠杆进行投入、产出及效益等经济核算。

家庭农场的经营方式落后表现在缺乏长远规划，不懂得适度规模经营和不掌握市场运行规律，不能实时掌握市场信息，对市场不敏感，接受新技术和新的经营理念慢，没有自己的特色和优势产品等。如多数家庭农场都是看见别人养殖或种植什么挣钱了，也跟着种植或养殖，盲目的跟风就会打破市场供求均衡，进而导致家庭农场的亏损。

家庭农场作为一个组织要逐步由传统式的组织方式向现代企业式家庭农场转化。

## （五）经营者缺乏科学种养技术

家庭农场劳动者是典型的职业农民。作为家庭农场的组织管理者，除了需要掌握农产品生产技能，更需要有一定的管理技能，需要有进行产品生产决策的能力，需要有与其他市场主体进行谈判的技能，需要市场开拓的能力。即使现行"家庭农场＋龙头企业"或"家庭农场＋合作社"模式对家庭农场的组织能力要求较低，但是也需要掌握科学的种养技术和一定的销售能力。同时，由于采用这种模式家庭农场生产环节的利润相对较低，家庭农场要取得更大的经济效益就不是单纯的"养（种）得好"的问题。家庭农场未来依赖于附加值发展壮大，而附加值的增加需要技术的改良和技术的应用，更需专业的种养技术。

许多年轻人，特别是文化程度较高的人不愿意从事农业生产。多数家庭农场经营者学历以高中以下为多，最新的科技成果也无法在农村得到及时推广，这些现实情况影响和制约了家庭农场管理者决策能力和市场拓展能力的发展，成为我国家庭农场发展面临的严峻挑战。

## 第二章

# 家庭农场的兴办

## 一、兴办养鹅家庭农场的基础条件

做任何事情都要具备一定的条件，只有具备了充分且必要的条件以后再行动，这样成功的概率才大一些。否则，如果准备不充分，甚至连最基础的条件都不具备就盲目上马，极容易导致失败。家庭农场的兴办也是一样，家庭农场要事先对兴办所需的条件和自身实力进行充分的考察、咨询、分析和论证，找出自身的优势和劣势，对兴办家庭农场都需要具备哪些条件、已经具备的条件、不具备的条件有哪些，有一个准确、客观、全面的评估和判断，最终确定是否适合兴办，以及兴办哪一类家庭农场。下面所列的八个方面，是兴办家庭农场前就要确定的基础条件。

### （一）经营类型

兴办家庭农场首先要确定经营的类型。目前我国家庭农场的经营类型有单一生产型家庭农场、产加销一体型家庭农场、种养结合型家庭农场、公司主导型家庭农场、合作社（协会）

主导型家庭农场和观光型家庭农场等六种类型。这六种类型各有其适应的条件，家庭农场在兴办前要根据所处地区的自然资源、种植和养殖能力、加工销售能力和经济实力等综合确定兴办哪一类型的家庭农场。

如果家庭农场所处地区只有适合养殖用的场地，没有种植用场地，能够做好粪污无害化处理，同时，饲料保障和销售渠道稳定，交通又相对便利，可以兴办单一生产型家庭农场。如果家庭农场既有养殖能力，同时又有将鹅肉加工成特色食品的技术能力和条件，如加工成五香鹅肉、麻辣鹅肉、香辣鹅脖、烤鹅、卤鹅蛋等食品，并有销售能力，可以考虑兴办产加销一体型家庭农场，通过直接加工成食品后销售，延伸了产业链，提高家庭农场经营过程中的附加价值。

种养结合型家庭农场是非常有前途的一种模式，将种植业和养殖业有机结合，走循环农业、生态农业的良性发展之路，可以实现农业资源的最合理化和最大化利用，实现经济效益、社会效益和生态效益的统一，降低种养业的经营风险。如果家庭农场所在地既有适合养殖用的场地，又有种植用场地，畜禽污染处理环保压力大的地区，可以重点考虑这种模式。特别是以生产无公害食品、绿色食品和有机食品为主要方式的家庭农场，种植环节可以按照生产无公害食品、绿色食品和有机食品所需饲料原料的要求组织生产和加工，在鹅养殖环节也可以按照无公害食品、绿色食品和有机食品饲养要求去做，做到整个养殖环节安全可控。它是比较理想的生产方式。

对于有养殖所需的场地，能自行建设规模化养鹅场，又具有养殖技术，具备规模化肉鹅或种鹅养殖条件的，如果自有周转资金有限，而所在地区又有大型龙头企业的，可以兴办公司主导型家庭农场。与大型公司合作养鹅，既减少了家庭农场的经营风险和销售成本，又解决了龙头企业大量用工、需要大量养殖场地的问题，也减少了生产的直接投入。

如果所在地没有大型龙头企业，而当地的养鹅专业合作社或养鹅协会又办得比较好，可以兴办合作社（协会）主导型家庭农场。如果农场主具有一定的工作能力，也可以带头成立养鹅专业合作社或养鹅协会，带领其他养殖场（户）共同养鹅致富。

如果要兴办家庭农场的地方是城郊或在城市的周边，交通便利，同时有山有水、环境优美，有适合生态放养的水库、鱼塘及生态养鹅设施条件，以及绿色食品种植场地的，兴办者又有资金实力、养殖技术和营销能力，可以兴办以围绕生态养鹅和绿色蔬菜瓜果种植为核心的，集采摘、餐饮、旅游观光为一体的观光型家庭农场。

需要注意的是，以上介绍的只是目前常见的养殖类家庭农场经营的几种类型。在家庭农场实际经营过程中还有很多好的做法值得我们学习和借鉴，而且以后还会有许多创新和发展。

> **👤 小贴士：**
>
> 没有哪一种经营模式是最好的，适合自己的就是最好的经营模式。
>
> 家庭农场在确定采用哪种经营类型的时候应坚持因地制宜的原则，应选择那种能充分发挥自身优势和利用地域资源优势的经营模式，少走弯路。

## （二）生产规模

家庭农场养鹅应坚持适度规模的原则。

从放牧草场上看，适宜的饲养密度和草地载畜量是可持续适度规模养鹅的基础条件。要根据放牧草地的承载能力确定饲养适度的规模。鹅是以食草为主的家禽，它能很好地利用牧地，采食消化大量的青草。草质柔嫩，生长茂盛，有利于鹅的放牧饲养，以降低饲养成本。同时，让鹅在场地上得到充分的运动，提高鹅的生活力和生产力。一般草场养鹅量每公顷可饲养 300～450 只，载畜量的大小随草资源的状况加以调节。

从放牧水面上看，鹅作为水禽，最适宜在有水的环境中生长，每天有 1/4～1/3 的时间在水中生活。鹅的放牧场地要求"近、平、嫩、水、净"，强调的是青草清水，要求鹅舍附近要有江河、湖泊、池塘或沟溪等水源，水流要缓慢，水深 1 米左右，以供鹅群在水上活动和配种。水源如果过浅，在炎热的夏季烈日照射后水温会过高，雏鹅、种鹅都不愿在水中活动，影响雏鹅的生长发育和种鹅的配种；过深则不便觅食水中饲料。鹅不仅对水源的要求高，而且还要求自然环境清静。环境的净化能力十分重要，也就是说养鹅的水上密度要适宜，便于水质四季常"清"。鹅每天放牧时间 9 小时左右，水上放牧时间 3 小时左右，要吃 5～6 成饱，而且鹅有"多吃快拉"的特点，因此，每亩（667 平方米）水面的适宜放养成鹅数以 50～60 只为宜。

从资金实力上看，要养鹅必须筹备好一定数量的养殖资金，同时还要考虑到养殖风险和承受能力，要留有充足的资金。养殖资金主要有固定资本和流动资金两大类。具体包括场地建设费、鹅舍建筑费、设备购置费、鹅苗费、饲料费、疫病防治费、水电费及管理、运输、销售等费用。资金数量根据养殖规模和饲养方式而定。比如采取种草养鹅的饲养模式。养殖 1500 只肉鹅需固定资本 0.5 万元，鹅苗费 0.75 万元（按 5 元/只计），饲养流动资金 2.55 万元，合计筹措养殖资金 3.8 万元，便可正常从事肉鹅养殖生产。

从本地区养殖规模特点及形势上看，养鹅规模与地区养鹅的习惯关联较大，通常鹅养殖发展较好的地区，一般种、繁、养、加、销体系健全，有稳定的经纪人队伍，综合服务能力较强，适合规模较大的养殖。反之，如果产供销系统不完善，甚至脱节，就不适合大规模饲养。

总之，养鹅规模大小与经济效益有密切关系，饲养规模的大小要根据养殖者的劳力、资金、草料、放牧场地资源等条件，以及市场销售情况来确定。如果条件尚不够完善，饲养技术跟不上，不必追求大规模，否则因饲养管理不善，鹅群生产性能下降，患病死亡增多，反而得不偿失。适度的规模为：一般家庭农场一次饲养肉鹅1500只左右，一年饲养肉鹅2～3批，或者饲养种鹅300只左右；条件好的家庭农场可适当多饲养，肉鹅一次可饲养5000～10000只，一年养3～4批，或者种鹅可饲养500～1000只，由2人饲养即可。

### 👤 小贴士：

经济学理论告诉我们：规模才能产生效益，规模越大效益越大，但规模达到一个临界点后，其效益随着规模呈反方向下降。这个临界点就是适度规模。

适度规模养殖是在一定的适合的环境和适合的社会经济条件下，各生产要素（土地、劳动力、资金、设备、经营管理、信息等）的最优组合和有效运行，取得最佳的经济效益。而养鹅生产的适度规模，是指在一定的社会条件下，鹅养殖生产者结合自身的经济实力、生产条件和技术水平，充分利用自身的各种优势，把各种潜能充分发挥出来，以取得最佳经济效益的规模。

## （三）饲养方法

鹅的饲养方式可分为舍饲、圈养和放牧三种饲养方式。

放牧养鹅是一种比较普遍的饲养方式，也是我国传统的饲养方法。可利用草地、草坡、果木林地，沟渠道旁的零星草地及收粮的茬地来进行放牧（见图2-1和见视频2-1～视频2-3）。这些地方生长着丰富而且鹅喜欢吃的野生牧草，如水稗草、苦荬菜、蒲公英、鹅冠草、灰菜等。通常养殖户在春夏季买鹅苗，育雏后根据天气情况选择放牧时间，晚上补饲，在秋冬季到来时便可上市。每只鹅需要配合饲料4～5千克。放牧饲养可灵活经营，并可充分利用天然饲料资源，节约生产成本，但饲养规模受到限制，适合饲养蛋鹅、肉用仔鹅前期。

图 2-1 放牧养鹅

视频 2-1 利用玉米地放养鹅

视频 2-2 林地放牧养鹅

视频 2-3 水塘养鹅实例

舍饲也称为旱养，多为地面垫料平养或网上平养，一般在集约化饲养时采用（见图 2-2）。舍饲适合没有放牧场地和水源条件的养殖场养鹅，是目前养鹅的发展趋势，特别适合育雏鹅，肉鹅育肥，填肥、生产鹅肥肝，种草养鹅，秸秆发酵养鹅，种鹅和反季节养鹅等，也可以作为放牧鹅后期快速育肥。舍饲适合于规模批量生产，不受季节限制，但生产成本相对较高，对饲养管理水平要求也高。

圈养也称为关棚饲养，是早期将雏鹅饲养在舍内保温，后期将鹅饲养在有棚舍的围栏内露天饲养（见图 2-3，视频 2-4）。围栏内可以有水池，无水池也可以旱养。饲喂配合饲料或谷物饲料及青绿饲料，不进行放牧。这种方式也适合于规模化批量生产，投资比舍饲少，对饲养管理水平要求也没有舍饲高。

视频 2-4 简易棚
养鹅实例

图 2-2　舍饲养鹅

图 2-3　圈养鹅

　　从以上三种饲养方式可以看出，养殖者采用哪种饲养方式要根据生产的目的和饲养的条件决定。

　　生产目的决定饲养方式，如生产鹅肥肝就要采用圈养舍饲的办法，因为鹅肥肝的生产要求鹅尽量减少活动，尽可能地多吃些高能量、高蛋白的饲料，这些都是放牧饲养达不到的，要在短时间内达到鹅快速生长的目的，只有采取舍饲的办法。同样，育雏期的雏鹅需要温度条件高，不适合放牧，只能舍饲。

　　饲养条件也决定饲养方式，有放牧的草地、果木林地、河流、沟渠等条件，尽量采用放牧养鹅，可节约大量的养殖成本。但要做好放牧计划，如利用收割后茬地残留的麦粒和残稻株落谷进行育肥的，必须充分掌握当地农作物的收获季节，预先育雏，制订好放牧育肥的计划。比如从早熟的大麦到小麦茬田，随着各区收割的早晚一路放牧过去，到小麦茬田放牧结束时，鹅群也已育肥，即可尽快出售。茬地放牧一结束，就必须用大量精料才能保持肥度，否则鹅群就会掉膘。稻田放牧也如此进行。没有这些条件要养鹅当然只能采用圈养舍饲的办法。同样，反季节养鹅也是这样。由于放牧生产受放牧场地限制较多，夏秋季节可以采食的食物较多，放牧当然没有问题，而冬季较少，北方大部分地区甚至没有可以采食的，如果这个时候在北方养鹅，只能采取舍饲的办法。

另外，从我国当前养鹅业的社会经济条件和技术水平来看，对于小规模的养殖户来说，采用放牧补饲方式，小群多批次生产肉用仔鹅更为可行。

**小贴士：**

环保升级，要求养鹅向节水模式方向发展，水域养殖向小水池饲养、旱养模式转变。但小水池饲养、旱养情况下的产蛋量、受精率、孵化率、成活率等生产成绩都会下降，羽毛质量、肉品质等经济性状也会受到影响。节水模式下的饲养技术还需要探索。

## （四）资金筹措

家庭农场养鹅需要的资金很多，这一点投资兴办者在兴办前一定要有心理准备。养鹅场地的购买或租赁、鹅舍建筑及配套设施建设、养鹅设备购置、种鹅购买、饲料购买、防疫费用、人员工资、水费、电费等费用，都需要大量的资金作保障。

从鹅场的兴办进度上看，从鹅场前期建设至正式投产运行，再到能对外出售商品肉鹅或种蛋（鹅雏）、鹅蛋这段时间，都是资金的净投入阶段。据测算，投资一个每批饲养 3000 只规模肉鹅的养鹅场，按照每平方米饲养 5 只，需要 600 平方米的鹅舍，鹅舍建筑每平方米投资大约 300 元，一栋 600 平方米的棚舍投资大约 18 万元。鹅雏价格每只 19 元左右，3000 只鹅雏需要 5.7 万元。接下来还需要持续不断地投入饲料费、人工费、水电费、药品防疫费等费用。如精饲料 5.87 万元（1 ～ 7 日龄：0.4 千克 / 只 ×4 元 / 千克 ×3000 只 =0.48 万元。8 ～ 21 日龄：0.75 千克 / 只 ×2.6 元 / 千克 ×3000 只 =0.585 万元。21 日龄～上市：10 千克 / 只 ×1.6 元 / 千克 ×3000 只 =4.8 万元），青饲料 0.6 万元（2 元 / 只 ×3000 只），水电费和防疫费用 0.6 万元（2 元 / 只 ×3000 只）。

养殖 3000 只肉鹅第一年投资鹅舍 18 万元。在不计算人工费的情况下，一年饲养总成本为 12.77 万元，这些资金都要求家庭农场准备充足。

中国有句谚语，"家财万贯，带毛的不算"。说的是即使你饲养的家禽家畜再多，一夜之间也可能全死光。这其中折射出人们对养殖业风险控制的担忧。如果家庭农场经营过程中出现不可预料的、无法控制的风险，应对的最有效办法就是继续投入大量的资金。如鹅场内部出现管理差错或者暴发大规模疫情，鹅场的支出会增加得更多。或者外部商品肉鹅或鹅蛋市场出现大幅波动，价格大跌，养鹅行业整体处于亏损状态时，要有充足的资金才能够度过价格低谷期。这些资金都要提前准备好，现用现筹集不一定来得及。此时如果没有足够的资金支持，鹅场将难以经营下去。如《十堰晚报》2016 年报道，26岁小伙徐某初中毕业后，他便开始外出打工。2011 年徐某回到家乡，在工地干起了小工，提灰桶、粉刷墙，手头渐渐有了一些积蓄。

2016 年 3 月，徐某看网上说养鹅能赚钱，他便把手头的七八万元积蓄全拿了出来，又向朋友借了五万元，买了 1500 只小鹅。然而因没有养殖技术，不过月余，这些小鹅就病死了五六百只。如今剩下的小鹅好不容易慢慢长大了，徐某又开始为它们的销路发愁。

"这些鹅每天光吃食就得 300 斤，大概需要三四千元，为给它们买饲料，我又借了几万元。"徐某告诉记者，近期买他鹅的都是熟人散客，销量很少，现在他手头还有 800 只鹅无人问津。徐某向《十堰晚报》求助，希望能为他饲养的 800 只鹅寻找销路。

资金准备不充足，有建场的钱没买鹅雏的钱；盲目建设，建设饲养场地不合理或不按照饲养规模租用场地，浪费资金，使本来就紧张的资金更加紧张；对价格低谷没有准备，商品鹅出栏的时候正好赶上价格低谷期，雪上加霜等。这些都是投资兴办前对资金计划不周全，资金准备不充足，导致家庭农场经营上出现问题。所以，为了保证家庭农场资金不影响运营，必须保证资金充足。

### 1. 自有资金

在投资建场前自己就有充足的资金这是首选。俗话说："谁有也不如自己有。"自有资金用来养鹅也是最稳妥的方式，这就要求投资者做好家庭农场养鹅的整体建设规划和预算，然后按照总预算额加上一定比例的风险资金，足额准备好兴办资金，并做到专款专用。资金不充足时哪怕不建设，也不能因缺资金导致半途而废。对于以前没有养鹅经验或者刚刚进入养鹅行业的投资者来说，最好采用滚雪球的方式适度规模发展，切不可贪大求全，规模比能力大，驾驭不了家庭农场的经营。

### 2. 亲戚朋友借款

需要在建场前落实具体数额，并签订借款协议，约定还款时间和还款方式。因为是亲戚朋友，感情的因素起决定性作用，是一种帮助性质的借款，但要以保证借款的本金安全为主，借款利息要以低于银行贷款的利息为宜。双方可以约定如果家庭农场盈利了，适当提高利息数额，并尽量多付一些；如果经营不善，以还本为主，还款时间也要适当延长，这样是比较合理的借款方式。这里提醒家庭农场注意的是，根据作者掌握的情况，家庭农场要远离高利贷，因为这种民间借贷方式对于养殖业不适合，风险太大。特别是经营能力差的家庭农场无论何时都不宜通过借高利贷经营家庭农场。

### 3. 银行贷款

尽管银行贷款的利息较低，但对家庭农场来说是最难的借款方式，因为养鹅具有许多先天的限制条件。从资产的形成来看，家庭农场养鹅本身投资很大，但见不到可以抵押的东西，比如养鹅用地多属于承包租赁、鹅舍建筑无法取得房屋产权证，不像我们在市区买套商品房，能够做抵押。于是出现在农村投资百万建个养鹅场，却不能用来抵押的现象。而且许多中小家庭农场本身的财务制度也不规范，还停留在以前小作坊的经营方式上，资金结算多是通过现金直接进行的。而银行借钱给家庭农场，要掌握家庭农场的现金流、物流和信息流，同时银行还要了解家庭农场经营者的为人、其还款能力以及其家族的背景，才会借钱给你。而家庭农场这种经营方式很难满足银行的要求，信息不对称，在银行就借不到钱。所以，家庭农场的经营管理必须规范有序、诚信经营、适度规模养殖，还要使资金流、物流、信息流对称。可见，良好的管理既是家庭农场经营管理的需要，也是家庭农场良性发展的基础条件。

### 4. 网络贷款

网络借贷是指个体和个体之间通过互联网平台实现的直接借贷。它是互联网金融（ITFIN）行业中的子类。网贷平台数量近两年在国内迅速增长。

2017 年中央一号文件继续聚焦农业领域，支持农村互联网金融的发展，提出了鼓励金融机构利用互联网技术，为农业经营主体提供小额存贷款、支付结算和保险等金融服务。同时，由于农业强烈的刚需属性又保证了其必要性，农产品价格虽有浮动但波动不大，农产品一定的周期性又赋予了其稳定长线投资的特点，生态农业、农村金融已经成为中国农业发展的新蓝海。

### 5. 公司 + 农户

公司 + 农户是指家庭农场与实力雄厚的公司合作，由大公司提供鹅雏、饲料、兽药及服务保障，家庭农场提供场地和人工，等肉鹅出栏后交由合作的公司，合作公司按照约定的价格收购。这种方式可以有效地解决家庭农场有场地无资金的问题，风险较小，收入不高但较稳定。

**小贴士：**

无论采用何种筹集资金的方式，鹅场的前期建设资金还是要投资者自己准备好的。在决定采用借外力实现养鹅赚钱的时候，要事先有预案，选择最经济的借款方式，还要保证这些方式能够实现，要留有伸缩空间，绝不能落空。这就需要鹅场投资者具备广泛的社会关系和超强的鹅场经营管理能力，能够熟练应用各种营销手段。

### （五）场地与土地

养鹅需要建设鹅舍、放养场地、鱼塘、水库、饲料储存和加工用房、人员办公和生活用房、消毒间、水房、锅炉房等生产和生活用房，以及厂区道路、废弃物无害化处理场所等。如果实行生态化放养的家庭农场，还需要有与之相配套的放养场地。实行种养结合的家庭农场，还需要种植本场所需饲料的农田等，这些都需要占用一定的土地作为保障。家庭农场养鹅用地也是投资兴办家庭农场必备的条件之一。

《全国土地分类》和《关于养殖占地如何处理的请示》规定：养殖用地属于农业用地，其上建造养殖用房不属于改变土地用途的行为，占用基本农田以外的耕地从事养殖业不再按照建设用地或者临时用地进行审批。应当充分尊重土地承包人的生产经营自主权，只要不破坏耕地的耕作层，不破坏耕种植条件，土地承包人可以自主决定将耕地用于养殖业。

自然资源部、农业农村部《关于设施农业用地管理有关问题的通知》自然资规〔2019〕4 号规定：设施农业用地包括农业生产中直接用于作物种植和畜禽水产养殖的设施用地。其中，畜禽水产养殖设施用地包括养殖生产及直接关联的粪污处置、检验检疫等设施用地，不包括屠宰和肉类加工场所用地等。设施农业属于农业内部结构调整，可以使用一般耕地，不需落实占补平衡。养殖设施原则上不得使用永久基本农田，涉及少量永久基本农田确实难以避让的，允许使用但必须补划。设施农业用地不再使用的，必须恢复原用途。设施农业用地被非农建设占用的，应依法办理建设用地审批手续，原地类为耕地的，应落实占补平衡。各类设施农业用地规模由各省（区、市）自然资源主管部门会同农业农村主管部门根据生产规模和建设标准合理确定。其中，看护房执行"大棚房"问题专项清理整治整改标准，养殖设施允许建设多层建筑。市、县自然资源主管部门会同农业农村主管部门负责设施农业用地日常管理。国家、省级自然资源主管部门和农业农村主管部门负责通过各种技术手段进行设施农业用地监管。设施农业用地由农村集体经济组织或经营者向乡镇政府备案，乡镇政府定期汇总情况后汇交至县级自然资源主管部门。涉及补划永久基本农田的，须经县级自然资源主管部门同意后方可动工建设。

尽管国家有关部门的政策非常明确地支持养殖用地需要。但是，根据国家有关规定，规模化养鹅必须先经过用地申请，符合乡镇土地利用总规划，然后办理租用或征用手续，还要取得环境评价报告书和动物防疫条件合格证（见图2-4）等。如今畜禽养殖的环保压力巨大，全国各地都划定了禁养区和限养区，选一块合适的养殖场地并不容易。

图2-4　动物防疫条件合格证

因此。在家庭农场用地上要做到以下三点。

## 1. 面积与养鹅规模配套

规模化养鹅需要占用的养殖场地较大，在建场规划时要本着既要满足当前养殖用地的需要，同时还要为以后的发展留有可拓展的空间的原则。

如果家庭农场实行生态养鹅或者种养结合模式养鹅的，除了以上所需占地面积以外，还需要水库、鱼塘等放养场地或者饲料、饲草种植用地。

## 2. 自然资源合理

为了减少养殖成本，家庭农场养鹅要采用以利用当地自然资源为主的策略。自然资源主要是指当地的江河湖泊、水库等自然资源。当地产饲料的主要原料如玉米、小麦、豆粕等也要丰富，还应尽量避免主要原料经过长途运输，增加饲料成本，从而增加了养殖成本。尤其是实行生态放养的家庭农场，对当地自然资源的依赖程度更高，可以说，家庭农场所在地如果没有可利用的自然资源，就不能投资兴办生态放养的家庭农场。

## 3. 可长期使用

投资兴办者一定要在所有用地手续齐全后方可动工兴建，以保证家庭农场长期稳定地运行，切不可轻率上马。否则，家庭农场的发展将面临环保、噪声、拆迁等诸多麻烦事。

### 小贴士：

在投资兴办前要做好养鹅场用地的规划、考察和确权工作。为了减少土地纠纷，家庭农场要与土地的所有者、承包者当面确认所属地块边界，查看土地承包合同及农村土地承包经营权证（见图 2-5）、林权证（见图 2-6）等相关手续，与所在地村民委员会、乡镇土地管理所、林业站等有关土地、林地主管部门和组织确认手续的合法性，在权属明晰、合法有效的前提下，提前办理好土地、鱼塘、水库和林地租赁、土地流转等一切手续，保证家庭农场建设的顺利进行。

**图2-5** 农村土地承包经营权证

**图2-6** 林权证

## （六）饲养技术保障

养鹅是一门技术，是一门学问，科学技术是第一生产力。想要养得好，靠养鹅发家致富，不掌握养殖技术，没有丰富的养殖经验是断然不行的。可以说养殖技术是养鹅成功的保障。

### 1. 掌握技术的必要性

工欲善其事，必先利其器。干什么事情都需要掌握一定的方法和技术，掌握技术可以提高工作效率，使我们少走弯路或者不走弯路，养鹅也是如此。

养鹅需要很多专业的技术，绝不是盖个鹅舍、喂点饲料、给点水，保证鹅不风吹雨淋、饿不着、渴不着那么简单。涉及雏鹅的选择、温度和湿度控制、光照控制、通风换气、饲料配制、饲料投喂、饮水供应、疾病防治等一系列管理技术，这些技术是养鹅必不可少的，这些技术也决定着家庭农场养殖的成败。可见，养鹅技术对家庭农场正常运营的重要性。

## 2. 需要掌握的技术

现代规模养鹅生产的发展，将是以应用现代养鹅生产技术、设施设备、管理为基础，专业化、职业化员工参与的规模化、标准化、高水平、高效率的养鹅生产方式。规模养鹅需要掌握的技术很多，建场规划选址、鹅舍及附属设施设计建设、品种选择、饲料配制、鹅群饲养管理、繁殖、环境控制、防病治病、废弃物无害化处理、营销等养鹅的各个方面，都离不开技术的支撑，根据办场的进度逐步运用这些技术。如在鹅场选址规划时，要掌握鹅场选址的要求、各类鹅舍及附属设施的规划布局。在正式开工建设时，要用到鹅舍样式结构及建筑材料的选择，养殖设备的类型、样式、配备数量、安装要求等技术。鹅舍建设好以后，就要涉及品种选择、种鹅或种蛋的引进方式、种鹅及雏鹅的挑选、饲料配制等技术。后续还需进行温度、湿度、光照、饮水、饲喂、卫生消毒、疾病防治、粪便无害化处理等日常饲养管理。这些技术都需要家庭农场的经营管理人员掌握和熟练运用。

## 3. 技术的来源

一是聘用懂技术会管理的专业人员。很多鹅场的投资人都是养鹅的外行，对如何养鹅一知半解，如果单纯依靠自己的能力很难胜任规模鹅场的管理工作，需要借助外力来实现鹅场的高效管理。因此，雇用懂技术会管理的专业人才是首选，雇用的人员要求最好是畜牧兽医专业毕业的，有丰富的规模鹅场实际管理经验，吃苦耐劳，以场为家，具有奉献精神。

二是聘请有关科技人员做顾问。如果不能聘用到合适的专业技术人员，同时本场的饲养员有一定的饲养经验和执行力，可以聘请农业院校、科研院所、各级兽医防疫部门权威的专家作顾问，请他们定期进场查找问题、指导生产、解决生产难题等。

三是使用免费资源。如今各大饲料公司和兽药生产企业都有负责售后技术服务的人员，这些人员中有很多人的养殖技术比较全面，特别是疾病的治疗技术较好，遇到弄不懂或不明白的问题可以及时向这些人请教。可以同他们建立联系，遇到问题及时通过电话、电子邮件、微信、登门等方式向他们求教。必要的时候可以请他们来场现场指导，请他们做示范，同时给全场的养殖人员上课，传授饲养管理方面的知识。

四是技术培训。技术培训的方式有很多，如建立学习制度、购买养鹅方面的书籍。养鹅方面的书籍很多，可以根据本场员工的技术水平，选择相应的养鹅技术书籍来学习。采用互联网学习和交流也是技术培训的好方法。互联网的普及极大地方便了人们获取信息和知识，人们可以通过网络方便地进行学习和交流，及时掌握养鹅动态。互联网上涉及养鹅内容的网站很多，养鹅方面的新闻发布得也比较及时。但涉及养殖知识的原创内容不是很多，多数都是摘录或转载报纸和刊物的内容，内容重复率很高，学习时可以选择中国畜牧学会、中国畜牧兽医学会等权威机构或学会的网站。还可以让技术人员多参加有关的知识讲座和有关会议，使他们可以扩大视野，交流养殖心得，掌握前沿的养殖方法和经营管理理念。

**小贴士：**

实践中总结养鹅失败的原因有：没做好准备就养鹅、不注意育雏舍温湿度、随意开水与开食、饲料单一、不注重光照、连续应激、环境卫生差、消毒不严格、忽视防疫、乱用药物等。归纳起来，造成这些原因都与不懂养鹅技术有关。由于不掌握养殖技术，该做的工作不知道怎么做，该严格做的工作简单应付，甚至把错误的做法当作是正确的一直坚持。

## （七）人员分工

家庭农场是以家庭成员为主要劳动力，这就决定了家庭农场的所有养鹅工作都要以家庭成员为主来完成。通常家庭成员有3人，即父母和一名子女，家庭农场养鹅要根据家庭成员的个人特点进行科学合理的分工。

一般父母的文化水平较子女低，接受新技术能力也相对较低，但他们平时在家里多饲养一些鸡、鸭、鹅、猪等，已经习惯了畜禽养殖和农活，只要不是特别反感的话，一般对畜禽饲养都积累了一些实践经验，有责任心，对鹅有爱心和耐心，可承担养鹅场的体力工作及饲养工作。子女一般都受过初中以上教育，有的还受过中等以上职业教育，文化水平较高，接受能力强，对外界了解较多，可承担鹅场的技术工作。但子女有年轻浮躁，耐力不足，特别对脏、苦、累的养殖工作不感兴趣的问题，需要家长加以引导。

鹅场的工作分工为：父亲负责饲料保障，包括饲料的采购运输和饲料加工、粪污处理、对外联络等；母亲负责饲喂及集蛋工作，包括育雏、喂料、鹅舍环境控制、集蛋等；子女负责技术工作，包括生产记录、消毒、防疫、电脑操作和网络销售等。

对规模较大的养鹅场，仅依靠家庭成员已经完成不了所有工作的，哪一方面工作任务重，就雇用哪一方面的人，来协助家庭成员完成养鹅工作。如雇用一名饲养员或者技术员，也可以将饲料保障、防疫、粪污处理等工作交由专业公司去做，让家庭成员把主要精力放在饲养管理和鹅场经营上。

## （八）满足环保要求

家庭农场养鹅涉及的环保问题，主要是粪污是否对养鹅场周围环境造成影响的问题。随着养殖总量不断上升，环境承载压力增大，畜禽养殖污染问题日益凸显。

规模养鹅在环境保护方面，要按照畜禽养殖有关环保方面的规定，进行选址、规划、建设和生产运行，做到养鹅生产不对周围环境造成污染，同时也不受到周围环境污染的侵害和威胁。只有做到这样,家庭农场养鹅才能够得以建设和长期发展,而不符合环保要求的养鹅场是没有生存空间的。

### 1. 选址要符合环保要求

规模化养鹅环保问题是建场规划时首先要解决好的问题。鹅场选址要符合所在地区畜牧业发展规划、畜禽养殖污染防治规划,满足动物防疫条件,并进行环境影响评价。《畜禽规模养殖污染防治条例》第十一条规定:禁止在饮用水水源保护区,风景名胜区;自然保护区的核心区和缓冲区;城镇居民区、文化教育科学研究区等人口集中区域;法律、法规规定的其他禁止养殖区域等区域内建设畜禽养殖场、养殖小区。第十二条规定:新建、改建、扩建畜禽养殖场、养殖小区,应当符合畜牧业发展规划、畜禽养殖污染防治规划,满足动物防疫条件,并进行环境影响评价。对环境可能造成重大影响的大型畜禽养殖场、养殖小区,应当编制环境影响报告书;其他畜禽养殖场、养殖小区应当填报环境影响登记表。大型畜禽养殖场、养殖小区的管理目录,由国务院环境保护主管部门商国务院农牧主管部门确定。除了以上的规定,考虑到以后鹅场的发展,还要尽可能地避开限养区。

### 2. 完善配套的环保设施

选址完成后,家庭农场还要设计好生产工艺流程,确定适合本场的粪污处理模式。目前,规模化鹅场粪污处理的模式主要有"三分离一净化"、生产有机肥料、微生物发酵床、沼气工程和"种养结合、农牧循环"等五种模式。

"三分离一净化"模式。"三分离"即"雨污分离、干湿分离、固液分离","一净化"即"污水生物净化、达标排放"。一是在畜禽舍与贮粪池之间设置排污管道排放污液,畜禽舍四周设置明沟排放雨水,实行"雨污分离";二是鹅场干粪清理至圈外干粪贮粪池,实行"干湿分离",然后再集中收集到防渗、防漏、防溢、防雨的贮粪场,或堆积发酵后直接用于农田施肥,或出售给有机肥厂;三是使用固液分离机和格栅、筛网等机械、物理的方法，实行"固液分离"，减轻污水处理压力；四是污水通过沉淀、过滤，将有形物质再次分离，然后通过污水处理设备，进行高效生化处理，尾水再进入生态塘净化后，达标排放。这种模式是控制粪污总量，实现粪污"减量化"最有效、最经济的方法，适用于中小规模养殖户。

### 3. 保障环保设施良好运行的机制

家庭农场在生产中粪污处理设施要保证良好运行，除了制定严格的生产制度和落实责任制外，还要在兽药和饲料及饲料添加剂的使用上做好工作。如在生产过程中不滥用兽药和添加剂，有效控制微量元素添加剂的使用量，严格禁止使用对人体有害的兽药和添加剂，提倡使用益生素、酶制剂、天然中草药等，严格执行兽药和添加剂停药期的规定。使用高效、低毒、广谱的消毒药物，尽可能少用或不用对环境易造成污染的消毒药物，如强酸、强碱等，以实现养殖过程清洁化、粪污处理资源化、产品利用生态化的总要求。

> **👤 小贴士：**
>
> "种养结合、农牧循环"模式是将畜禽粪便作为有机肥施于农田，生长的农作物产品及副产品作为畜禽饲料。这种模式有利于种植业与养殖业有机结合，是实行畜禽粪便"资源化、生态化"利用的最佳模式。养殖场根据粪污产生情况，在周边签订配套农田，实现畜禽养殖与农田种植直接对接。一是粪污直接还田。将畜禽粪污收集于贮粪池中堆沤发酵，于施肥季节作有机肥施于农田。二是"畜-沼-种"种养循环。通过沼气工程对粪污进行厌氧发酵，沼气作能源用于照明、发电，沼渣用于生产有机肥，沼液用于农田施肥。
>
> 规模养鹅要根据本场实际情况，选择适合于本场的粪污

处理模式后，再根据所选择模式的要求，设计和建设与生产能力相配套、相适应的粪污无害化处理设施。

# 二、家庭农场的认定与登记

目前，我国家庭农场的认定与登记尚没有统一的标准，均是按照《农业部关于促进家庭农场发展的指导意见》（农经发〔2014〕1号）的要求，由各省、自治区、直辖市及所属地区自行出台相应的登记管理办法。因此，兴办家庭农场前，要充分了解所在地区的家庭农场认定条件。

## （一）认定条件

申请家庭农场认定，各地区对具备条件的要求大体相同，如必须是农民户籍、以家庭成员为主要劳动力、依法获得的土地、适度规模、生产经营活动有完整的财务收支核算等。但是，因各省地域条件及经济发展状况的差异，认定的条件也略有不同，需要根据当地有关规定执行。

## （二）认定程序

各省对家庭农场认定的一般程序基本一致，经过申报、初审、审核、评审、公示、颁证和备案等七个步骤（见图2-7）。

### 1. 申报

农户向所在乡镇人民政府（街道办事处）提出家庭农场认定申请，并提供以下材料原件和复印件。

图2-7 家庭农场认定一般程序

（1）认定申请书；

附：家庭农场认定申请书（仅供参考）

## 申　请

县农业农村局：

我叫×××，家住××镇××村×组，家有×口人，有劳动能力×人，全家人一直以鹅养殖为主，取得了很可观的经济收入。同时也掌握了科学养鹅的技术和积累了丰富的鹅场经营管理经验。

我本人现有鹅舍×栋，面积×××平方米，年出栏商品鹅××××只。鹅场用地×××亩（其中自有承包村集体土地××亩，流转期限在10年的土地××亩），具有正规合法的农村土地承包经营权证和《土地流转合同》等经营土地证明。用于种植的土地相对集中连片，土壤肥沃，适宜于种植有机饲料原料，生产的有机饲料原料可满足本场有机鹅的生产需要。因此我决定申办养鹅家庭农场，扩大生产规模，并对周边其他养鹅户起示范带动作用。

此致

敬礼

申请人：××

20××年××月××日

（2）申请人身份证；

（3）农户基本情况（从业人员情况、生产类别、规模、技术装备、经营情况等）；

附：家庭农场认定申请表（仅供参考）

## 家庭农场认定申请表

填报日期： 年 月 日

| 申请人姓名 | | 详细地址 | | | |
|---|---|---|---|---|---|
| 性别 | | 身份证号码 | | 年龄 | |
| 籍贯 | | 学历技能特长 | | | |
| 家庭从业人数 | | 联系电话 | | | |
| 生产规模 | | 其中连片面积 | | | |
| 年产值 | | 纯收入 | | | |
| 产业类型 | | 主要产品 | | | |
| 基本经营情况 | | | | | |
| 村（居）民委员会意见 | | 乡镇（街道）审核意见 | | | |
| 县级农业行政主管部门评审意见 | | | | | |
| 备案情况 | | | | | |

（4）土地承包、土地流转合同或农村土地承包经营权证等证明材料；

附：土地流转合同范本

### 土地流转合同范本

甲方（流出方）：＿＿＿＿＿＿＿

乙方（流入方）：＿＿＿＿＿＿＿

双方同意对甲方享有承包经营权、使用权的土地在有效期限内进行流转，根据《中华人民共和国合同法》《中华人民共和国农村土地承包法》《农村土地承包经营权流转管理办法》及其他有关法律法规的规定，本着公正、平等、自愿、互利、有偿的原则，经充分协商，订立本合同。

一、流转标的

甲方同意将其承包经营的位于＿＿＿＿＿＿县（市）＿＿＿＿＿＿乡（镇）＿＿＿＿＿＿村＿＿＿＿组＿＿＿＿亩土地的承包经营权流转给乙方从事＿＿＿＿＿＿＿＿＿＿生产经营。

二、流转土地方式、用途

甲方采用以下土地转包、出租的方式将其承包经营的土地流转给乙方经营。

乙方不得改变流转土地用途，用于非农生产，合同双方约定_____。

三、土地承包经营权流转的期限和起止日期

双方约定土地承包经营权流转期限为____年，从_____年____月____日起，至_____年_____月____日止，期限不得超过承包土地的期限。

四、流转土地的种类、面积、等级、位置

甲方将承包的耕地_____亩、流转给乙方，该土地位于_____。

五、流转价款、补偿费用及支付方式、时间

合同双方约定，土地流转费用以现金（实物）支付。乙方同意每年____月____日前分____次，按_____元/亩或实物____公斤/亩，合计_____元流转价款支付给甲方。

六、土地交付、交回的时间与方式

甲方应于_____年____月____日前将流转土地交付乙方。乙方应于_____年____月____日前将流转土地交回甲方。

交付、交回方式为_____。并由双方指定的第三人_____予以监证。

七、甲方的权利和义务

（一）按照合同规定收取土地流转费和补偿费用，按照合同约定的期限交付、交回流转的土地。

（二）协助和督促乙方按合同行使土地经营权，合理、环保正常使用土地，协助解决该土地在使用中产生的用水、用电、道路、边界及其他方面的纠纷，不得干预乙方正常的生产经营活动。

（三）不得将该土地在合同规定的期限内再流转。

八、乙方的权利和义务

（一）按合同约定流转的土地具有在国家法律、法规和政策允许范围内，从事生产经营活动的自主生产经营权，经营决策权，产品收益、处置权。

（二）按照合同规定按时足额交纳土地流转费用及补偿费用，不得擅自改变流转土地用途，不得使其荒芜，不得对土地、水源进行毁灭性、破坏性、伤害性的操作和生产。履约期间不能依法保护、造成损失的，乙方自行承担责任。

（三）未经甲方同意或终止合同，土地不得擅自流转。

九、合同的变更和解除

有下列情况之一者，本合同可以变更或解除。

（一）经当事人双方协商一致，又不损害国家、集体和个人利益的。

（二）订立合同所依据的国家政策发生重大调整和变化的。

（三）一方违约，使合同无法履行的。

（四）乙方丧失经营能力使合同不能履行的。

（五）因不可抗力使合同无法履行的。

十、违约责任

（一）甲方不按合同规定时间向乙方交付流转土地，或不完全交付流转土地，应向乙方支付违约金 _____ 元。

（二）甲方违约干预乙方生产经营，擅自变更或解除合同，给乙方造成损失的，由甲方承担赔偿责任，应支付乙方赔偿金 _____ 元。

（三）乙方不按合同规定时间向甲方交回流转土地或不完全交回流转土地，应向甲方支付违约金 _____ 元。

（四）乙方违背合同规定，给甲方造成损失的，由乙方承担赔偿责任，向甲方偿付赔偿金 _____ 元。

（五）乙方有下列情况之一者，甲方有权收回土地经营权。

1. 不按合同规定用途使用土地的；

2. 对土地、水源进行毁灭性、破坏性、伤害性的操作和生产，荒芜土地的，破坏地上附着物的；

3. 不按时交纳土地流转费的。

十一、特别约定

（一）本合同在土地流转过程中，如遇国家征用或农业基础设施使用该土地时，双方应无条件服从，并约定以下第 _____ 种方式获取国家征用土地补偿费和地上种苗、构筑物补偿费。

1. 甲方收取；

2. 乙方收取；

3. 双方各自收取 _____%；

4. 甲方收取土地补偿费，乙方收取地上种苗、构筑物补偿费。

（二）本合同履约期间，不因集体经济组织的分立、合并，负责人变更，双方法定代表人变更而变更或解除。

（三）本合同终止，原土地上新建附着构筑物，双方同意按以下第_____ 种方式处理。

1. 归甲方所有，甲方不作补偿；

2. 归甲方所有，甲方合理补偿乙方 _____ 元；

3. 由乙方按时拆除，恢复原貌，甲方不作补偿。

（四）国家征用土地及乡（镇）土地流转管理部门、村集体经济组织、村委会收回原土地重新分配使用，本合同终止。土地收回重新分配给甲方或新承包经营人使用后，乙方应重新签订土地流转合同。

十二、争议的解决方式

在履行本合同过程中发生的争议，由双方协商解决，也可由辖区的市场监督管理部门调解；协商或调解不成的，按下列第 _____ 种方式解决。

（一）提交仲裁委员会仲裁。

（二）依法向 _____ 人民法院起诉。

十三、其他约定

本合同一式四份，甲方、乙方各一份，乡（镇）土地流转管理部门、村集体经济组织或村委会（原发包人）各一份，自双方签字或盖章之日起生效。

如果是转让土地合同，应以原发包人同意之日起生效。

本合同未尽事宜，由双方共同协商，达成一致意见，形成书面补充协议。补充协议与本合同具有同等法律效力。

双方约定的其他事项 _____。

甲方：

乙方：

年　月　日

（5）从事养殖业的须提供动物防疫条件合格证；

（6）其他有关证明材料。

## 2. 初审

乡镇人民政府（街道办事处）负责初审有关凭证材料原件

与复印件的真实性，签署意见，报送县级农业行政主管部门。

3. 审核

县级农业行政主管部门负责对申报材料的真实性进行审核，并组织人员进行实地考察，形成审核意见。

4. 评审

县级农业行政主管部门组织评审，按照认定条件，进行审查，综合评价，提出认定意见。

5. 公示

经认定的家庭农场，在县级农业信息网等公开媒体上进行公示，公示期不少于 7 天。

6. 颁证

公示期满后，如无异议，由县级农业行政主管部门发文公布名单，并颁发证书（见图 2-8）。

图 2-8　家庭农场资格认定书

## 7.备案

县级农业行政主管部门对认定的家庭农场申请、考察、审核等资料存档备查。由农民专业合作社审核申报的家庭农场要到乡镇人民政府（街道办事处）备案。

## （三）注册

申办家庭农场应当依法注册登记，领取营业执照，取得市场主体资格。市场监督管理部门是家庭农场的登记机关，按照登记权限分工，负责本辖区内家庭农场的注册登记。

① 家庭农场可以根据生产规模和经营需要，申请设立为个体工商户、个人独资企业、普通合伙企业或者公司。

② 家庭农场申请工商登记的，其企业名称中可以使用"家庭农场"字样。以公司形式设立的家庭农场的名称依次由行政区划＋商号＋"家庭农场"＋"有限公司（或股份有限公司）"字样四个部分组成。以其他形式设立的家庭农场的名称依次由行政区划＋商号＋"家庭农场"字样三个部分组成。其中，普通合伙企业应当在名称后标注"普通合伙"字样。

③ 家庭农场的经营范围应当根据其申请核定为"××（农作物名称）的种植、销售；××（家畜、禽或水产品）的养殖、销售；种植、养殖技术服务"。

④ 法律、行政法规或者国务院决定规定属于企业登记前置审批项目的，应当向登记机关提交有关许可证件。

⑤ 家庭农场申请工商登记的，应当根据其申请的主体类型向市场监督管理部门提交国家市场监督管理总局规定的申请材料。

⑥ 家庭农场无法提交住所或者经营场所使用证明的，可以持乡镇、村委会出具的同意在该场所从事经营活动的相关证明办理注册登记。

第三章

鹅场建设与
环境控制

# 一、场址选择

养鹅场选址应根据养鹅场的性质、规模、地形、地势、水源，当地气候条件及能源供应、交通运输、产品销售，与周围工厂、居民点及其他畜禽场的距离，当地农业生产、养鹅场粪污消纳能力等条件，进行全面调查，周密计划，综合分析后才能选择好场址（见视频3-1）。

选址时重点考虑以下几个方面。

## （一）地势高燥，通风良好

视频3-1 鹅场场址的选择

养鹅场场址应地势高燥、采光充足、远离沼泽洼地、避开山坳谷底及山谷洼地等易受洪涝威胁地段。地下水位在2米以下，地势在历史洪水线以上；背风向阳，能避开西北方向的风口地段。场区空气流通，无涡流现象。南向或南偏东向，夏天利于通风，冬天利于保温。应避开断层、滑坡、塌陷和地下泥沼地段。要求土质透气透水性强、毛细管作用弱、吸湿性和导热性小、质地均匀、抗压性强，以沙壤土类最为理想。地形开阔整齐，利于建筑物布局和建立防护设施。场地附近最好有可供放牧的草地。

## （二）符合卫生防疫要求，隔离条件好

场址选在远离村庄及人口稠密区，其距离视鹅场规模、粪污处理方式和能力、居民区密度、常年主风向等因素而决定，以最大限度地减少干扰和降低污染危害为最终目的，能远离的尽量远离。要求附近无大型化工厂、矿厂，禽场与其他畜牧场。

## （三）水源充足可靠

水源包括地面水、地下水和降水等。资源量和供水能力应能满足养鹅场的人员生活用水、鹅饮用和饲养管理用水以及消防和灌溉需要，并考虑到防火和未来发展的需要，并且取用方便、省力，处理简便，水质良好。要求水源周围的环境卫生条件应较好，以保证水源的水质经常处于良好状态。以地面水作水源时，取水点应设在工矿企业和城镇的上游。鹅饮用和饲料调制水要符合畜禽无公害食品饮用水质的要求。若水源的水质不经处理就能符合饮用水标准最为理想。

鹅养殖过程中需要大量水，除了鹅饮水、棚舍和用具的清洗及消毒等用水以外，鹅的放牧、洗浴和交配也都离不开水，所以养鹅场应建在有稳定、可靠水源的地方。一般的养鹅场应尽量利用天然水域，水源充足是首要条件，即使是干旱的季节，也不能断水。工作人员生活用水可按每人每天 24～40 升计算；成年鹅的用水量为每只每天 1.25 升（包括饮水、冲洗、调制饲料等用水），雏、幼鹅的用水量可按成年鹅的 50％计算；消防用水按我国防火规范规定，场区设地下式消火栓，每处保护半径不大于50 米，消防水量按每秒 10 升计算，消防延迟时间按 2 小时考虑；灌溉用水则应根据场区绿化、饲料种植情况而定。

在条件许可的情况下，应尽量选择水量大、流动的地面水

作为水源。宜选在河流、沟渠、水塘和湖泊边缘。水面尽量宽阔，水活浪小，水深为 1～2 米。如果是河流交通要道，不应选主航道，以免骚扰过多，引起鹅群应激。

大中型养鹅场如果利用天然水域进行放牧可能对水域造成污染，可修建人工放牧水池。无天然水域可以利用的实行旱养的养殖场（户）应考虑在所建鹅场附近打井，修建水塔，使用自来水或地下水。

### （四）供电稳定

不仅要保证满足最大电力需要量，还要求常年正常供电，接用方便、经济。最好是有双路供电条件或自备发电机，以及送配电装置。

### （五）地形要开阔平坦

地面要平坦或有 1%～3% 的坡度，便于排放污水、雨水等。保证场区内不积水，不能建在低洼地。地形应适合建造东西延长、坐北朝南的棚舍，或者适合朝东南或朝东方向建棚。不要过于狭长和边角过多，否则不利于养殖场及其他建筑物的布局和棚舍、运动场的消毒。

### （六）远离噪声源和污染严重的水渠及河边

家禽场周围 3 公里内要无大型化工厂、农药厂、化肥厂、矿厂，距离其他畜牧场应至少 1 公里以外，以避免声光应激，防止疫病传播。严禁在饮用水源、食品厂上游，水保护区，旅游区，自然保护区，其他畜禽场，屠宰厂，候鸟迁徙途经地和栖息地，环境污染严重以及畜禽疫病常发区建场。

### （七）交通便利

应距公路干线及其他养殖场较远，至少距离在 1000 米以上，能保证货物的正常送到和销售运输即可。

## （八）面积适宜

养鹅场包括种鹅舍、育肥舍、育雏室、孵化室、生活住房、饲料库等房舍，建筑用地面积大小应当满足养殖需要，最好还要为以后发展留出空间。鹅场的建筑系数为 20%～35%（建筑系数指建筑面积占养鹅场场地总面积的百分数），若本场在饲养商品肉鹅或蛋鹅的同时，还饲养种鹅及孵化，则还要增加种鹅养殖专用鹅舍和孵化间的面积。如建造一个 5000 只肉鹅场，占地面积一般为 2000 平方米左右，若考虑以后发展，面积还要增加。

## （九）饲草资源丰富

俗话说鸭要腥，鹅要青，养鹅是要有相当大比例青饲料的。鹅群最适合放牧饲养，最好有天然的放牧场地，如荒田、荒山比较多则非常适合，或者有专门的牧草种植基地。

## （十）符合国家畜牧行政主管部门关于家禽企业建设的有关规定

禁止在生活饮用水水源保护区、风景名胜区、自然保护区的核心区及缓冲区，城市和城镇居民区、文教科研区、医疗区等人口集中地区，以及国家或地方法律、法规规定需特殊保护的其他区域内修建禽舍。

> **小贴士：**
>
> 养鹅场一旦建成位置将不可更改，如果位置非常糟糕的话，几乎不可能维持鹅群的长期健康。可以说，场址选择的好环，直接影响着养鹅场将来生产和鹅场的经济效益。
>
> 一个合理的养鹅场址应该满足地势高燥平坦、向阳避风、排水良好、隔离条件好、远离污染、交通便利、水电充

足可靠等条件。要根据养殖场的性质、自然条件和社会条件等因素进行综合衡量而决定选址。

　　良好的环境条件是：保证养鹅场周围具有较好的小气候条件，有利于养鹅场内空气环境控制；便于实施卫生防疫措施；便于合理组织生产和提高劳动效率；同时要考虑继续发展的需要。

# 二、鹅舍规划布局

　　按照生物安全和饲养管理的要求，规模化养鹅场通常应划分为相互隔离的3个功能区，即管理区、生产区和疫病处理区。布局时应从人和鹅保健的角度出发，建立最佳的生产联系和兽医卫生防疫条件，并根据地势和本地区常年主导风向合理安排各功能区的位置。具体布局见鹅场按地势、风向分区规划示意图（见图3-1）。

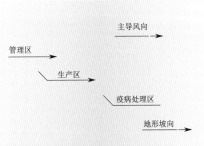

图3-1　鹅场按地势、风向分区规划示意图

管理区主要进行经营管理、职工生活福利等活动，在场外运输的车辆和外来人员只能在该区活动。由于该区与外界联系频繁，故应在大门处设立消毒池、门卫室和消毒更衣室等。除饲料库外，车库和其他仓库也应设在管理区。

生产区是养鹅场的核心，该区的规划与布局要根据生产规模确定。养鹅生产规模较大的，应按照不同类型、不同日龄鹅分开隔离饲养，实行全进全出的生产制度。相邻鹅舍之间应有足够的安全距离，根据生产的特点和环节确定各建筑物之间的最佳生产联系，不能混杂交错配置。并尽量将各个生产环节安排在不同的地方，如种鹅场、肉鹅场、孵化车间、饲料生产车间、屠宰加工车间等需要尽可能地分散布置，以便于对人员、鹅群、设备、运输甚至气流方向等进行严格的生物安全控制。场区内要求道路直而线路短，运送饲料、鹅及鹅蛋的道路不能与粪便等废弃物运送道路共用或交叉。

饲料库是生产区的重要组成部分，其位置应安排在生产区与管理区的交界处，这样既方便饲料由场外运入，又可避免外面车辆进入生产区。储粪场或废弃物处理场应设置在与饲料调制间相反的一侧，并使之到各舍之间的总距离最短。

疫病处理区应设在全场下风向和地势最低处，并与生产区保持一定的卫生间距，周围应有天然的或人工的隔离屏障，如深沟、围墙、栅栏或浓密的乔灌木混合林等。该区应设单独的通道与出入口，处理病死鹅尸体的尸坑或焚烧炉应严密防护和隔离，以防病原体扩散和传播。

### 小贴士：

鹅场建设可分期进行，但总体规划设计要一次完成。切忌边建设边设计边生产，导致布局零乱，特别是如果附属设施资源各生产区不能共享，不仅造成浪费，还给生产管理带来麻烦。鹅场规划设计涉及气候环境，地质土壤，鹅的生物学特性、生理习性，建筑知识等各个方面，要多参考借鉴正在运行鹅场的成功经验，请教经验丰富的实战专家，或请专业设计团队来设计，确保一次成功，少走弯路，不花冤枉钱。

## 三、鹅舍建筑与设施配置

### （一）鹅舍建筑

鹅舍的建筑因鹅群的用途不同可以分为固定式鹅舍、简易式鹅舍、塑料大棚鹅舍及母鹅孵化室等几种。

#### 1. 固定式鹅舍

固定式鹅舍有全封闭和半封闭两种。全封闭（见图3-2）是四面全部砌实墙设置窗户；而半封闭（见图3-3）通常是朝向阳面的一面没有砌墙或者只砌一部分墙，其余三面砌实墙并设置窗户。以砖瓦结构的全封闭式为最佳，墙体要厚实，三七墙或者二四墙外加保温层，屋顶要加保温隔热层，如果用来育雏，鹅舍内还应安装供温设备或设置地火龙等来增加舍内温度。舍的长度以饲养规模决定。

通常将一栋舍分成若干个单独的小单间，也可用活动隔离栏栅分隔成若干间，每小间的面积为25～30平方米，可容纳30日龄以下的雏鹅100只左右。鹅舍地面用水泥地面、红砖或者由石灰、黏土和细沙所组成的三合土铺平夯实，舍内地面应比舍外地面高20～30厘米，以保持舍内干燥。窗户面积与舍内面积之比为（1:10）～（1:15），窗户下檐与地面的距离为 1～1.2 米，鹅舍檐高 1.8～2 米。

图 3-2 全封闭鹅舍　　　图 3-3 半封闭带水池鹅舍

　　固定式鹅舍可采用网床饲养，网床可用塑料网、竹片或木条铺设，离地 70 厘米，网底竹片或木条之间有 3 厘米宽的孔隙，便于漏粪。鹅群也可直接养在地面上，但需每天打扫，常更换垫草，并保持舍内干燥。如果用于饲养种鹅还要在鹅舍的一角设产蛋间，地面最好铺木板，防凉，上面铺稻草，鹅作窝产蛋。

　　舍前是鹅的运动场，亦是晴天无风时的喂料场，场地应平坦且向外倾斜。运动场面积为舍内面积的 1.5～2 倍。周围要建围栏或围墙，一般高度在 1～1.3 米即可，搭设遮阳棚或栽种高大树木遮阳。总的原则是场地必须平整，略有坡度，一有坑洼，即应填平，夯实，雨过即干。否则雨天积水，鹅群践踏后泥泞不堪，易引起鹅的跌伤、踩伤。运动场宽度为 3.5～6 米，长度与鹅舍长度等齐。运动场外紧接水浴池，便于鹅群浴水。池底不宜太深，且应有一定的坡度，便于鹅浴水后站立休息。

　　固定式鹅舍可用于育雏鹅，也可用于种鹅饲养，特别适合北方冬季使用。

## 2. 简易式鹅舍

简易式鹅舍的建设比较容易，以棚式为主，可繁可简，可利用普通旧房舍或用竹木搭成，也有用活动板房作育肥鹅舍的，能遮风雨即可（见图3-4、图3-5）。鹅舍地面也应干燥、平整，便于打扫，通常用红砖铺设。面积以每平方米饲养7～8只70日龄的中鹅进行计算。

比较典型的是单坡式的鹅舍，前高后低。前檐高约1.8米，后檐约0.5米，为保证牢固度，鹅舍的跨度不宜太大，以4～5米为宜，长度根据所养鹅群大小而定。用毛竹或木杆做立柱和横梁，上盖石棉瓦或水泥瓦。后檐砌砖或打泥墙，墙与后檐齐，以避北风。舍的前面应有0.5～0.6米高的砖墙，隔4～5米留一个宽为1.2米的缺口，便于鹅群进出。鹅舍两侧可砌死，也可仅砌与前檐一样高的砖墙。夏季阳光充足时可用遮阳网在南面的上半段适当遮挡，使舍内光线保持暗淡，雨天可用塑料布遮挡防止雨水进入，冬季或天气寒冷时可用彩条布、棉帘遮挡防止冷风吹入。

图3-4　简易式鹅舍（一）　　图3-5　简易式鹅舍（二）

还有棚式鹅舍，这类鹅舍在围墙上比较灵活，舍四面可全部砌1米左右的砖墙或者前面不砌墙，其他三面砌一定高度的墙并留有窗户，也可不砌墙用全敞开式。围墙没有砌墙的上半部分根据天气用遮阳网、塑料布、彩条布、棉帘等遮挡。高度以人在其间便于管理及打扫为宜。要注意此类型鹅舍房顶的隔热问题，保温隔热不好的顶棚，夏季阳光照射以后舍内温度比舍外温度高很多，十分不利于鹅的生长。

这种简易鹅舍也应有舍外场地，且与水面相连，便于鹅群入舍休息前的活动及嬉水。为了安全，鹅舍周围可以架设旧渔网。渔网不应有较大的漏洞，网眼以鹅头钻不过去为标准。

这种鹅舍主要是地面饲养，适合放牧饲养育肥鹅、肉鹅，也可用于种鹅。

### 3.塑料大棚鹅舍

塑料大棚的样式和结构与普通的蔬菜大棚一样，塑料大棚鹅舍（见图3-6和图3-7）有以下几种类型。

图3-6　塑料大棚鹅舍（一）　　图3-7　塑料大棚鹅舍（二）

（1）单斜面大棚（暖窖）　单斜面塑料大棚有两种。一种是棚顶一面为塑料薄膜覆盖，另一面为土木结构的屋顶，即前坡为塑料薄膜，后坡为保温性能好的一般屋顶；另一种是只有后墙，从墙顶往前用塑料薄膜覆盖，没有后坡。

（2）双斜面塑料暖棚　这种就是棚顶部两棚面即前后坡均为塑料薄膜覆盖，这类塑料暖棚也有两种形式，即人字架式和联合式。

（3）半拱形塑料大棚　半拱形塑料大棚和单斜面大棚基本相同，只是塑料棚面的形状不同，扣棚面积占整个暖棚面积的2/3。空间面积大、采光系数大。

（4）拱圆形塑料暖棚　这种暖棚似人字架形塑料暖棚，只是棚顶当中呈半圆形，它是以山墙、前后墙棚架和棚膜组成，以南北走向为好。

通常大棚跨度6～8米，棚内地面可采用与固定式鹅舍一样的水泥或三合土，如果饲养育肥鹅或不长期饲养使用也可以直接将土质的地面踩实。棚内地面垫高20厘米，周围三面挖排水沟，一面通活动场。棚顶冬季采用塑料大棚膜—草帘—棉毡—再覆盖塑料薄膜。夏季采用塑料大棚膜外加遮阳网。冬季采用烟道加温效果较好。

这种鹅舍适合育雏鹅、种鹅、育肥鹅及肉鹅饲养。育雏时采用地面垫干草或者高床育雏均可。

### 4. 母鹅孵化室

采用天然孵化时，孵化室应选在较安静的地方。孵化室要冬暖夏凉，空气流通，窗离地面高约1.5米，窗要开得小，使舍内光线较暗，以利母鹅安静孵化（见图3-8）。孵化室面积每100只母鹅占12～20平方米。如用木搭架作双层或三层孵化巢，面积可相应减少。舍内地面用黏土铺平打实，并比舍外高15～20厘米。舍前设有水陆运动场，陆上运动场应设有遮阳棚，以供雨天就巢母鹅离巢活动与喂饲之用。人工孵化室要求根据孵化用机具大小、数量而定，具体规格质量要求同鸡用、鸭用孵化室。既要通风，又要保温，冬暖夏凉，地面铺有水泥，且有排水出口通室外，以利冲洗消毒。

图 3-8　正在孵化的母鹅

与孵化室相邻并相通的，是与规模相适应的存蛋库。蛋库中应备有蛋架车，蛋架车上的蛋盘应与孵化机中的蛋盘规格一致，以利操作。

### 5. 水池

由于躯体结构的原因，鹅很容易学会游水，但游水绝非仅仅是运动和娱乐，更重要的是逃避敌害和采食水生植物的生存需要，也是求偶交配的繁殖需要，加上洗涮羽毛和自洁需要，因此鹅具有亲水性。单纯的游泳嬉水，在非交配季节，每日只有 2～3 次，每次不超过 30 分钟。在养鹅生产实践中，商品肉鹅在育肥期内每日游水一次比全天圈养的体表羽毛干净洁白，商品鹅外观优于不游水的旱养鹅。

因此，无论是养殖商品肉鹅还是养殖种鹅，只要场地条件允许，都要有适当的水面与鹅群配套。水深要适宜，以30～100厘米坡状坑塘或水池最好，从而为种鹅的求偶、交配提供条件（见图3-9、图3-10）。

图3-9 带水池养鹅舍（一）

图3-10 带水池养鹅舍（二）

## 6. 放牧类鹅场

放牧类鹅场应包括水围、陆围和棚子三部分。水围由水面和给料场两部分组成，主要供鹅白天休息、避暑、给饲。紧接水围设稍有倾斜的陆地给饲场，地上放置食槽、水槽。水围之上搭棚遮阴和避雨。陆围可用竹编的方眼围篱或者彩条布围栏，供鹅过夜用，选择在地势较高而平坦的地方设立，距水围愈近愈好。陆围高约 50 厘米，面积视禽群大小决定。棚口面对陆围，以便在晚间照看。

### 小贴士：

鹅舍的建筑设计总的要求是：冬暖夏凉、阳光充足、空气流通、干燥防潮、经济耐用，并且设在靠近水源、地势较高而又有一定坡度的地方。鹅舍朝向为坐北朝南适当偏东。鹅舍能有效防暑降温和防寒保暖，有利于清洗消毒；鹅舍还要有一定的空余可供周转和控制。水源与鹅舍之间应设有运动场，最好为水泥地面，这样便于冲洗和消毒，水面与运动场的连接处不能太陡，坡度不应超过 40°。鹅虽是水禽，但鹅舍内最忌潮湿，特别是雏鹅舍更应有一定高度，排水良好，通风良好。

为降低养鹅成本，鹅的建筑材料应就地取材，既可以建设竹木结构或泥木结构的简易鹅舍，也可以建设砖瓦结构的鹅舍。北方养鹅和育雏舍宜采用砖瓦结构的封闭式鹅舍，南方可根据养殖场自身经济实力建设，可繁可简，只要满足鹅生长和生产需要即可。养鹅也可利用空闲的旧房舍，或在墙院内利用墙边围栏搭棚，供鹅栖息。

## （二）设备设施

### 1. 育雏设备

（1）自温育雏用具　适合气温比较缓和的地区或季节，依靠雏鹅自身产热加保温措施，满足雏鹅发育所需温度，有自温育雏箱和自温育雏栏两种。自温育雏箱可用纸箱、木箱、箩筐来维持所需温度。自温育雏栏（见图3-11、图3-12）需要物品有围栏的木（竹）条、围网、草席、垫草、被单等覆盖保温物品，每个小栏可容纳100只以上雏鹅，以后随日龄增长而扩大围栏面积。自温育雏可以节省燃料，但费工费时，不便于粪便清理，仅适合小规模育雏。

图3-11　育雏栏育雏（一）

（2）给温育雏设备　给温育雏设备多采用炕道、电热育雏伞或红外线灯等给温。优点是适用于寒冷季节大规模育雏，可提高管理效率。

图 3-12　育雏栏育雏（二）

① 炕道。炕道育雏分地上炕道式与地下炕道式两种，由炉灶与火炕组成，均用砖砌，大小长短数量需视育雏舍大小形式而定。地下炕道较地上炕道在饲养管理上方便，故多采用。炕道育雏靠近炉灶一端温度较高，远端温度较低，育雏时视日龄大小适当分栏安排，使日龄小的靠近炉灶端。炕道育雏设备造价较高，热源要专人管理，燃料消耗较多。

用煤饼或煤球炉育温有成本低、操作简便的优势。就是用高 50～60 厘米的小型油桶割去上下盖，在下端 30 厘米处安装上炉栅和炉门，上烧煤饼（球），再盖上盖子，盖子上接散热管道。一般一次能用 1 天，每个炉可保温 20 平方米左右（视气温和保温要求定）。但使用时，一定要保证炉盖的密封和散热管道的畅通，并接至室外，否则会造成煤气中毒。

② 电热育雏伞。电热育雏伞有可折叠（见图 3-13）和铝合金板制成（见图 3-14）两种。伞内四壁安装电热丝作热源，用控温器控制温度，悬吊在距育雏地面 50～80 厘米高的位置上。伞的四周可用 20 厘米高的围栏围起来，每个育雏伞下，可育雏 200～300 只，管理方便，节省人力，易保持舍内清洁。

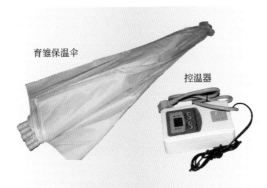

育雏保温伞

控温器

图 3-13　可折叠电热育雏伞

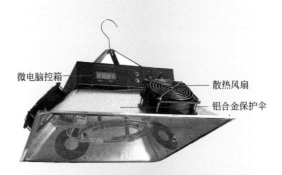

微电脑控箱

散热风扇

铝合金保护伞

图 3-14　铝合金电热育雏伞

③ 红外线灯。红外线灯（见图 3-15）给温是采用市售的 250 瓦红外线灯泡，悬吊在距育雏地面 40 ～ 60 厘米高度处，每 2 平方米面积挂 1 个，随所需温度进行升降调节。用红外线灯育雏，温度稳定，垫料干燥，不仅可以取暖，还可杀菌，效果良好。但耗电多，灯泡寿命不长，增加饲养成本。

④ 暖风保温灯。暖风保温灯（见图 3-16）采用 CPU 级风扇，手动三档开关。其温度可调，热量流动，温度均匀，暖而不烫，自带柔和 LED 照明，不刺眼，防爆防水，环保节能，还具有杀菌、消毒作用。

图 3-15　红外线灯

⑤ 热风炉。热风炉有电（见图 3-17）、煤炭或燃气两种，是一种先进的供暖装置，广泛用于畜禽养殖的加温。其由加热和室内送风等部分组成。由管道将温暖的热气输送入舍内。热风炉使用效果好，但安装成本高。热风炉由专门厂家生产，不可自行设计，使用煤炭或燃气时注意避免煤气中毒。

图 3-16　暖风保温灯　　　图 3-17　电热风炉

## 2. 产蛋箱

一般生产鹅场多采用开放式产蛋巢，即在鹅舍一边用围栏隔开，地上铺以垫草，让鹅自由进入巢内产蛋和离开。也可制作多个产蛋窝或箱，供鹅选择产蛋。箱高 50 ～ 70 厘米、宽 50 厘米、深 70 厘米（见图 3-18）。箱放在地上，箱底不必钉板。

图 3-18　塑料产蛋箱

### 3.饲喂设备

饲喂设备包括喂料器、饮水器和填饲器。养鹅场（户）应根据所养鹅的品种类型和鹅的不同日龄，配以大小和高度适当的喂料器（见图 3-19 ～图 3-21）和饮水器（图 3-22、图 3-23），要求所用喂料器和饮水器适合鹅的平喙型采食、饮水特点，能使鹅头颈舒适地伸入器内采食和饮水，但最好不要使鹅任意进入料、水器内，以免弄脏。其规格和形式可因地而异，既可购置专用料、水器，也可自行制作，还可以用木盆或瓦盆代替，周围用竹条编织构成。

（1）雏鹅阶段　应根据鹅的品种类型和不同日龄，选择大小、高度适当的喂料器和饮水器。喂料器和饮水器由木盒、塑料盒或桶、塑料盘外加竹条、木条或细钢筋编制的隔离栅栏构成，隔离栏栅的间距依鹅大小而定，以鹅的头部刚好伸进即可。雏鹅生长迅速，盆的直径、高度应经常变化。

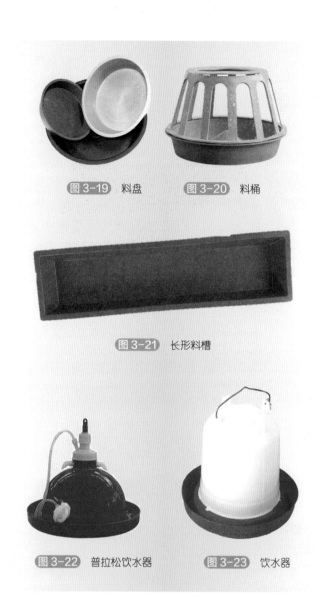

图3-19 料盘　　图3-20 料桶

图3-21 长形料槽

图3-22 普拉松饮水器　　图3-23 饮水器

（2）育成阶段　40日龄以上青年鹅饲料盆和饮水盆可不用竹围，盆直径45厘米，盆高度12厘米，盆底可适当垫高

15 ～ 20 厘米，防止饲料浪费。

（3）种鹅阶段　种鹅可以采用木制、塑料或水泥的盆槽进行采食、饮水。盆直径 55 ～ 60 厘米，盆高 15 ～ 20 厘米，离地高度 25 ～ 30 厘米。水泥槽长 100 ～ 120 厘米，上宽 40 ～ 43 厘米，底宽 30 ～ 35 厘米，高度 10 ～ 20 厘米。

（4）育肥阶段　多采用长条木制、水泥或塑料食槽和水盆饮水。食槽上宽 30 ～ 35 厘米，底宽 25 厘米，长 50 ～ 100 厘米，高度 20 ～ 23 厘米。鹅 40 日龄以上饲料盆和饮水盆可不用竹围，盆直径 45 厘米，盆高 12 厘米，盆面离地 15 ～ 20 厘米。

### 4. 填饲机

填饲机包括手动填饲机和电动填饲机。

（1）手动填饲机　手动填饲机规格不一，主要由料箱和唧筒两部分组成。填饲嘴上套橡皮软管，其内径 1.5 ～ 2 厘米，管长 10 ～ 13 厘米。手动填饲机结构简单、操作方便，适用于小型鹅场。

（2）电动填饲机　电动填饲机（见图 3-24）又可分为两大类型。一类是螺旋推运式，它利用小型电动机，带动螺旋推运器，推运玉米经填饲管填入鹅食管。这种填饲机适用于填饲整粒玉米，效率较高，多用于生产鹅肥肝。另一类是压力泵式，它利用电动机带动压力泵，使饲料通过填饲管进入鹅食管。这种填饲机采用尼龙和橡胶制成的软管作填饲管，不易造成咽喉和食管的损伤，也不必多次向食管捏送饲料，生产率也高。这种填饲机适合于填饲糊状饲料。

### 5. 围栏和围网

为了便于鹅群管理，在水池上（见图 3-25）、饲养场地（见图 3-26），用围栏或围网将鹅群圈定在指定区域内采食或休息，鹅群放牧一定时间后，将围栏或围网围起来，让鹅群休息。围栏和围网可采用竹竿、木棍、铁丝网（见图 3-27）、尼龙网、

图 3-24　电动填饲机

塑料网，或者用旧渔网等搭设。

图 3-25　水池上围网

图 3-26　饲养场地围栏

图 3-27　铁丝围网

### 6. 运输鹅或蛋的笼或箱

运输鹅的箱或笼应包括运输雏鹅的和运输育肥鹅或种鹅的。箱子应透气、牢固、便于搬运。

运输雏鹅的箱子或笼，以塑料（图3-28）和纸箱（图3-29）最普遍，纸箱多为一次性使用。养鹅场还应有一定数量的运输育肥鹅或种鹅的笼子和运种蛋的箱子，运输育肥鹅用铁笼、塑料或竹笼均可，每只笼可容8～10只，笼顶开一小盖，盖的直径为35厘米，笼的直径为75厘米、高40厘米。

**图3-28** 塑料运雏箱    **图3-29** 运雏纸箱

### 7. 通风换气设备

通风设备通常为风机或排气扇，主要用于封闭式鹅舍，将舍内污浊的空气排出，将舍外清新的空气送入，实现鹅舍内空气符合鹅的生长要求的目的。对鹅舍内纵向和横向通风均适用。

风机要求具有全压低、风量大、噪声低、节能、运转平稳、百叶窗自动启闭、维修方便等特点。无动力风机（见图3-30）是利用自然界的自然风速推动风机的涡轮旋转，以及利用舍内外空气对流的原理，将任何平行方向的空气流动加速并转变为由下而上垂直的空气流动，以提高舍内通风换气效果的一种装置。该风机不用电，无噪声，可长期运转。其根据空气自然规律和气流流动原理，合理化设置在屋的顶部，能迅速排出室内的热气和污浊气体，改善室内环境。

排风扇（见图3-31、图3-32）又被称作通风扇、负压风机、负压风扇等。其是由电动机带动风叶旋转驱动气流，利用空气对流让舍内一直处于负压状态，形成一股吸力，源源不断地吸入室外的空气，并排出室内闷热的空气，从而达到通风透气，除去室内的污浊空气，调节温度、湿度和感觉效果的目的。

图 3-30　无动力风机　图 3-31　方形排风扇　图 3-32　喇叭形排风扇

### 8. 清洗、消毒设备

清洗设备主要是高压冲洗机械，带有雾化喷头的可兼当消毒设备用。高压冲洗消毒器（见图3-33）用于房舍墙壁、地面和设备的冲洗消毒，由小车、药桶、加压泵、水管和高压喷头等组成。这种设备与普通水泵原理相似。高压喷头喷出的水压大，可将消毒部位的灰尘、粪便等冲掉，若加上消毒药物，则还可起到消毒作用。

图 3-33 高压冲洗消毒器

　　舍内地面、墙面、屋顶及空气的消毒多用喷雾消毒、火焰消毒器（图3-34）和熏蒸消毒。喷雾消毒采用的喷雾器有背负式手动（图3-35）和背负式电动喷雾器（图3-36），熏蒸消毒采用熏蒸盆，熏蒸盆最好采用陶瓷盆或金属盆，切忌用塑料盆，以防火灾发生。

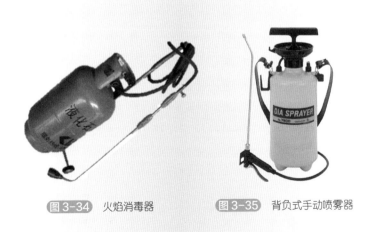

图 3-34 火焰消毒器　　　图 3-35 背负式手动喷雾器

图 3-36　背负式电动喷雾器

### 9. 照明设备

照明设备通常由灯和灯光控制器组成。

目前采用白炽灯和节能灯等光源来照明。白炽灯应用普遍。也可用日光灯管照明，将灯管朝向天花板，使灯光通过天花板反射到地面，这种散射光比较柔和均匀。用节能灯照明还可以节电。

鹅舍的灯光控制是鹅饲养中重要的一个环节。鹅舍灯光控制器是取代人工开关灯，既能保证光照时间的准确可靠，实现科学补光，同时又减少了因为舍内灯光的突然明暗给鹅群带来的应激。鹅舍灯光控制器有可编光照程序、时控开关、渐开渐灭型灯光控制和速开速灭型灯光控制 4 种功能。其功能主要表现为：根据预先设定，实现自动调节鹅舍灯光的强弱明暗、设定开启和关闭时间和自动补充光源等。使用鹅舍灯光控制器好处非常多。养殖场（户）可根据鹅舍的结构与数量、采用的灯具类型和用电功率、饲养方式等进行合理选择。

## 10. 饲草加工设备

饲草加工设备包括谷物饲料粉碎机、饲草收割设备和青绿饲料切碎机械，因为青绿饲料打浆会影响适口性。

（1）谷物饲料粉碎机　粉碎机类型有锤片式、爪式和对辊式3种。锤片式粉碎机是一种利用高速旋转的锤片击碎饲料的机器，生产率高，适应性广，既能粉碎谷物类精饲料，又能粉碎含纤维、水分较多的青草类、秸秆类饲料，粉碎粒度好（见图3-37）。对辊式粉碎机是由一对回转方向相反、转速不等的带有刀盘的齿辊进行粉碎，主要用于粉碎油料作物的饼粕、豆饼、花生饼等（见图3-38）。爪式粉碎机是利用固定在转子上的齿爪将饲料击碎，这种粉碎机结构紧凑、体积小、重量轻，适合于粉碎含纤维较少的精饲料（见图3-39）。

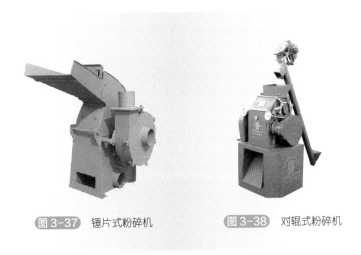

图 3-37　锤片式粉碎机　　　图 3-38　对辊式粉碎机

（2）青绿饲料切碎机械　铡草机，也称切碎机，主要用于切碎粗饲料，如谷草、稻草、麦秸、玉米秸等。按机型大小可分为小型、中型和大型。小型铡草机（图3-40）适用于广大农户和小规模饲养户，用于铡碎干草、秸秆或青饲料。中型铡草机也可以切碎干秸秆和青饲料，故又称秸秆青贮饲料切碎机。大型铡草机常用于规模较大的饲养场，主要用于切碎青贮原料，故又称青贮饲料切碎机。铡草机是农牧场、农户饲养草食家畜必备的机具。

图3-39　爪式粉碎机　　图3-40　小型铡草机

## 11. 孵化设备

孵化设备包括传统孵化设备和机械孵化设备。传统孵化设备包括孵化床、电热毯、热水袋、孵蛋巢（筐）等。

（1）机械孵化设备　机械孵化设备是指人工模拟卵生动物母性，进行控制温度、湿度和翻蛋等过程，经过一定时间将受精蛋发育成生命的机器。孵化设备是孵化过程中所需物品的总称，它包括孵化机、出雏机、孵化机配件、孵化房专用物品、加温设备、加湿设备及各个测量系统等。其可以分为煤电两用和只用电两个类型。

（2）孵蛋巢（筐）　利用种鹅孵化雏鹅的自然孵化方式。各地用的鹅孵蛋巢规格不一致，原则是鹅能把身下的蛋都搂在腹下即可。目前常见的孵蛋箱有两种规格：一种为高型孵蛋巢，上直径 40～43 厘米，下直径 20～25 厘米，高 40 厘米，适用于中小型品种鹅；另一种为低型孵蛋巢，上下直径均为 50～55 厘米，高 30～35 厘米，适用于大型鹅。一般每 100 只母鹅应备有 25～30 只孵蛋巢。孵蛋巢内围和底部用稻草或麦秸柔软保温物作垫物。在孵化舍内将若干个孵蛋巢连结排列一起，用砖和木板或竹条垫高，使之离地面 7～10 厘米，并加以固定，防止翻倒。为管理方便，每个孵蛋巢之间可用竹片编成的隔围隔开，使抱巢母鹅不互相干扰打架。孵蛋巢排列方式视孵化舍的形式大小而定，力求充分利用，操作方便。

设计和建造巢箱或巢筐时必须注意以下几点：一是用材省、造价低；二是便于打扫、清洗和消毒；三是结构坚固耐用；四是大小适中；五是能和鹅舍的建筑协调起来，充分利用鹅舍面积来安排巢和箱；六是必须方便日常操作；七是母鹅在里面孵化能感到舒适；八是能减少母鹅间的相互侵扰；九是有利于充分发挥种鹅的生产性能。

### 12. 测温度和测湿度器材

测温度和测湿度器材主要有干湿度计（图 3-41）和最高最低温度计（图 3-42）。

### 13. 育雏网床

育雏网床（见图 3-43）通常离地高 50～80 厘米。网架上铺以网片，网片用铁丝、硬塑料、竹片或木片均可。网片要求牢固、平整，便于拆卸、清洗和消毒。网孔尺寸为 2 厘米 ×2 厘米，能使粪便漏下。网上养鹅不需要垫料，管理方便，鹅不与粪便直接接触，有利于机体健康。

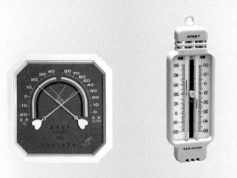

图 3-41 干湿度计　　图 3-42 最高最低温度计

图 3-43 育雏网床

# 四、养鹅环境控制

养鹅的环境包括物理的（温度、湿度、气流、光照、噪声、尘埃等）、化学的（氨气、硫化氢、二氧化碳及恶臭）、生物的（病原微生物、寄生虫、蚊蝇等）和工艺的（人、饲养及管理、组群、饲养密度等）。

## （一）场区环境控制

一是采用科学生产工艺，合理选择场址、规划场地和布局建筑物，防止场区被外界污染和污染周围环境。从生物安全的角度出发，理想的场址应该是既不受外界的影响和威胁，同时也不对外界产生污染和威胁。

二是采用全进全出的饲养工艺流程。

三是搞好隔离带和各场区绿化，改善场区温湿度及空气卫生状况。

四是粪便污水减量化、无害化、资源化，实现清洁生产，建设生态鹅场。

五是合理配置场内外净污道、给排水（雨污分流）和防疫设施，严格遵守卫生防疫消毒制度。

## （二）舍内环境控制

舍内环境控制包括对舍内温度、湿度、光照、噪声、有害气体的控制。

### 1. 鹅舍内温度的控制

鹅具有耐寒不耐热的特性。成年鹅的抗逆性很强，雨雪雷电都不惧怕，夏日暴雨如注，成年鹅照样在水中游泳嬉戏；秋日阴雨连绵，成年鹅及青年鹅采食如常；冬日风雪交加，成年鹅自己寻找避风处栖息，甚至栖于冰面和雪地上也不进棚舍。

然而雏鹅的抗逆性较差，尤其是 20 日龄前的雏鹅，由于体温调节功能不健全，对温度、湿度、光照及空气都很敏感。雏鹅在 26℃以下的低温环境中表现为拥挤扎堆，扎入堆里面的雏鹅常因窒息而死亡。如果采取人工拨散挤堆的雏鹅，出汗多的雏鹅又很容易着凉感冒，人走后鹅群重新扎堆、出汗。如此反复，不仅感冒的雏鹅增多，而且雏鹅多次出汗后易引起叨毛，形成僵鹅。而鹅舍温度一旦超过 32℃，雏鹅则表现出精神不振，吃食少，喝水多，体温升高，体热散发受阻，从而影响生长发育，诱发疾病。长期高温还可引起雏鹅大批死亡。

养育雏鹅的温度要求适宜而均衡，在育雏最初2天育雏室温度应达到28～30℃，绝对不能使温度低于27℃，否则会造成灾难性的后果。3日龄后鸭舍温度每3天下降1.5℃左右，至21日龄时降到常温，以后保持在20℃左右为最佳。这对于其生长发育、健康、羽毛生长以及饲料效率是最适宜的。

（1）温度控制方法　由于鹅的繁殖季节性，鹅生产具有明显的季节性。虽然采用光照控制可以使鹅全年产蛋有两个周期，但主要繁殖季节仍为冬春季节。育雏前期，可将鹅舍的一部分用塑料布与其他部分隔开，作为取暖区，以减少取暖面积，便于升温，节约费用。以后可随日龄的增加，再逐渐延伸供暖面积及活动场地。在取暖区内的取暖方式很多，有使用地上火龙管道供暖的，经济条件好的也有使用电热伞供暖的。使用电热伞供暖的取暖室内可形成2个区域，一是高温区，二是室温区，以便鹅自由选择适宜的温度区域进行活动与休息。使用地上火龙管道供暖方式的，可根据室内温度灵活掌握生火的大小。为了随时掌握室内温度是否适宜，可在室内挂上温度计，其高度应置于鹅背以上20厘米。供暖方式不要使用明煤生火加温，避免引起一氧化碳（煤气）中毒，另外也有利于防火安全。条件允许最好采取网上育雏的方法。

雏鹅20日龄后，鹅舍就要视具体情况决定是否加热和加热的程度，主要看地域、季节与天气情况，灵活掌握。寒冷地区或冬季，夜里或阴雨天气，只要温度达不到上述介绍的适宜温度，就需继续供暖，以避免因温度忽高忽低而引起鹅感冒，甚至继发疫病；在炎热的夏季若温度超过育雏温度，要注意防暑降温。

不论是冬季还是夏季，当雏鹅脱温后，要随时观察鹅群的舒适程度，特别是冬季晴天，当室内外温差比较大时，应在中午放鹅。若晒太阳的运动场是水泥或潮湿地面应铺垫干垫草，以避免鹅卧在凉冷而又潮湿地面上而引起着凉及增加营养消耗。商品鹅在饲养全过程中，温度控制始终是个关键，只有认真细心地控制温度，才能保证良好的生长速度。

（2）种鹅反季节繁殖温度控制　在种鹅反季节繁殖中，应采取降温措施保证种鹅的繁殖性能，这些措施有：利用双层遮阳网或树木遮阳、降温，鹅舍安装水帘装置降温或利用排风扇、门窗等通风降温，通过洗浴、饮水降低种鹅体热。

### 2. 鹅舍内湿度的控制

湿度是指鹅舍内空气中含水量的多少，一般用相对湿度表示。鹅舍内的湿度过高或过低都会影响鹅的生长和健康，鹅的适宜生长湿度一般为65%～75%。

鹅虽然是水禽，但其生长环境要保持干燥，鹅舍内特别是雏鹅舍最忌潮湿，潮湿是很多疾病诱发的最重要原因。在湿度过大、温度低时体内水分散发、体热散发会受阻，容易诱发鹅感冒。湿度过低，体内的水分就会被干燥的空气吸收，导致鹅喝水增加，对肠道造成应激，影响生长。

雏鹅在适宜的湿度下，水分蒸发与体热散发比较容易，感到舒适，食欲良好，发育正常。如果过于干燥会影响雏鹅卵黄的吸收，导致育雏期死淘率高，后期生长不均匀，料重比增高。如相对湿度低于40%，可使鹅的皮肤发生干裂，呼吸道黏膜水分减少，从而减弱对病原微生物的防御能力，导致呼吸道疾病发病率升高。

育雏期为避免湿度低，相对湿度低于50%时尽快采取加湿措施，舍内应喷洒适量水来保持湿度。如采取过道洒水、炉子加水盆等方式来产生蒸汽，也可以采用喷雾加湿等方法来提高湿度。以后随着鹅的增大以及嬉水活动的增加，鹅舍内的湿度会自动升高。

随着鹅的增大，吃料及饮水的增加，舍内氨气浓度也会随之升高，此时舍内环境容易导致饲料发生霉变。鹅舍湿度过大还会导致鹅病增多，容易引起浆膜炎、腹泻等疾病。

湿度调控主要有加强饲养管理，保证舍内排水系统通畅，及时清扫粪便和更换潮湿的垫料，根据季节不同灵活运用通风换气来降低舍内湿度。

### 3. 舍内有害气体的控制

规模化养鹅多采用高密度饲养，鹅舍容易产生氨气、硫化氢、二氧化碳、甲烷、粪臭素等有害气体。这些有害气体对人和鹅均有直接或间接的毒害作用。当这些有害气体达到一定的浓度，就会引起鹅群的慢性中毒或急性中毒。鹅舍内的有害气体主要由粪便、饲料、垫草经微生物分解后产生或由鹅呼吸道排出。鹅舍空气中夹杂着大量的水滴和灰尘，容易滋生病原微生物。饲喂干粉料、厚垫草、密集饲养等都会使舍内灰尘及细菌数量明显增加。

鹅舍的空气环境控制主要指控制空气污染物的含量。鹅舍内有害气体含量应控制在允许含量之内。控制和消除鹅舍的有害气体，一是杜绝或减少有害气体的产生，二是有害气体一旦产生则应设法降低有害气体的浓度。除合理进行鹅舍通风外，还应采取以下措施。

一是及时清理粪便，减少粪便中的硫化氢、氨气在鹅舍内的逸出量。粪便中有机物分解是氨气和硫化氢的产生之源，减少粪便在舍内的积存，可以显著降低舍内有害气体浓度。二是加强通风换气，把鹅舍内的有害气体排出舍外。自然通风只适合在小跨度的鹅舍使用。净宽超过 7 米的鹅舍自然通风的效果不好。采用自然通风的鹅舍，窗户的设置应多一些，间距小一些。鹅舍跨度小，排风筒设一排即可，其间距 6 米左右，直径应不低于 25 厘米，并应装有翻板，使风筒可开闭。气流应从粪层表面经过，以便及时将粪便中的水分和产生的有害气体排出。机械通风使用最多的是纵向负压通风，采用纵向通风工艺时应选用适合家禽生产的低风压、高流量的风机。鹅舍南北墙上应设通风窗，以防突然停电作应急之用。最好采取自然通风和机械通风相结合的办法。三是保持舍内相对干燥。当粪便、垫料含水量低的时候，其中有害气体的产生也明显减少。舍内潮湿，房舍内壁及物体表面会吸附大量的氨气和硫化氢，当舍温上升或舍内变干燥时，就会挥发到舍内空气中。四是在鹅的饲料中加入益生素类活菌制剂，减少粪便中有害气体的产生量。五是定期更换垫料。在采用地面垫料平养的鹅舍中，垫料中混有粪便、饲料、微生物，在温度和湿度适宜的条件下，也会发酵产生有害气体。六是进行加工饲料、取暖和清理卫生等各项活动时要尽量减少灰尘、烟尘等颗粒物的产生，因为病原微生物一般附着在空气颗粒物的表面，有些颗粒物还能引起部分蛋鹅过敏。七是进行鹅舍除尘，方法包括机械除尘、湿式除尘、过滤式除尘和静电除尘等。八是在鹅场周围及其运动场进行绿化造林。树木不仅吸附尘土，而且能够降低鹅场整个区域的有害气体浓度，增加氧气量。

在控制和消除污染的同时，必须保证鹅舍温度、湿度和光照适宜。

### 4. 鹅舍内噪声的控制

鹅的视力发达，且性急胆小。养鹅生产过程中，噪声会使鹅受到惊吓、精神紧张，对其生产性能和健康带来严重的影响。噪声会降低鹅的生长速度。噪声还会使鹅的残次品率、发病率及死亡率上升。特别是突发的、异常的声响，如鞭炮声等，对鹅危害最严重。鹅舍内噪声的允许强度一般限定在90分贝以内。

鹅场和鹅舍内噪声来源一般有：一是由外界传入，如飞机的轰鸣声、火车的汽笛声、汽车的喇叭声、雷鸣、鞭炮声等；二是场内和舍内的机械声，如风机、除粪机、饲料粉碎机、喂料机的声音以及刮风时门的晃动声和饲养管理工具的碰撞声；三是鹅体自身产生，鹅有较强的警觉性和自卫行为，叫声响亮；四是工作人员的喊叫。

噪声控制的办法：一是科学选址，避免距离机场、矿厂、铁路、交通要道、繁忙公路等过近；二是饲养管理上避免产生噪声，禁止人员大喊大叫，禁止鹅舍附近燃放鞭炮，人员操作要轻，门窗开闭后要有固定装置；三是采用机械通风的，应安装低噪声轴流风机。

## 5.光照的控制

光照是鹅生长发育和生产必不可少的环境条件，对鹅的生命活动、物质代谢和生产性能的发挥均具有重要的作用，合理有效的光照可以最大限度地发挥鹅的生产性能。如反季节繁殖中，就是通过控光、控温等方式实现的。反之，将会对鹅的生长发育、繁殖性能以及养殖效益产生很大影响。如每 10 平方米需 40～60 瓦的光照强度（灯泡距育雏床 1.5～2.0 米），每日 14～16 小时的光照时，雏鹅群生长正常。育雏室内光照不均匀时，1 周龄内雏鹅会由于趋光而聚群于灯下或接近光源处。用 200 瓦的白炽灯连续照射 2 天即可引起雏鹅啄羽的发生。

对种鹅来说，适宜的光照可刺激母鹅脑垂体，增强脑垂体前叶的活动，引起垂体前叶释放促性腺激素促进卵巢卵泡的成长、发育增大，卵巢分泌雌性激素促使输卵管的发育，同时使耻骨开张，泄殖腔扩大；光照引起公鹅促性腺激素的分泌，刺激睾丸精细管发育，促使公鹅达到性成熟。适宜的种鹅光照原则为：育成期控光防早熟，产蛋期加光促发育，高峰期定光保高产。

由于鹅舍基本上都是开放式的，鹅舍光照受自然光照的影响很大，而自然光照在每年夏至前由短光照逐渐延长，夏至后由长变短。因此，我国南北方鹅之间存在着明显的繁殖季节差异，光照制度也不同。

以北方为例，每年 2～7 月是种鹅的产蛋期，自然光照由短变长，因此需要增加人工光照。具体光照措施如下。

为使雏鹅生长均匀，要保证光照时间和强度。鹅舍中用白炽灯增加光照时间，灯高 2 米，为有利于雏鹅夜间采食，舍内要备夜灯（15 瓦每 100 平方米）。

育成期只利用自然光照即可。

开产期前开始增加光照时间，一般和加料换料同步进行。逐渐增加每天的人工光照时间，每周增加 0.5～1 小时，均分于早晚，直至光照时间达到 14～15 小时，维持到产蛋结束。强度为 2～3 瓦每平方米，每 20 平方米面积 1 个 40～60 瓦灯泡，灯泡距离地面 2 米。产蛋期稳定增加光照时间，每次不超过 1 小时，光照时间和光照强度需有规律，否则产蛋会受到不良影响。

反季节繁殖的光照控制为：对于二年龄和二年龄以上的老鹅，从每年 1 月份开始进行长光照处理，在保证白天正常光照外，还需早晚通过人工开关灯延长鹅的光照时间，使其每天保证 19～20 小时的光照，时间为持续 8 周。对处于第一个产蛋季的鹅，在进行长光照的同时还应开始限料。通过这些措施诱导鹅休产后，于 2 月底或 3 月初开始缩短光照，每天下午 4 点将鹅驱赶入避光的鹅舍，次日早 8 点将鹅从鹅舍放出，每天对鹅进行 8 小时光照，持续 5 周。然后每周增加 1～2 小时的光照，诱导鹅开产，直至每天使鹅进行 11.5～12 小时的光照，此时鹅将会进入产蛋期。产蛋期将持续 30 周，等到 12 月底 1 月初再进行长光照诱导休产。这样就可以使鹅的产蛋季节处于 5～11 月，与鹅的正常产蛋季节相反。

**小贴士：**

养鹅的环境控制就是克服不同类型的鹅生产环境及以上因素对鹅产生的不良影响，建立有利于鹅只生存和生产的环境设施。鹅环境调控应以鹅体周围局部空间的环境状况为调控的重点。充分利用舍外适宜环境，自然与人工调控结合。舍内环境调控不要盲目追求单因素达标，必须考虑诸因素相互影响制约，以及多因素的综合作用。采取多因素综合调控措施，且应侧重鹅的体感（行为、福利、健康）调控效果。因此，规模化养鹅的环境调控应从工艺设计、改善场区环境、鹅舍建筑、舍内环境调控工艺和设备、加强饲养管理、控制环境污染等多方面采取综合措施。

## 第四章

## 饲养品种的确定与繁殖

# 一、鹅的品种

## （一）鹅的品种分类

鹅在漫长的品种形成和普及过程中，由于各地的自然条件和人们进行选择的目标不同，逐渐形成许多优良的品种或品变种。按照鹅的体型、羽色、经济用途不同，具体划分如下。

### 1. 按体型大小分类

国内外一般都以成年体重的大小作为划分体型大、中、小的标准。小型品种鹅：成年公鹅体重为3.5～5.0千克，母鹅为3.0～4.0千克。属于小型鹅种的有乌鬃鹅、太湖鹅、五龙鹅、豁鹅和籽鹅等。中型品种鹅：公鹅成年体重为5.1～8.5千克，母鹅为4.1～7.5千克。国内有淑浦鹅、雁鹅、浙东白鹅、皖西白鹅、四川白鹅等，国外有莱茵鹅、巴墨鹅、比尔格里姆鹅、奥拉斯鹅、乌拉尔鹅等。大型品种鹅：公鹅成年体重为 8.6 ～ 14.0 千克，母鹅为 7.6 ～ 10.0 千克。国内有狮头鹅，国外有埃姆登鹅、图卢兹鹅等。

### 2. 按羽色分类

鹅按羽色可分为白鹅、灰鹅和极少量的浅黄羽色品种。在白鹅中往往带有程度不等的灰褐毛，在灰鹅中亦带有白毛并有羽毛深浅的差异。近几年来由于白色羽绒热销并且售价较高，一些原来习惯养灰鹅的地区，纷纷淘汰灰鹅而改养白鹅。我国常见的白羽鹅有四川白鹅、浙东白鹅、皖西白鹅、酃县白鹅、闽北白鹅、太湖鹅、豁鹅、籽鹅等，灰鹅有雁鹅、乌鬃鹅、阳江鹅、永康灰鹅、长乐灰鹅等。

### 3. 按经济用途分类

随着人们对鹅产品的需要不同，在养鹅生产中出现了一些优秀的专用品种。如用于肥肝生产的专用品种，国内有广东的狮头鹅、湖南的溆浦鹅；国外有法国的图卢兹鹅、朗德鹅、玛瑟布鹅，匈牙利的玛加尔鹅等。用于肉用仔鹅的品种，国内如广东著名的肉用小型鹅种清远乌鬃鹅；国外如意大利的奥拉斯鹅，德国的莱茵鹅等。产蛋性能较好的品种有豁鹅、籽鹅、太湖鹅等。

## （二）引进的国外良种鹅品种

### 1. 莱茵鹅

【产地分布】莱茵鹅原产于德国的莱茵河流域，在欧洲大陆分布很广。

【体貌特征】全身羽毛白色，喙、胫与蹼均为橘黄色。初生雏鹅绒毛灰白色，随日龄增长，毛色逐渐变浅，至 6 周龄时全身都是白色羽毛。莱茵鹅的体型与中国鹅有明显不同，它具有欧洲鹅的体态特征，前额肉瘤小而不明显，喙尖而短，颈较粗短，背宽胸深，身躯呈长方形，当站立或行走时，体躯与地面几乎成平行状态，与中国鹅昂首挺胸的雄姿截然不同（见图4-1）。

图 4-1　莱茵鹅

【品种性能】成年公鹅体重 5～6 千克，母鹅 4.5～5 千克。初生重 110 克，4 周龄重 2.2 千克，8 周龄重 4.5 千克左右。7～8 月龄开产。年产蛋量为 50～60 枚。蛋重 150～190 克。公母配种比例为（1:3）～（1:4），种蛋受精率 75% 左右。纯种的肥肝重 400 克左右，与朗德鹅杂交后平均肥肝重可达 500 克以上。

【利用】莱茵鹅产蛋量较高。在法国和匈牙利，通常以朗德鹅作父本，与该品种的母鹅交配，用杂交鹅生产肥肝；或以意大利鹅作父本，与该品种杂交，用以生产肉用仔鹅。

### 2. 朗德鹅

【产地分布】朗德鹅原产于法国西南部的朗德，该地区除朗德鹅外，还有托罗士鹅和玛瑟布鹅 2 个大型的灰鹅品种，这 3 种鹅相互杂交，经过不断选育，逐渐形成了所谓的朗德系统，现在法国统称为西南灰鹅，也叫朗德鹅。此外，在法国和匈牙利，通过杂交来选育白色羽毛的朗德鹅，正在受到人们的重视。我国引进的是灰色羽毛的朗德鹅。

【体貌特征】全身羽毛以灰褐色为基色，颈、背部的羽毛颜色较深，近似黑褐色，颈羽稍有卷曲，胸部羽色渐浅、呈银灰色，腹部羽毛乳白色。朗德鹅喙尖而短，头部肉瘤不明显，颈上部有咽袋，背宽胸深，腹部下垂。体型硕大，其体态具有欧洲鹅的特征，当站立或行走时，体躯与地面几乎呈平行状态，与中国鹅前躯高抬、昂首挺胸的姿势有明显区别（见图 4-2）。

图 4-2　朗德鹅

【品种性能】成年公鹅体重 7 ～ 8 千克，母鹅 6 ～ 7 千克。8 周龄活重 4.5 千克左右；13 周龄公鹅活重 5.8 千克、母鹅 5.2 千克；经强制填饲 2 周后屠宰，活重达到 8.1 ～ 8.5 千克，肥肝重可达 750 ～ 850 克。7 ～ 8 月龄开产。年平均产蛋量为 40 枚。蛋重为 180 ～ 200 克。公母配种比例为（1∶3）～（1∶4）；种蛋受精率较低，只有 65% 左右。种母鹅可利用 3 年左右，种公鹅只能用 1 年，此后种蛋受精率降低。该品种有就巢性，但比较弱。

【利用】朗德鹅是当前国外肥肝生产中最优秀的肝用品种。

## （三）我国地方品种

### 1. 太湖鹅

太湖鹅属小型绒肉兼用鹅种，国家级畜禽遗传资源保护品种。

【产地分布】产于长江三角洲太湖地区。

【体貌特征】太湖鹅体型较小，体态高昂，体质细致紧凑，全身羽毛洁白，偶尔眼梢、头颈部、腰背部出现少量灰褐色羽毛。喙、胫、蹼橘红色，爪白色，虹彩灰蓝色。肉瘤淡姜黄色。无咽袋，偶有腹褶。从外表看，公鹅、母鹅差异不大，公鹅体型较高大雄伟，常昂首挺胸展翅行走，叫声洪亮，喜追逐人；母鹅性情温顺，叫声较低，肉瘤较公鹅小，喙较短（见图4-3）。

（公）　　　　　　（母）

图4-3　太湖鹅

【品种性能】成年鹅体重：公4500克，母3500克。仔鹅屠宰率：半净膛78.6%，全净膛64.0%。成年鹅屠宰率：半净膛，公85.0%，母79.0%；全净膛，公76.0%，母69.0%。开产日龄160天，年产蛋60～90个，蛋重135克，蛋壳呈白色。

【利用】20世纪80年代末，杜文兴对太湖鹅的产蛋性能和仔鹅生长速度进行观测，并进行相关的杂交试验，表明太湖鹅产蛋量高，耗料少，在肉鹅配套生产中有很好的应用前景。

1990 年开始，扬州大学等单位利用太湖鹅及其他鹅种资源，培育扬州鹅，于 2006 年通过国家畜禽新品种审定。2007年起，太湖鹅保种场与江苏省家禽研究所合作，对太湖鹅进行系统的选育和新品系培育。

## 2. 永康灰鹅

永康灰鹅（图 4-4）是我国灰色羽鹅中的一种小型肉用鹅种，是优良地方品种。

（公）　　　　　　（母）

图 4-4　永康灰鹅

【产地分布】产于浙江省永康市及武义县。

【体貌特征】体躯呈长方形，颈细长。羽毛呈灰黑色或淡灰色，颈部正中至背部主翼羽颜色较深，颈部两侧和前胸部羽毛为灰白色，腹部羽毛白色，尾部羽毛上灰下白。肉瘤、喙呈黑色。颌下无咽袋，无腹褶。皮肤淡黄色，胫、蹼橘红色，爪呈黑色。好斗会啄人。

公鹅头大，颈长而粗，体躯长，胸深广，肉瘤比母鹅发达。母鹅颈略细长，肉瘤较小，后躯较发达。雏鹅绒毛呈灰色。

【品种性能】成年鹅体重：公鹅 3800～4200 克，成年母鹅 3500～4200 克，2 月龄重 2500 克左右。屠宰率：半净膛 82.4%，全净膛 61.8%。开产日龄 140～160 天，年产蛋 40～60 个，蛋重 145 克，蛋壳白色。母鹅就巢性较强，每年 3～4 次，每窝产蛋数为 8～14 个，蛋重 150～170 克。在公、母配比为 1:8 的情况下，种蛋受精率 85%～95%，受精蛋孵化率 90%～95%。公鹅利用期 4～5 年，母鹅 5～6 年。

【利用】永康灰鹅所产肥肝平均重 450～600 克，最大个体高达 1137 克，是优良的产鹅肝品种。

### 3. 浙东白鹅

浙东白鹅又名象山白鹅、奉化白鹅、定海白鹅、绍兴白鹅，是中国肉鹅的著名地方良种，属中型肉用白羽鹅种。1989 年列入《中国家禽品种志》。

【产地分布】分布于浙江省宁波市的象山、余姚、奉化鄞州，舟山的定海，绍兴的嵊州等地。

【体貌特征】浙东白鹅体型中等偏大，结构紧凑，体态匀称，背平直，尾羽上翘，呈船形。喙呈橘黄色。肉瘤高突，随着年龄增长突起明显，呈橘黄色。全身羽毛呈白色，虹彩呈蓝灰色，皮肤呈白色，胫、蹼呈橘黄色，爪呈白色。

公鹅体大雄伟，颈粗长，肉瘤高突，耸立于头顶，尾羽短而上翘，行走时昂首挺胸。母鹅颈细长，肉瘤较小，腹部大而下垂，尾羽平伸，极少数鹅有"反翅"现象，部分翼羽朝上反长。雏鹅绒毛呈黄色（见图 4-5）。

【品种性能】成年鹅体重：公 5040 克，母 3980 克。70 日龄屠宰率：半净膛 81.1%，全净膛 72.0%。

根据浙东白鹅家系核心群 1982～2006 年记载资料，浙东白鹅 130～150 日龄开产，年产蛋 3～4 窝，每窝产蛋 8～12 个，年产蛋数 28～40 个，生产群平均蛋重 162 克。蛋壳呈白色。公鹅4月龄性成熟，初配控制在160日龄。公、母配比为（1:8）～（1:10），采用人工辅助交配，受精率达85%左右（自然交配为70%），受精蛋孵化率80%～90%。母鹅就巢性强，孵化期30天，休产恢复期20天。采用人工孵化，结合醒抱技术，每只母鹅一年可多产蛋8～13个。种母鹅的利用年限为4～5年，种公鹅的利用年限为3年。

（公）　　　　（母）

图4-5　浙东白鹅

【利用】浙东白鹅生长快，从雏鹅到成年大鹅只需三个月左右。在其性成熟之前就可宰杀食用，故无须阉割。一年可养四期，按季节分为冬至鹅、清明鹅、菜花鹅、夏至鹅。

### 4. 皖西白鹅

皖西白鹅也称为固始鹅、淮滨鹅，属中型绒肉兼用型鹅种，是国家级畜禽品种资源保护的地方品种。

【产地分布】主要分布于安徽省六安市的霍邱、舒城，以及寿县、肥西、长丰等地及河南固始县地区。

【体貌特征】皖西白鹅（见图4-6）体型中等，体态高昂，颈长，呈弓形，胸深广，背宽平。全身羽毛洁白，部分鹅头顶部有灰色羽毛。部分鹅枕部生有球形羽束，俗称"凤头鹅"。少数个体颌下有咽袋，俗称"牛鹅"。肉瘤呈橘黄色，圆而光滑，无皱褶。喙呈橘黄色，喙端颜色较淡。虹彩呈蓝灰色。胫、蹼呈橘黄色。

公鹅体型高大雄壮，颈粗长、有力，肉瘤大、颜色深，喙较宽长。母鹅颈较细且短，肉瘤较小且颜色较淡，腹部轻微下垂。产蛋期间腹部有一条明显的腹褶，高产鹅的腹褶大而接近地面。雏鹅绒毛呈淡黄色。

【品种性能】成年鹅体重：公鹅6500克，母鹅5000克。前期生长快，70日龄体重达4000克。成年鹅屠宰率：半净膛，公鹅78.0%，母鹅80.0%；全净膛，公鹅70.0%，母鹅72.0%。

皖西白鹅185～210日龄开产，公鹅180～200日龄达到性成熟，母鹅产蛋期为当年12月份到翌年5月份，年产蛋数22～25个，一年产2～3窝蛋，蛋重140～170克，蛋壳为白色。公、母配比为（1∶4）～（1∶5），种蛋受精率85%～92%，受精蛋孵化率78%～86%。母鹅就巢性强，就巢率99%。

皖西白鹅产毛量高，羽绒洁白、弹性好、蓬松质佳，尤其以绒毛的绒朵大而著称。平均每只鹅年产毛349克，其中产绒毛量为40～50克。

【利用】皖西白鹅被引种到吉林、河南、湖北、广东、内蒙古等近十个省市。一年可活拔毛3～4次。目前产区每年出口羽绒占全国出口量的10%，居全国第一位。鹅皮可鞣制裘皮，柔软蓬松，保暖性好。每平方米重量仅有700克左右，是制作服装、工艺品等的好材料。

2002年12月固始县畜牧局以河南农业大学和信阳农业高等专科学校为技术依托，制定了皖西白鹅选育方案，2003年5月建成了皖西白鹅保种场并开始对皖西白鹅进行保种和选育工作，并开展了与四川白鹅杂交利用的研究推广工作。

(公)　　　　　　(母)

图4-6　皖西白鹅

5. 雁鹅

雁鹅起源于鸿雁，又名苍鹅、萎鹅，属中型肉用鹅品种，是中国灰色鹅品种中的代表类型。

【**产地分布**】原产于安徽省六安市的霍邱县、寿县、金安区、裕安区、舒城县以及合肥市的肥西县和河南省的固始县等。近年来逐渐向东南迁移，安徽省宣城市的郎溪、广德一带成为新的雁鹅饲养中心。

【**体貌特征**】头圆形略方，全身羽毛呈灰褐色和深褐色，颈的背侧有一条明显的灰褐色羽带。背羽、翼羽、肩羽为灰底白边的镶边羽，腹部羽毛灰白色或白色。喙、肉瘤黑色，胫、蹼橘黄色，爪黑色，皮肤多黄白色，虹彩灰黄色。个别鹅颔下有咽袋，有腹褶。雏鹅全身绒毛墨绿色或棕褐色（见图4-7）。

（公）　　　　　　　（母）

图 4-7　雁鹅

【品种性能】成年鹅体重：公 6000 ～ 7000 克，母 5000 ～ 6000 克。屠宰率：半净膛，公 86.1％，母 83.8％；全净膛，公 72.6％，母 65.3％。开产日龄 210 ～ 240 天，年产蛋 25 ～ 35 个，蛋重 150 克，蛋壳呈白色。

雁鹅的性成熟期：公鹅 120 ～ 150 日龄，母鹅 210 ～ 240 日龄。种鹅的适时配种期：公鹅 180 ～ 210 日龄，母鹅 240 ～ 270 日龄。公母鹅种鹅的比例为 1∶5。

雁鹅种蛋受精率 85％～ 90％。受精蛋孵化率 75％～ 80％。其有就巢性，比例为 100％。

【利用】雁鹅有适应野外放牧、觅食力强、适应性广、耐粗饲、抗病力强等特点，能适应以放牧饲养为主的饲养形式，也能适应在我国大部分省份饲养。雁鹅的肉质肥嫩鲜美，是菜肴中的佳品，腌制成腊鹅，紫里透红、油香四溢，烤鹅则更是别具风味。另外，雁鹅的鹅毛、鹅绒是制造高级床上用品的优质原料。

### 6. 长乐鹅

长乐鹅属小型肉用鹅种。

【产地分布】主产于福建省的长乐区潭头、金峰、湖南、文岭、梅花等地。

【体貌特征】羽毛灰褐色，纯白色的很少，成年鹅从头到颈部的背面，有一条深褐色的羽带，与背、尾部的褐色羽区相连。颈部内侧到胸、腹部呈灰白色或白色。有的在颈、胸肩交界处有白色环状羽。喙黑色或黄色，肉瘤黑色或黄色，带黑斑。虹彩褐色。皮肤黄色或白色。胫、蹼黄色。颌下无咽袋，无腹褶（见图4-8）。

【品种性能】成年鹅体重：公4380克，母4190克。70日龄屠宰率：半净膛，公83.4%，母82.3%；全净膛，公71.7%，母70.2%。肝较重，公103克，母78.8克；填肥4周，公鹅肝重420克，母鹅肝重398克。开产日龄210天，年产蛋30～40个，蛋重153克，蛋壳呈白色。母鹅就巢性强，每年8月中旬开始产第一窝蛋，自然孵化条件下年产蛋3～4窝，到次年4～5月份停产。在公、母比例1：5条件下，种蛋受精率80%左右，受精蛋孵化率90%左右。

（公）　　　　　　（母）

**图4-8**　长乐鹅

【利用】长乐鹅就巢性强、产蛋量低，制约了养鹅数量的增长。应开展长乐鹅的品系选育和杂交利用，以提高其产蛋性能。

### 7. 闽北白鹅

闽北白鹅又名武夷白鹅，属小型肉用鹅种。

【产地分布】主产于福建省松溪、政和、浦城、崇安、建阳、建瓯等地，分布于邵武、福鼎、周宁、古田、屏南等地。

【体貌特征】闽北白鹅雏鹅绒毛黄色或黄绿色。30日龄开始长毛，80日龄长齐，全身羽毛白色，喙、趾、蹼均为橘黄色，上下喙边有梳齿状横褶，眼大，虹彩呈灰蓝色，头顶有橘黄色的肉瘤（公鹅比母鹅大），无咽袋。公鹅颈长，胸宽，头部高昂，鸣声洪亮。母鹅臀部宽大丰满，性情温驯，偶有腹褶（见图4-9）。

（公）　　　　（母）

图4-9　闽北白鹅

【品种性能】成年鹅体重：公 4000 克，母 3600 克。成年鹅屠宰率：半净膛，公 81.7％，母 82.9％；全净膛，公 71.6％，母 69.9％。公鹅 7～8 月龄性成熟，母鹅开产日龄 150 天，年产蛋 3～4 窝，每窝产蛋 8～12 枚，一般隔日产，年产蛋 30～40 个，蛋重 137 克，蛋壳呈白色。母鹅每产完一窝蛋，就要抱窝，每次 30～40 天。自然条件下，种蛋受精率在 85％左右，个别种鹅可达 95％以上。种公鹅可使用 2～3 年，母鹅可使用 5～6 年，个别的可使用 10 年。

【利用】闽北白鹅抗病能力强，耐粗饲，增重较快，肥育性能好，产肉率高，适合在山区水域及分散草场放牧饲养。

### 8. 丰城灰鹅

丰城灰鹅属中型肉用鹅种。

【产地分布】产于江西省丰城市和南昌市。

【体貌特征】体型中等。头部半椭圆形，前额有一较大的半圆形肉瘤，公鹅肉瘤高大而向前突，黑色或橘黄色；母鹅肉瘤扁平。头颈高昂。眼大有神。耳孔浅黄色，眼睑淡黄色，眼球银灰色或酱黄色。颈似弓形，公鹅较粗、较长，母鹅较短。颈背正中央自头部至尾有一条宽 2～3 厘米的灰褐色鬃毛条纹带，背、腰、尾、翅膀羽毛灰色，颈腹面、两侧及腹部羽毛灰白色。胸部深、宽且丰满，腹部宽大而扁平，尾部狭窄、尖长。皮肤白色。胫粗且长。胫、蹼橘黄色（图 4-10）。

【品种性能】平均体重：初生重 88 克；在以放牧为主的饲养条件下，公鹅 30 日龄 1000 克，母鹅 750 克；60 日龄公鹅 2125 克，母鹅 1625 克；90 日龄公鹅 3750 克，母鹅 3250 克；成年公鹅 4280 克，母鹅 3500 克。成年鹅平均半净膛屠宰率 79.5％，平均全净膛屠宰率 68.8％。

母鹅平均开产日龄 220 天。平均年产蛋 38 枚，平均蛋重 158 克。蛋壳白色。公鹅性成熟期 150 天，配种适龄期 300 天。公母配种比例 1∶5 以上。平均种蛋受精率 85.0％，平均受精蛋孵化率 86.4％。公鹅利用年限 2～3 年，母鹅 3～5 年。

(公)　　　　　　　　(母)

图 4-10　丰城灰鹅

【利用】成年鹅宰杀时可平均收集羽绒 300 克，其中绒毛 30 克。种鹅在 5～9 月休产期可活拔羽绒 3～4 次，每次平均 30 克；后备种鹅从 5～9 月可活拔羽绒 3～4 次，每次平均 30 克。

### 9. 广丰白翎鹅

广丰白翎鹅属中型肉用鹅种。

【产地分布】原产地及中心产区为江西省广丰区，分布于广丰区及周边的玉山、铅山、横峰和弋阳等地。保护区在广丰区泉波镇。

【体貌特征】体型中等大小，紧凑匀称，胸部丰满，头大颈长，头部前额有一橘黄色的肉瘤。喙宽扁平，呈橘黄色，两侧有锐利的锯齿。全身羽毛洁白、纯净而有光泽。皮肤呈淡黄色，喙、胫、蹼呈橘黄色。公鹅的头部肉瘤圆、稍大而前突。母鹅的肉瘤扁平不明显，腹部较大。雏鹅绒毛呈黄色（图 4-11）。

(公)  (母)

图 4-11    广丰白翎鹅

【品种性能】成年鹅体重：公 4200 克，母 3700 克。屠宰率：半净膛，公 82.6％，母 80.1％；全净膛，公 77.0％，母 69.0％。宰杀时可以收集到羽绒 200 克，其中绒毛 25 克。母鹅开产日龄 180 ～ 210 天。年产蛋 40 ～ 60 个，开产蛋重 88 克，300 日龄平均蛋重 112 克。蛋壳呈乳白色。种蛋受精率 85％，受精蛋孵化率 90％。母鹅有就巢性。

10. 莲花白鹅

莲花白鹅曾用名白银鹅，属小型肉用鹅种。

【产地分布】产于江西省莲花县。

【体貌特征】莲花白鹅体躯宽，呈椭圆形。全身羽毛白色。喙呈橘黄色，喙后基部正上方有一半球形橘黄色肉瘤。皮肤呈淡黄色，胫、蹼呈橘黄色。公鹅颈长，头大，体躯长，肉瘤较大，腹下平整或有一条沟。母鹅颈短、稍粗，体躯较短而宽，肉瘤较小、稍隆起，腹部下坠，无腹褶（见图 4-12）。

（公）　　　　　　　（母）

图 4-12　莲花白鹅

【品种性能】成年鹅体重：公 4500 ～ 5500 克，母 3500 ～ 4500 克。屠宰率：半净膛，公 84.9％，母 84.0％；全净膛，公 78.9％，母 76.5％。平均 250 日龄开产，开产蛋重 80 克，年产蛋 24 个，300 日龄平均蛋重 114 克。蛋壳乳白色。公母配种比例（1∶5）～（1∶6），种蛋受精率为 90% 左右。

## 11. 兴国灰鹅

兴国灰鹅属中型肉用鹅种，是中国地方优良鹅种。2010 年，兴国县申报的"兴国灰鹅"注册商标，经国家工商行政管理局商标局核定通过，获得了商标注册证书。2010 年，经农业部评审通过，获得中华人民共和国农产品地理标志登记证书。

【产地分布】产于江西省兴国县。兴国灰鹅农产品地理标志地域保护范围为兴国县辖区范围内各乡镇，中心产区为潋江、长冈、埠头、高兴、古龙岗、龙口、永丰、江背、鼎龙、城岗、兴莲、方太、崇贤、隆坪、东村、均村等 16 个乡镇。

【体貌特征】兴国灰鹅体型匀称，全身羽毛紧凑。从鹅头顶部沿颈的背部直至基部，有一条由宽变窄的灰色鬃状羽带。

胸、腹部羽毛为灰白色。背部羽毛和翅羽呈灰色，有白色镶边。喙呈青黑色，皮肤呈黄白色，胫、蹼呈橘红色。公鹅额前有一明显的肉瘤，呈黑色，腹部饱满、不下垂。母鹅肉瘤较小，有明显腹褶。雏鹅绒毛呈灰色（图4-13）。

（公）　　　　　　（母）

图4-13　兴国灰鹅

【品种性能】成年鹅体重：公5100克，母4670克。屠宰率：半净膛，公81.0％，母81.5％；全净膛，公68.8％，母69.4％。开产日龄180～210天，年产蛋30～40个，蛋重149克，蛋壳呈白色。种蛋受精率80％～85％，受精蛋孵化率85％以上。母鹅有就巢性。

【利用】兴国县提出"五个一"（即一户农户养一组种鹅，种一亩黑麦草，年出笼商品鹅100羽，年增纯收入1000元）的种草养鹅模式，每年利用秋冬闲田（土）推广种植黑麦草在2万亩以上，种草最多的年份达到4万多亩。

12. 百子鹅

百子鹅属小型蛋用鹅种。百子鹅因年产蛋百枚而得名。

【**产地分布**】产于山东省金乡县南部。

【**体貌特征**】体质紧凑强健，体躯稍长，胸宽略上挺，体态高昂。按羽毛颜色可分白鹅和灰鹅，现存大多为白鹅。头方圆形，额前有一肉瘤，公鹅大而显著。灰鹅喙部为黑色，白鹅为橘红色。颌下有一大咽袋，成年母鹅有腹褶，腿稍短而成橘红色。灰鹅蹼为黑色，白鹅为黄色。皮肤为白色（见图4-14）。

（公）　　　　　（母）

图 4-14　百子鹅

【**品种性能**】成年鹅体重：公 4180 克，母 3630 克。成年鹅屠宰率：半净膛，公 86.4%，母 88.4%；全净膛，公 74.7%，母 80.6%。开产日龄 270～300 天，年产蛋 100～120 个，蛋重 160～220 克，蛋壳呈白色。

【**利用**】成年鹅其肉适于制卤味菜肴。应进一步加强本品种选育，提高其繁殖力和生长速度，筛选杂交组合或培育配套品系。

13. 豁眼鹅

豁眼鹅又称五龙鹅、疤瘌眼鹅和豁鹅，为白色中国鹅的小型品变种之一，以优良的产蛋性能著称于世。

【产地分布】分布于山东莱阳、辽宁昌图、吉林通化及黑龙江的延寿县等地。

【体貌特征】豁眼鹅体型轻小紧凑，头中等大小，额前长有表面光滑的黄色肉质瘤，眼睑呈三角形，上眼睑有一疤状缺口，为该品种独有的特征。颌下偶有咽袋，颈长呈弓形，体躯为蛋圆形，背平宽，胸满而突出，前躯挺拔高抬。成年母鹅腹部丰满略下垂，偶有腹褶，腿脚粗壮。喙、胫、蹼橘红色；虹彩蓝灰色；羽毛白色。山东产区的鹅颈较细长，腹部紧凑，有腹褶者占少数，腹褶较小，颌下有咽袋者亦占少数；东北三省的鹅多有咽袋和较深的腹褶（见图4-15）。

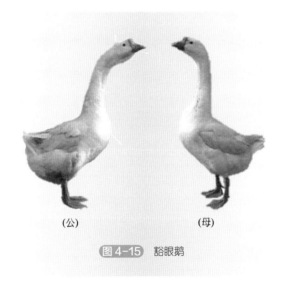

（公）　　　　　（母）

图4-15　豁眼鹅

【品种性能】豁眼鹅初生重公鹅仔鹅70～77.7克，母鹅仔鹅68.4～78.5克，成年公鹅体重、体斜长、胸宽、胸深、胫长分别为：（4.36±0.35）千克，（27.70±1.06）厘米，

（8.03±0.80）厘米，（8.73±0.65）厘米，（8.64±0.64）厘米，成年母鹅分别为：（3.61±0.28）千克，（24.22±6.89）厘米，（7.33±0.48）厘米，（8.23±0.73）厘米，（7.91±0.35）厘米。在半放牧饲养条件下，年产蛋量为100个左右；在以放牧为主的粗放饲养条件下，年产蛋量为80个。一般第二、三年产蛋达到高峰，产蛋旺季为2～6月份，通常两天产一个蛋，在春末夏初产蛋旺季可3天产两个蛋，高产鹅在冬季给予必要的保温和饲料，可以继续产蛋。个体饲养的，在饲料充足、管理细致的条件下，年产蛋量为100个以上。蛋重为120～130克，蛋壳呈白色，蛋形指数1.41～1.48，蛋壳厚为0.45～0.51毫米。屠宰测定：全净膛屠宰率公鹅为70.3%～72.6%，母鹅为69.3%～71.2%。公母配种比例（1:6）～（1:7），种蛋受精率为85%左右。成年鹅一次拔羽绒，公鹅200克，母鹅150克，其中含绒量30%左右。

【利用】主要进行纯种繁殖、直接利用。利用豁眼鹅作母本，与引进的大型鹅种进行杂交，提高大型鹅种的繁殖性能，取得良好效果。1996～2008年进行了豁眼鹅与多个品种的杂交试验，四川白鹅和豁眼鹅的杂交组合效果较好。豁眼鹅被引进到长江以南地区饲养，其各项生产性能指标不如在北方地区理想。原莱阳农学院运用开放与闭锁相结合的育种方法，育成了体型外貌均匀整齐、生产性能高的白色小型豁眼鹅快长新品系。其羽绒洁白，含绒量很高，但是绒絮稍短。利用豁眼鹅或豁眼鹅与当地鹅杂交，填肥生产鹅肥肝，平均每只鹅产鹅肥肝350克，鹅肥肝与饲料比为1:17.5，填肥取肝可增加收入。

## 14. 籽鹅

籽鹅原产地东北松辽平原，属小型蛋用鹅种，是我国优良的地方鹅品种之一，因其突出的产蛋性能而得名。

【产地分布】主产于黑龙江省绥化和松花江地区，以肇东、肇源、肇州最多，辽宁和吉林省均有分布。

【体貌特征】籽鹅体型较小、紧凑、略呈长圆形，头上额包较小，颌下垂皮（咽袋）较小，颈细长，背平直，胸部丰满略向前突出，腹部一般不下垂。羽毛白色，多数头顶有缨状头髻，颈羽平滑而不卷曲，尾部短而平，尾羽上翘。眼虹彩为灰色，喙、胫及蹼皆为橙黄色（见图4-16）。

（公）　　　　　（母）

图4-16　籽鹅

【品种性能】籽鹅出生公雏重（70.53±6.89）克，母雏重（70.83±7.13）克。4周龄公鹅重（949.53±221.04）克，母鹅重（864.92±193.32）克。12周龄公鹅重（2859.64±502.11）克，母鹅重（2658.17±466.26）克。16周龄公鹅重（3775.40±374.77）克，母鹅重（3081.50±442.48）克。300日龄公鹅重（4.31±0.43）千克，母鹅重（3.48±0.59）千克。籽鹅羽毛生长较快，出生后20日龄左右长出尾羽，60日龄左右全身羽毛长全。

籽鹅成熟早，无就巢性。籽鹅一般在150～160日龄达到性成熟，初配年龄控制在6月龄以后，公鹅最适合的交配年龄为10～12月龄，母鹅为8～9月龄，公鹅的使用年限一般为 3～4 年，母鹅使用年限为 4～5 年。公鹅全年均可发情，母鹅除去 5 月到 8 月初的休产期外均可配种，公、母配种比例（1∶5）～（1∶7）。春季受精率高，夏季下降。种蛋受精率 85％～90％，受精蛋孵化率 78％～83％。母鹅开产日龄是 180 天。年平均产蛋量为 100 枚，多者可达 180 枚。蛋重在 94.8～154.4 克之间，平均蛋重（123.3±9.5）克，蛋形指数在 1.63～1.24 之间，平均蛋形指数（1.45±0.05）。蛋壳为白色，哈氏单位（74.55±8.68），蛋黄比率 33.425％。13 周龄公鹅半净膛率 75.89％，母鹅 76.95％；公鹅全净膛率 67.68％，母鹅 66.09％。300 日龄公鹅半净膛率 79.0％，母鹅 79.1％；公鹅全净膛率 70.9％，母鹅 70.8％。16 周龄公鹅产绒（50.69±11.16）克，产绒率 35.89％；母鹅产绒（41.64±6.58）克，产绒率 36.39％。

【利用】籽鹅以产蛋量高而著称，适合作繁育杂交母本的优选品种，应进一步加强本品种选育并开展配套杂交利用等。

### 15. 酃县白鹅

酃县白鹅属小型肉用鹅种，我国优良白鹅地方品种，是中国地理标志产品（农产品地理标志）。

【产地分布】产于湖南省炎陵县沔水流域的沔渡、十都等地。

【体貌特征】酃县白鹅体型小，体躯宽而深，近似于圆柱体。全身羽毛雪白，个别鹅头上有一簇"顶心毛"，皮肤淡黄色。成年公鹅头部有明显的肉瘤，肉瘤圆而光滑无皱褶；母鹅肉瘤不发达，呈扁平状。公鹅、母鹅下颌均无咽袋，鸣叫时头颈弯曲呈半月状；自卫时头颈硬直，两翅平举。公鹅体型较大而健壮，前胸发达，叫声洪亮；母鹅后躯发达，经产母鹅沿腹线有垂皮。喙、肉瘤、蹼均呈橘黄色，但喙端颜色较淡，爪呈白玉色。眼睛明亮有神，眼球稍突出，眼睑淡黄色，虹彩呈蓝灰色（见图 4-17）。

（公）　　　　　（母）

**图 4-17**　郿县白鹅

【**品种性能**】平均初生重为（0.107±0.013）千克。自然放牧条件下 30 日龄平均体重为（1.376±0.142）千克，60 日龄的平均体重为（2.931±0.013）千克，90 日龄平均体重为（3.843±0.314）千克。90 日龄以后，郿县白鹅的生长速度趋于缓慢。

母鹅产蛋季节集中在每年的 10 月至次年 4 月间，一个繁殖年度产蛋 3 期，每一产蛋期约为 20 天。2 天产 1 枚或 3 天产 2 枚蛋，连产 8～12 枚，年产蛋 24～36 枚。初产母鹅的平均蛋重为（126.57±11.35）克，经产母鹅的蛋重平均为（154.43±9.73）克。蛋壳均为白色。

母鹅开产年龄为 8 月龄，公鹅 6 月龄开始具有配种能力，公母繁殖配比为（1∶4）～（1∶5）。每期产蛋结束后母鹅自然孵化，每窝 8～12 枚，受精蛋的孵化率为 91.3%，公鹅母鹅繁殖利用年限一般均为 5～6 年。

郿县白鹅有较高的屠宰率及良好的屠体品质，以 70～90 日龄的仔鹅屠宰效率最高，90 日龄公鹅半净膛率为（75.93±3.06）%、全净膛率为（63.42±2.38）%、屠宰率为（87.00±4.66）%。90 日龄母鹅半净膛率为（79.15±2.59）%、全净膛率为（68.39±3.12）%、屠宰率为（88.92±2.07）%。

## 16. 武冈铜鹅

武冈铜鹅属中型肉用鹅种，因喙、胫、蹼呈橘黄色似黄铜或青灰色似青铜，其叫声如打铜锣又生长在武冈而得名武冈铜鹅。

【产地分布】产于湖南省武冈市。

【体貌特征】武冈铜鹅外貌清秀，体态呈椭圆形，喙长，虹彩黄褐色。颈较细长，稍呈弓形，后躯发达。产蛋期腹下单褶或双褶，垂皮明显。通常鹅群分两大类型：羽毛全白，喙橘黄色，跖、蹼、趾橘黄色，似黄铜，称黄铜型，约占67％；颈羽、翼羽、尾羽灰褐色，腹下乳白色，喙与眼睑连接处有线状白环，胫、喙、蹼青灰色，似青铜，趾黑色，称青铜型，约占33％（见图4-18）。

(公)　　　　　　　(母)

图4-18　武冈铜鹅

【品种性能】武冈铜鹅平均初生重95克；60日龄体重2750克；成年公鹅、母鹅体重分别为5240克、4410克。成年公鹅平均半净膛屠宰率86.16％，母鹅87.46％；成年公鹅平均全净膛屠宰率79.69％，母鹅79.11％。母鹅平均开产日龄185天（最早的为162天）。每年从9～10月产蛋开始至翌年3～4

月结束，年产蛋2～4窝，平均年产蛋37枚，平均蛋重160克。平均蛋壳厚度0.42毫米，平均蛋形指数1.38。蛋壳乳白色。公鹅性成熟期140～160天，母鹅就巢性强，有97%的母鹅有就巢性。公母配种比例（1:4）～（1:5），种蛋受精率约85%。

### 17. 溆浦鹅

溆浦鹅属中型肉用鹅种，是中国国家地理标志产品。

【产地分布】产于湖南省沅水支流的溆水两岸，中心产区在溆浦的新坪、马田坪、水东等地，分布遍及溆浦县及怀化地区。

【体貌特征】体型高大，体质结实，羽毛着生紧密，体躯稍长，羽毛有白、灰两种颜色。以白鹅居多，灰鹅背、尾、颈部为灰褐色，腹部白色。也有羽毛为淡黄色或花色的鹅。有20%左右的成年鹅在枕骨后方生一簇旋毛，俗称"顶心毛"。公鹅有明显的肉瘤。母鹅肉瘤扁平，大部分鹅无咽袋。胫、蹼呈橘红色，皮肤浅黄色，虹彩蓝灰色。白鹅喙、肉瘤呈橘黄色，灰鹅喙黑色、肉瘤灰黑色。母鹅腹部下垂，有腹褶（见图4-19）。

（公）　　　　　　　　（母）

图 4-19 　溆浦鹅

【品种性能】成年鹅体重：公 6000～6500 克，母 5000～6000 克。180 日龄屠宰率：半净膛，公 88.6%，母 87.3%；全净膛，公 80.7%，母 79.9%。溆浦鹅具有优良的产肥肝性能，通过 24～28 天填肥，平均肥肝重为 573 克。开产日龄 210 天，年产蛋 30 个，蛋重 186 克，蛋壳以乳白色居多，少数呈浅绿色。

【利用】溆浦鹅产肝性能好，产的鹅肝体积大、胆固醇含量低、营养价值高，是我国肉用、肝用型综合性能最好的鹅种之一。

### 18. 马岗鹅

马岗鹅属中型肉用鹅种。

【产地分布】主产于广东省开平市马岗镇。佛山、肇庆、湛江和广州地区也有分布。

【体貌特征】马岗鹅（见图 4-20）体型中等，胸宽、腹平，体躯呈长方形。头、背、翼羽呈灰黑色，颈背有一条黑色鬃状羽带，胸羽呈灰棕色，腹羽呈白色。喙、肉瘤、胫、蹼均呈黑色，虹彩呈棕黄色。

公鹅颈粗、直而长，羽面宽大而有光泽，尾羽开张平展。母鹅颈细长，前躯较浅窄，后躯深而宽并向上翘起，臀部宽广。雏鹅背部绒毛呈灰色，腹部绒毛呈黄色。

【品种性能】成年鹅体重：公鹅 5450 克，母鹅 4750 克。63 日龄屠宰率：半净膛，公鹅 89.7%，母鹅 88.1%；全净膛，公鹅 76.2%，母鹅 77.0%。

公鹅性成熟比体成熟晚 3 到 5 个月。雄性第二性征发育不良且交配器短、细、软，配种能力较差，受精率与孵化率均较低，这类公鹅占公鹅总数的 1/4。开产日龄 140～150 天，年产蛋 40～45 个，蛋重 169 克，蛋壳呈白色。每年的 6 月下旬开产，10 月至次年 2 月为产蛋高峰期，次年 3～4 月停产换羽进入休产期。公母配种比例为（1：5）～（1：6），种蛋受精率约 82%。母鹅就巢性强。

（公） （母）

图 4-20 马岗鹅

【利用】应加强马岗鹅的品种选育，重点提高其繁殖性能，并进行配套杂交利用。

19. 狮头鹅

狮头鹅（见图 4-21）属大型肉用鹅种，为我国农村培育出的最大优良品种鹅，也是世界上的大型鹅之一。狮头鹅的肉瘤可随年龄而增大，形似狮头，故称狮头鹅。

【产地分布】原产广东饶平县溪楼村，主产于澄海、饶平两地。

【体貌特征】狮头鹅头大颈粗，前躯较高，体躯呈方形。头羽、背羽、翼羽和尾羽均为黑色，颈背有一条灰棕色鬃状羽毛，胸羽为灰棕色，腹羽为白色。喙短宽、厚，黑色，质坚实，与口腔交接处有角质锯齿状物；脸部皮肤松软，眼皮凸出，眼睑黄色，眼球凹陷，虹彩褐色；颌下皮肤较松，两颊间有三角形袋状肉垂；蹼宽，皮肤米黄色或白色，腿内侧有似袋状的皮肤褶皱；距、蹼为橙红色，极少有灰色斑。

(公) (母)

图4-21 狮头鹅

公鹅姿态雄伟，头部形似雄狮，颈短粗，头部前额肉瘤发达，向前突出，呈扁平状覆盖于喙上。留种2年以上的公鹅左右颊侧各有一对大小对称的黑色肉瘤，与前额肉瘤合称为"五瘤"。母鹅颈较细长，头上肉瘤相对较小，性情温顺。

初生雏，头大，头顶羽、背羽、翼羽和尾羽均为灰黑色，其他部位羽毛为淡金黄色，喙为黑色，胫、蹼呈灰绿色或浅墨绿色。

【品种性能】成年公鹅体重10～12千克，母鹅9～10千克。在以放牧为主的饲养条件下，70～90日龄上市未经肥育的仔鹅，平均体重为5.84千克（公鹅为6.18千克、母鹅为5.51千克），半净膛屠宰率为82.9%（公鹅为81.9%、母鹅为81.2%），全净膛屠宰率为72.3%（公鹅为71.9%、母鹅为72.4%）。

开产日龄170～180天。产蛋季节在每年9月至翌年4月，母鹅在此期内有3～4个产蛋期，每期可产蛋6～10个。第一个产蛋年度平均产蛋量为24个，平均蛋重为176.3克，蛋壳呈乳白色，蛋形指数为1.48。两岁以上母鹅，平均年产蛋量为

28 个，平均蛋重为 217.2 克，蛋形指数为 1.53。在改善饲料条件及不让母鹅孵蛋的情况下，个体平均产蛋量可达 35 ～ 40 个。母鹅可使用 5 ～ 6 年，盛产期在 2 ～ 4 岁。种公鹅配种均在 200 日龄以上。公母配种比例为（1∶5）～（1∶6），1 岁母鹅产的蛋，受精率为 69%，受精蛋孵化率为 87%；两岁以上母鹅产的蛋，受精率为 79.2%，受精蛋孵化率为 90%。母鹅有就巢性，全年就巢 3 ～ 4 次。

【利用】狮头鹅国家级畜禽品种资源保种场汕头市白沙禽畜原种研究所，近年来系统开展了狮头鹅的选育工作，在澄海系狮头鹅中建立具有不同特点的近交系和家系若干个，进行本品种选育，并以此作为提高品种生产性能的基础群，在此基础上于 2001 年形成了 SB21 肉用鹅配套系。

### 20. 乌鬃鹅

乌鬃鹅属小型肉用鹅种。原产于广东省清远市，故又名清远鹅。因羽毛大部分为乌棕色，故又称黑鬃鹅，也有叫墨鬃鹅的。

【产地分布】主产于广东省清远县北江河两岸。

【体貌特征】体型紧凑，头小、颈细、腿短。公鹅体型较大，呈橄榄核形，母鹅呈楔形。羽毛大部分呈乌棕色，从头顶部到最后颈椎有一条鬃状黑褐色羽毛带。颈部两侧的羽毛为白色，翼羽、肩羽、背羽和尾羽为黑色，羽毛末端有明显的棕褐色银边。胸羽灰白色或灰色，腹羽灰白色或白色。在背部两边有一条起自肩部直至尾根的 2 厘米宽的白色羽毛带，在尾翼间未被覆盖部分呈现白色圈带。青年鹅的各部位羽毛颜色比成年鹅深。喙、肉瘤、胫、蹼均为黑色，虹彩呈褐色。无明显咽袋，无腹褶（见图 4-22）。

【品种性能】成年公鹅体重可达 3 ～ 3.5 千克，母鹅体重可达 2.5 ～ 3 千克。110 日龄屠宰率，半净膛，公鹅为 88.8%，母鹅为 87.5%；全净膛，公鹅为 77.9%，母鹅为 78.1%。母鹅开产日龄为 140 天左右，一年分 4 ～ 5 个产蛋期。年产蛋 29.6 枚，蛋重为 144.5 克，蛋形指数 1.5，蛋壳浅褐色。母鹅有很强的就巢性，公母配种比例（1∶8）～（1∶10），种蛋受精率约 88％。

(公)　　　　　　(母)

图 4-22　乌鬃鹅

【利用】20 世纪 90 年代以来，有养殖场利用原产地乌鬃鹅与马岗鹅等其他品种鹅杂交，其品质略逊于纯种乌鬃鹅，但具有早熟、适应性强、育肥性能好等优点，目前已逐渐为养殖户所接受。

21. 阳江鹅

阳江鹅因自头顶至颈背部有一条棕黄色的羽毛带，形似马鬃，也称为黄鬃鹅，属小型肉用鹅种。

【产地分布】广东省阳江市。

【体貌特征】体型较一致、紧凑，全身羽毛紧贴。背羽、翼羽和尾羽为棕灰色，胸羽灰黄色，腹羽白色。喙、肉瘤黑色，胫、蹼橙黄色，虹彩棕黄色。无咽袋，无腹褶（见图 4-23）。

（公） （母）

图 4-23 阳江鹅

【品种性能】成年鹅体重：公 4050 克，母 3120 克。63 日龄屠宰率：半净膛，公 82.2％，母 82.0％；全净膛，公 74.1％，母 72.9％。开产日龄 150～160 天，产蛋季节在每年 7 月至次年 3 月，一年产 4 期，平均每年产蛋 26～30 枚，平均蛋重为 141 克，蛋壳呈白色，少数为浅绿色，蛋形指数 1.4。母鹅就巢性强，每年平均就巢 4 次。公母配种比例为（1:5）～（1:6），种蛋受精率为 84％。

【利用】阳江鹅皮下脂肪比较薄、肉质鲜美，可用于制作白切鹅。在加强品种保护基础上保持和发展其肉质优良的特点，并向高档优质型肉鹅的方向开展产业化的开发利用。

22. 右江鹅

右江鹅属中型肉用鹅种。

【**产地分布**】产于广西壮族自治区百色地区右江两岸。

【**体貌特征**】右江鹅（见图4-24）按羽色分白鹅和灰鹅两个类型。白鹅数量较少，灰鹅占绝大多数，两者体型均为船形，背宽胸广，成年公鹅母鹅腹部均下垂。头部肉瘤较小而平，颌下无咽袋。

白鹅主要特征：全身羽毛洁白，虹彩浅蓝色。嘴、脚与蹼橘红色。皮肤、爪和喙豆为黄色。

灰鹅主要特征：头部和颈的背面羽毛呈棕色，颈两侧与下方直至胸部和腹部着生白羽。背羽灰色镶琥珀边。主翼羽前两根为白色，后八根为深灰色镶白边。尾羽浅灰色镶白边。腿羽灰色。头部皮肤和肉瘤交界处有一小圈白毛。虹彩黄褐色，喙黑色，脚和蹼为橙黄色。

【**品种性能**】在传统饲养条件下，3月龄体重为2.5千克，4月龄3.3千克。6月龄体重，母鹅3.6千克、公鹅4.0千克。8月龄体重，公鹅4.5千克、母鹅4.0千克，达到成年体重。一般在体重为3千克左右时屠宰。成年鹅屠宰率：半净膛，公鹅84.5%，母鹅81.1%；全净膛，公鹅74.7%，母鹅72.3%。

（公）　　　　　　（母）

图4-24　右江鹅

开产日龄为 270～360 天，多数母鹅 1 周岁开产，产蛋期中，多数是隔天一蛋，蛋重 150～170 克，平均蛋重为 150 克，平均年产蛋 40 枚。蛋壳多为白色，青色较少。每年产量 3 窝，每窝产 8～15 枚，个别达 18～20 枚，通常以头窝所产较多。每产一窝蛋即就巢一次。繁殖季节为 1～2 月份、9～10 月份、11～12 月份，晚春至夏季停产。自然配种，公母配种比例为（1∶5）～（1∶6），种蛋受精率为 90％以上。种鹅利用年限常在 3 年以上。孵化期 30～35 天，冷天长些，热天短些。

### 23. 钢鹅

钢鹅又名铁甲鹅、建昌鹅，属中型肉用鹅种。

【产地分布】产于四川省凉山彝族自治州安宁河流域的河谷区，四川平原也有分布。

【体貌特征】钢鹅体型较大，头颈高昂，颈长而呈弓形，胸宽广，背平直。成年鹅从头顶部起，沿颈的背部直到基部，有一条由宽逐渐变窄的深褐色鬃状羽带，颈两侧及腹部、小腿羽毛呈白色略带浅棕色。背羽、翼羽、尾羽为棕色或白色镶边的灰黑色，似铠甲，故又名铁甲鹅。腿外侧羽毛为灰黑色，有浅灰色镶边。喙呈灰黑色，虹彩呈灰色，皮肤呈黄色或淡黄色，胫、蹼呈橘红色，爪呈黑色（见图 4-25）。

公鹅前额肉瘤比较发达，呈黑色，质地较坚硬。母鹅肉瘤扁平，腹部圆大，腹褶不明显。雏鹅绒毛呈黄色，10～20 日龄胎毛逐渐转为灰色，俗称"翻白毛"或"换胎毛"。

【品种性能】成年鹅体重：公（5248±394）克，母（4964±351）克。成年鹅屠宰率：半净膛率，公（85.9±0.9）％，母（80.6±1.9）％；全净膛率，公（74.8±1.8）％，母（71.2±1.7）％。开产日龄 180～200 天，年产蛋 42 个，平均蛋重 178 克。种蛋受精率 83.7％，受精蛋孵化率 85％～98％。90％的母鹅有就巢性。

【利用】利用钢鹅强制填饲生产鹅肥肝，其具有较高的产肉性能和肥肝性能。在加强钢鹅保种选育的同时，可以产蛋量高的鹅品种为母本，以钢鹅为父本，进行品种间杂交利用。

(公) (母)

图4-25 钢鹅

## 24. 四川白鹅

四川白鹅属中型绒肉兼用鹅种,在我国中型鹅种中以产蛋量高而著称。

【产地分布】四川白鹅原产地为四川省,主要分布于四川的宜宾、成都、德阳、乐山、内江等市,以及重庆的永川区、荣昌、大足等地。全国大部分地区都有引进饲养。

【体貌特征】四川白鹅(见图4-26)体型中等,羽毛紧密,呈白色,有光泽。虹彩呈黑色,皮肤呈白色,喙、胫、蹼呈橘黄色。成年公鹅体型稍大,头颈粗短,体躯较长,额部有半圆形的肉瘤,颌下咽袋不明显。成年母鹅体型稍小,头清秀,肉瘤不明显,颈细长,无咽袋,腹部稍下垂,少量有腹褶。雏鹅绒羽呈黄色。

【品种性能】成年鹅体重:公5000克,母4900克。180日龄屠宰率:半净膛率,公鹅86.3%,母鹅80.7%;全净膛率,公鹅79.3%,母鹅73.1%。

(公)　　　　　　　　(母)

图 4-26　四川白鹅

四川白鹅 200～240 日龄开产，年产蛋数 60～80 个，高者可达 110 个，蛋重 142 克，蛋壳为白色。初产年产蛋数 60～70 个，第 2～4 个产蛋年产蛋数 70～110 个。在公鹅、母鹅配比为（1:4）～（1:5）的情况下，种蛋受精率 88%～90%，受精蛋孵化率 90%～94%。母鹅无就巢性。

四川白鹅绒朵长，羽枝细度较大，羽绒蓬松率高。3 月龄时羽绒生长已基本成熟，即可开始活体拔绒。四川白鹅种鹅育成期拔绒 3 次，每只平均 198.66 克，其中绒羽 46.83 克，含绒率达 23.57%；休产期拔毛 3 次，每只平均 236 克，其中绒羽 51.26 克，含绒率达 21.72%。有资料表明，成年公鹅可以常年拔毛。

【利用】在我国中型鹅种中四川白鹅以产蛋量高而著称，是一个理想的杂交利用母本品种或育种素材，可应用于我国肉鹅的杂交利用和育种工作中，如目前已经育成的天府肉鹅、扬州鹅均与四川白鹅有血缘关系。

### 25. 织金白鹅

织金白鹅属绒肉兼用型鹅种，地方优良品种。

【**产地分布**】主要分布于贵州省织金县。

【**体貌特征**】全身羽毛雪白，体型紧凑，头清秀，颈长呈弓形。喙、额瘤、蹼为橘红色。公鹅体型高大，喙长且宽，额瘤较大，颈粗壮，胸宽大，胫粗长。母鹅体长而深，骨盆稍宽大（见图4-27）。

【**品种性能**】平均体重：初生重103克，30日龄820克，90日龄公鹅4250克、母鹅3250克，成年公鹅5000克、母鹅4000克。成年公鹅平均半净膛屠宰率80.65％，母鹅79.95％；成年公鹅平均全净膛屠宰率69.46％，母鹅68.29％。每只成年鹅年产羽毛280～300克，其中绒毛占85％。

（公）　　　　　（母）

图4-27　织金白鹅

母鹅平均开产日龄255天。平均年产蛋45枚，平均蛋重165克。平均蛋壳厚度0.65毫米，平均蛋形指数1.56。蛋壳白色。公鹅性成熟期200～240天。公母鹅配种比例（1：5）～（1：7）。平均种蛋受精率90％，平均受精蛋孵化率85％。母鹅就巢性不强。公鹅利用年限2～3年，母鹅3～4年。

## 26. 伊犁鹅

伊犁鹅又名塔城飞鹅、新疆鹅，属中型绒肉兼用品种。伊犁鹅是我国地方鹅品种中唯一来源于灰雁的鹅种，是非常珍贵的中型鹅品种资源。

【产地分布】主产于新疆伊犁哈萨克自治州及塔城一带。

【体貌特征】伊犁鹅（见图4-28）体躯呈椭圆形，头上无肉瘤，颌下无咽袋；颈较短，腿短粗，翼、尾较长。羽毛紧贴，羽色有灰色、白色和花色。喙呈橘红色。虹彩呈蓝灰色，皮肤呈白色，胫、蹼呈橘红色。

灰鹅的头、颈、腰部羽毛为灰褐色。胸、腹、尾下羽毛为灰白色，并杂以暗褐色小斑。喙基周围有一条狭窄的白色羽环。翼羽、肩羽、腿羽呈灰褐色具棕白色边缘，如叠瓦状。尾羽呈褐色。白鹅全身羽毛为白色。雏鹅绒毛体上部呈黄褐色，体侧呈黄色，腹下呈深黄色。花鹅的羽色灰白相间，头、背、翼为灰褐色，其他部位为白色，尤其颈肩部大部分有白色羽环。

（公）　　　　　　　　（母）

图4-28　伊犁鹅

【品种性能】体重：初生公鹅（81±6.8）克、母鹅（80±6.7）克，30 日龄公鹅（1375±493.2）克、母鹅（1231.5±415.3）克，60 日龄公鹅（3033.6±435.8）克、母鹅（2762.5±393.6）克，90 日龄公鹅（3412.0±391.0）克、母鹅（3170.0±333.3）克，120 日龄公鹅（3687.0±410.3）克、母鹅（3443.6±428.3）克，180 日龄公鹅（3691.7±314.7）克、母鹅（3625.7±380.1）克。240 日龄屠宰率：半净膛 83.6%，全净膛 75.5%。

开产日龄为 300 天，每只年产羽绒 240 克，其中绒羽为192.6 克。伊犁鹅产蛋季节性很强，一般多在春季繁殖产蛋，3～4 月份为产蛋盛期。也有少数在春、秋两季都产蛋。年产蛋 5～24 个，平均 10 个。蛋重 154 克，蛋壳呈乳白色。第1～3 年的产蛋数分别为 7～8 个、10～12 个、15～16 个。第 3 年达产蛋高峰，并维持至第 5 年，第 6 年以后产蛋量逐渐下降。公、母配种比例（1:3）～（1:4），种蛋受精率 83%，受精蛋孵化率 82%。母鹅就巢率 100%。

【利用】其抗病力强、耐严寒、善飞翔，既能在江河湖泊沿岸的水域饲养，又能在草原上放牧饲养，是一个适应性极强的品种。但其产蛋量较低，应加强本品种选育，提高其生产性能，在开发利用中可引进地方鹅种或外来鹅种组建配套系。

## （四）我国培育品种

扬州鹅是由扬州大学畜牧兽医学院联合扬州市农林局、畜牧兽医站及高邮、邗江畜牧兽医站等技术推广部门，利用国内鹅种资源隆昌鹅、太湖鹅以及皖西白鹅进行杂交培育的一个新鹅种。2002 年 8 月通过江苏省畜禽品种审定委员会审定。

该鹅属中型鹅种，具有遗传性能稳定、繁殖率高、耐粗饲、适应性强、仔鹅饲料转化率高、肉质细嫩等特点。

【产地分布】主产于江苏省高邮市、仪征市及邗江区，目前已推广至江苏全省及上海、山东、安徽、河南、湖南、广西等地。

【体貌特征】头中等大小，高昂。前额有半球形肉瘤，瘤明显，呈橘黄色。颈匀称，粗细、长短适中。体躯方圆、紧凑。羽毛洁白、绒质较好，偶见眼梢或头顶或腰背部有少量灰褐色羽毛的个体。喙、胫、蹼橘红色，眼睑淡黄色，虹彩灰蓝色。公鹅比母鹅体型略大，体格雄壮，母鹅清秀。雏鹅全身乳黄色，喙、胫、蹼橘红色（见图4-29）。

图4-29 扬州鹅（母）

【品种性能】初生重94克，70日龄体重3450克，成年公鹅体重5570克，成年母鹅体重4170克。70日龄平均半净膛屠宰率，公鹅77.30%，母鹅76.50%；70日龄平均全净膛屠宰率，公鹅68%，母鹅67.70%。

平均开产日龄218天。平均年产蛋72枚，平均蛋重140克，平均蛋形指数1.47。蛋壳白色。公鹅母鹅配种比例（1∶6）～（1∶7）。平均种蛋受精率91%，平均受精蛋孵化率88%。公鹅母鹅利用年限为2～3年。

# 二、饲养品种的确定

鹅的品种很多，家庭农场想选择饲养哪一个品种，要根据市场需求和本场的生产目的，结合品种的适应性等因素综合确定。

## （一）市场需求

养鹅选择品种时，除应注重鹅的品种用途外，还应注重市场的需求。

从国内的市场需求看，在我国，养鹅的主要目的是用来产肉，仅少数品种兼顾羽绒或肥肝。由于鹅肉消费群体习惯的差异，形成了两大不同消费需求的市场，其一是我国的广东、广西、云南、江西、港澳地区以及东南亚地区，消费者对灰羽、黑头、黑脚的鹅有偏好，饲养的品种主要以灰鹅品种为主；另一个是我国绝大部分省、区、市消费市场，主要为白羽鹅种，在获得鹅肉的同时获得羽绒。近年来由于效益较高，能够活拔鹅毛的皖西白鹅越养越多，成为产销对路的品种。此外，不少地方广泛使用品种间杂交或白羽肉鹅配套系，利用杂种优势来提高生产性能。

从国外市场需求看，鹅绒皮制裘具有轻、薄、暖、软、洁白等特点，御寒性能胜于狐皮和貂皮，其绒面飘逸洒脱。在欧美等西方国家，鹅绒裘皮是一个时尚的代名词。还有鹅肥肝，"鹅肝酱"在现代欧洲菜系中担任着重要角色。而在法国菜里，有着世界三大美食之一头衔的便是法式煎鹅肝了。鹅业权威专家朱士仁曾将其概括为"国外无竞争对手，国内无进口压力"。

> **小贴士：**
>
> 养殖者要首先充分了解市场需求，根据市场需求确定自己养殖鹅的品种，这样才能取得好的经济效益。

## （二）鹅场的生产目的

养鹅的目的，主要是根据人们需要获得多而好的鹅肉、蛋、肥肝、羽绒等鹅产品。因此，根据生产发展方向和品种利用目的的不同，结合当地天然条件来选择适合的鹅种。

如果饲养的是供繁殖鹅苗用的种鹅，就要根据市场需求来选择种鹅品种。市场需要哪个类型的鹅品种，就要养殖哪个类型的鹅，这是饲养种鹅的总要求，只有产销对路才能取得好的养殖效益。比如我国东北饲养豁眼鹅和籽鹅较多，在东北就要以这两个品种的为主；我国珠江三角洲地区和港澳地区消费者注重鹅的肉质和羽色，对小型的、肉质优良的黑羽、黑脚鹅比较喜欢，可以选择马岗鹅和清远鹅来养殖；而潮汕等一些地方，对肉质、羽色不特别讲究，只要求是体型大的肉鹅即可，可选择大型鹅中的狮头鹅来养殖。还应注重市场的需求趋势，如目前洁白的鹅羽绒价高俏销，因此收购活鹅加工的企业，一般只收白羽色的鹅。还有的地方人们喜欢白鹅而不喜欢黑鹅，选择的时候这些都应该注意。

如果以生产肉鹅为主，就要选择肉用型的品种。要求产肉性能好、生长发育快、肉质优良、饲料报酬率高、饲料成本低，即用较少的饲料生产出较多的、好吃的鹅肉。凡仔鹅体重达3千克以上的鹅种均适宜作肉用鹅。这类鹅主要有朗德鹅、狮头鹅、四川白鹅、皖西白鹅、浙东白鹅、长白鹅、溆浦鹅以及引进的莱茵鹅等，这类鹅多属中、大型鹅种，其特点是早期增重快。

如果以生产鹅羽绒为主，就要选择羽绒用型的品种。尽管各品种的鹅均产羽绒，但是在各品种鹅中，以皖西白鹅的羽绒洁白、绒朵大而品质最好。因此，一些客商在收活鹅时，相同体重的白鹅，皖西白鹅的价格要高。特别是进行活鹅拔毛时，更应选择这一品种。但皖西白鹅的缺点是产蛋较少，繁殖性能差，如以肉绒兼用为主，可引入四川白鹅、莱茵鹅等进行杂交。此外，浙东白鹅、太湖鹅也是生产鹅羽绒不错的品种。

如果以生产鹅蛋为主，就要选择蛋用型的品种。目前鹅蛋已成为都市人喜爱的食品，且售价较高，国内一些大型鹅产品加工、经营企业争相收购鹅蛋，加工成再制蛋后进入超市。我国豁眼鹅、籽鹅是世界上产蛋量最多的鹅种，一般年产蛋可达14千克左右，饲养较好的高产个体可达20千克。这两种鹅个体相对较小，除产蛋用外，还可利用该鹅作母本，与体型较大的鹅种进行杂交生产肉鹅。这样可充分利用其繁殖性能好的特点，繁殖更多的后代，降低肉鹅种苗生产成本。除了这两个品种以外，产蛋较高的品种还有百子鹅，也可以饲养。

如果以生产鹅肥肝为主，就要选择肥肝用型的品种。这类鹅引进品种主要有朗德鹅、图卢兹鹅，国内品种主要有狮头鹅、溆浦鹅。这类鹅经填饲后的肥肝重达600克以上，优异的则达1 000克以上。此类鹅也可用作产肉，但习惯上把它们作为肥肝专用型品种。需要注意的是，鹅肥肝虽然价值高，但生产技术要求也较高，需要具备较高的饲养技术，在这方面国内大型公司技术力量较强，做得较好。普通中小养殖场（户）小规模生产不容易掌握此项技术。

### （三）品种的适应性

适应性是指生物体与环境表现相适合的现象。鹅的适应性是指鹅适应饲养地的水土、气候、饲养管理方式、鹅舍环境、放牧场地、饲料等条件。养殖者要对自己所在地区的自然条件、物产、气候以及适合于自己的饲养方式等因素有较深入的了解。每个品种都是在特定环境条件下形成的，对原产地有特殊的适应能力。当被引到新的地区后，如果新地区的环境条件与原产地差异过大时，引种就不易成功。选定的引进品种要能适应当地的气候及环境条件。所以选择品种时既要考虑引进品种的生产性能，又要考虑当地条件与原产地条件不能差异太大。否则，因为适应性问题容易造成养殖失败。

家庭农场如果要选择其中某一个品种来饲养，首先要看当地以及本场的饲养条件能否满足该品种的生长需要，也就是说要看家庭农场能否适应肉鹅或种鹅的生长需要，而不是让肉鹅或种鹅被动地适应养鹅场。

我国的鹅品种资源丰富，根据《国家畜禽遗传资源品种名录（2021年版）》，我国收录的地方品种鹅有30个，是世界上鹅品种最多的国家。我国还有的培育品种1个，培育的配套系1个，以及引进的莱茵鹅、朗德鹅、罗曼鹅、匈牙利白鹅、匈牙利灰鹅、霍尔多巴吉鹅等国外配套系6个。应该说这些品种绝大部分都有良好的适应性。如产于德国的莱茵鹅，具有成熟早、产蛋多、适应性强、抗病力强、牧饲力强、耐粗饲、既耐寒又耐热等优点。而且肉质鲜美，营养价值高，深受消费者青睐。但也有个别品种不能很好地适应，如豁眼鹅在江南地区就没有表现出优良的产蛋性能，在南方适应性较差。

毋庸置疑，对于绝大多数品种来说，该品种的历史形成地，是该品种最适合生长的地区。而一些经过长期生产实践证明了的，在适应性方面非常好的，能够适应全国绝大多数地区饲养的鹅种，值得生产商品鹅的家庭农场考虑。

## 小贴士：

适应性是通过长期的自然选择，需要很长时间形成的。虽然生物对环境的适应是多种多样的，但究其根本，都是由遗传物质决定的。而遗传物质具有稳定性，它是不能随着环境条件的变化而迅速改变的。所以一个生物体有它最适合的生长环境的要求，而且这个最佳生长环境要变化最小，在它的承受范围之内，该生物体就能正常的生长发育、生存繁衍。否则，如果由于生存的环境变化过大，超出该生物体的承受范围，该生物体就表现出各种的不适应，严重的不适应甚至可以致死。

# 三、鹅的繁殖

## （一）鹅的繁殖特点

在家禽中鹅属于草食性家禽，其许多生物学特性与鸡和鸭有差别，在繁殖特点方面也有自己的特点。

### 1. 种鹅的繁殖率低

其主要表现在产蛋量低和种公鹅配种能力低。

（1）种鹅的产蛋量低　种鹅产蛋量普遍少，不同的品种产蛋量差别较大。我国大多数品种的鹅年产蛋量在 40 个左右。豁眼鹅和籽鹅年产蛋量平均在 100 枚以上，饲养管理条件好的情况下可全年产蛋，最高达 160 ～ 180 枚。太湖鹅和四川白鹅的产蛋量也较高，年产蛋为 60 ～ 80 枚。引进的国外品种朗德鹅年产蛋达 40 ～ 50 枚，莱茵鹅达 50 ～ 60 枚。而产蛋量最少的伊犁鹅，年产蛋 5 ～ 24 枚，第一年产蛋较少。传统的欧洲鹅品种体型大、繁殖率低、产蛋少，主要产鹅国家如法国、丹麦、匈牙利等国对欧洲鹅做了大量的选育工作，使其产蛋量有所提高。

（2）种公鹅的配种能力较低　种公鹅生殖障碍和配种障碍多，导致不育。鹅具有先天性缺陷，如阴茎发育畸形、性器官的不完整和性腺的静止性等。鹅在配种上因部分公鹅先天性阳痿或不育的发生频率高，还有环境不适、恋伴特异等，从而导致不育。

### 2. 种鹅的性成熟期晚

一般中小型鹅的性成熟期为 6 ～ 8 个月，大型鹅种为 8 ～ 10 个月，即在第二次换羽结束后达到性成熟。一般中小型鹅的性成熟早于大型鹅，公鹅性成熟早于母鹅。性成熟期晚就意味着种鹅的育雏期和育成期持续的时间长。经过选育虽然能够在一定程度上缩短性成熟期，但是效果并不理想。

### 3. 种鹅的利用年限较长

鹅是长寿动物，成熟期和利用年限都比较长。母鹅利用年限一般可达 5 年左右，种母鹅的生产表现最好是在 3 岁左右，公鹅也可以利用 3 年以上。在养鹅生产中种鹅以利用 2～3 个产蛋年为宜。

### 4. 繁殖季节性明显

鹅繁殖存在明显的季节性。种鹅在一年中有繁殖期和休产期，长江以北大部分地区鹅的繁殖期集中在 11 月初至翌年 5 月上中旬，休产期为 5 月中旬至 10 月底；长江以南大部分地区繁殖期则集中在 9 月底至翌年 4 月份，休产期为 4 月底至 9 月中下旬。

在休产期间，种鹅的生殖器官萎缩，产蛋停止。种鹅产蛋量少的主要原因之一就在于此。目前尚没有有效的方法改变鹅的这种习性。尽管有的地方通过控制光照、温度等环境条件和调整留种时间及人工强制换羽等办法进行反季节鹅生产，实现了种鹅的反季节繁殖，但是其产蛋量依然较低。

### 5. 择偶性

在小群饲养时，有些品种的公鹅常与几只固定的母鹅交配。当重新组群后，公鹅与不熟识的母鹅互相分离，互不交配，这种情况在年龄较大的种鹅之间表现得更为突出，严重影响了种蛋的受精率。因此，组群要早，让它们年轻时就生活在一起，产生"感情"，形成默契，从而提高种蛋的受精率。但不同品种择偶性的严重程度有差异。

### 6. 母鹅的就巢性

绝大多数品种的鹅还保留有就巢性，有的品种就巢性还很强，如皖西白鹅、浙东白鹅、马岗鹅等每年要就巢多次。但是，也有个别的品种没有就巢性或就巢性很弱，如豁眼鹅、四川白鹅、五龙鹅等。一般情况下，有就巢性的鹅在繁殖季节，尤其是在春节过后，每产几个或十多个蛋就开始抱窝。正常情况下鹅每次抱窝的持续时间为 33 天左右。就巢性也是造成种鹅产蛋量较少的重要原因。通过选育可能使鹅的就巢性减弱，也可以通过药物处理让就巢的鹅及早醒抱，恢复产蛋。

## （二）鹅的生殖

鹅的生殖系统分雄性生殖器官和雌性生殖器官。

公鹅的生殖器官由睾丸、睾丸旁导管系统、输精管和交媾器等组成。已达性成熟的公鹅的睾丸较大，特别到了繁殖季节。睾丸呈椭圆形，乳白色，左右各一个，位于腹腔内，左侧睾丸较右侧稍大。睾丸在性活动期体积比静止期略增大。

睾丸是形成并产生精子、精液和分泌激素的地方。睾丸旁导管系统位于睾丸内侧缘，与睾丸紧密相接，由睾丸输出管和睾丸旁导管构成，后接输精管。输精管起自睾丸旁导管系统，在泄殖腔外侧输尿管口的腹侧开口，在开口处形成输精管乳头。

公鹅的交媾器由一对输精管乳头和较发达的阴茎体组成，输精管乳头位于泄殖腔两输尿管口的后方，尖端突向后方。阴茎位于肛道腹侧略偏左，表面形成螺旋状阴茎沟，阴茎的游离部在平时因退缩肌的作用而缩入基部内，位于肛道外壁的囊中，自然交配时勃起并伸出，阴茎沟几乎闭合成管，将精液导入雌鹅生殖道内。

母鹅的生殖器官由卵巢和输卵管两部分组成。成年母鹅仅左侧卵巢和输卵管发育正常，右侧已退化。

卵巢的大小随鹅的年龄和季节有很大变化，雏鹅卵巢小，成年鹅休闲期较产蛋期回缩。输卵管长而弯曲，包括漏斗部、蛋白分泌部、峡部、子宫部和阴道部五个部分。漏斗部为精子和卵子受精的部位，位于卵巢正后方；蛋白分泌部最长，弯曲最多，分泌物为卵白；峡部较细；子宫部膨大呈囊状，并以尖端突入阴道；阴道部为输卵管的最末端，呈特有的"S"状弯曲，是位于子宫与泄殖腔之间的厚壁狭管，阴道穹隆呈半环状。

输卵管的黏膜层是输卵管最主要的部分，其中腺体具有分泌作用，可分泌卵白，形成壳膜和蛋壳等，黏膜层形成的皱襞多少、高低和排列方向各个部位有所不同。

卵巢的皮质部内含有无数卵泡，母鹅性成熟后，卵泡逐渐发育成熟，到产蛋期，成熟卵泡逐个破裂，将卵子释放出来，落入输卵管的漏斗部，经输卵管的蠕动而被推送向泄殖腔方向，卵子在输卵管内移行过程中，个别被裹上蛋白、蛋壳膜、蛋壳，最后从泄殖腔产出。卵子的受精是在漏斗部完成的。公鹅母鹅交配后，精子沿母鹅输卵管上行至漏斗部，并贮存在此，在以后的 8～10 天内可持续使卵子受精。受精卵在输卵管内移行时开始早期的胚胎发育，蛋产出时发育暂时停止，孵化时又继续发育，直至形成雏鹅。

鹅有明显的生殖季节，非生殖季节时公母鹅的生殖器官萎缩，这仍保留了其野生祖先的生殖习性：气温较低的冬春季节产蛋，而炎夏季节则停产。因此，北方的鹅产蛋量较大，南方则较少。

## 👤 小贴士：

鹅的季节性繁殖特点也造成肉仔鹅供应的季节性变化，为解决这个问题，在生产实践中，人们开始搞反季节繁殖鹅苗，提高了种鹅和肉鹅生产的经济回报。如通过延迟繁殖季节的终止和在夏季通过提前缩短光照使种鹅提前开产，即使并未能完全改变种鹅的繁殖季节，也可以获得很高的经济效益。

## （三）种鹅的选择

饲养种鹅的目的是获得数量多、质量好的种蛋，用于更新鹅群和生产肉用鹅、蛋用鹅等鹅。因此，必须选择品质优良的种鹅进行饲养，种鹅应符合本品种要求，雏鹅来自有种禽生产许可证的种鹅场或专业孵化场，并且来自非疫区。然后从外貌特征、生长发育速度和系统记载资料等方面，分四个阶段筛选种鹅（见视频 4-1）。

第一阶段：从 2～3 年的母鹅所产蛋孵化的雏鹅中选择准时出壳、个体大、蛋黄吸收好、腹部柔软无硬脐、毛干后即能站立、毛色光亮、活泼、叫声雄壮、眼睛明亮有神，以及用手握住颈部把它提起，两脚能迅速收缩的健雏作为留种雏鹅。

不能准时出壳、发育不良的雏鹅，以及表现出腹部收缩不良、蛋黄吸收不好，呈现大肚脐，并有血迹、软弱无力、头部水肿、叫声低而尖、眼睛无神等雏鹅应剔除。同时，如果整批雏鹅中弱雏、残次雏较多的，整批雏鹅都不宜留作种鹅。

而种蛋要求来源于高产的个体或鹅群，种蛋的蛋重、蛋壳颜色、蛋壳质量和蛋形等都要符合品种的特征和要求。

种鹅一般选择早春孵出的雏鹅。青草茂盛，雏鹅生长快，体质健壮，开产早。

第二阶段：在 70 日龄左右，把生长快、羽毛符合本品种标准和体质好的留作后备种鹅。可将公鹅母鹅分开，散放在草地上，任其自由活动，边看边选，凡是有杂毛、扁毛、垂翅、瘸腿、瞎眼的鹅不能留作种用。

第三阶段：在 130 日龄至开产前进行。选择的公鹅要求体型大、体质好，各部分器官发育匀称，有雄相，眼睛灵活有神，喙长而钝，闭合有力，颈粗长（肝用鹅颈要短粗），胸深而宽，背宽而长，腹部平整，胫较长且粗壮有力，两胫间距宽，鸣声洪亮。对公鹅还要进一步检查性器官发育情况，淘汰阴茎有病、发育不良的公鹅。

母鹅的头要大小适中，喙不要过长，眼睛明亮有神，颈细呈中等长，身长而圆，羽毛细密，前躯较浅窄，后躯宽而深，两脚结实、距离宽，尾腹宽大，尾平不竖，尾羽不能过多，否则将妨碍交配。

各种类型的鹅，除具有中国鹅的共同特征外，还存在着各自独特的品种特征。如豁眼鹅要求头较小，眼呈三角形，上眼睑边缘后上方有豁口；狮头鹅要求头大，体态高昂雄健，头部前额瘤发达，两颊间有三角形袋状肉垂；溆浦鹅要求头大肉瘤高，额顶有一撮"顶心毛"。

第四阶段：选择产蛋多、持续期长、产蛋大、体型大、适时开产的母鹅留作种鹅，此法多在第一产蛋期后进行。

公鹅母鹅的比例一般为（1∶4）～（1∶5），但是培育作为种用的后备公鹅一般比需要的数量以多3倍为宜，因为其中有30％左右的公鹅由于没有射精反射而被淘汰，有50％左右的公鹅产精量很少或者精液品质很差。随后在利用的第二年起，将优良的公鹅留下，不好的公鹅（占公鹅总数的20％～30％）就用年轻的公鹅来代替。如果准备的后备公鹅不足，将直接影响鹅的繁殖。

### （四）种鹅的配种

#### 1. 配种年龄

鹅成熟后才具有较高的受精力和较大的遗传力。公鹅到6个月左右便有交配能力，但受精率低，后代生产性能不高。因而一般以12月龄的公鹅开始配种较为适宜，早熟的小型品种，公母的配种年龄可以适当提前。

#### 2. 配种方法

配种方法有自然交配、人工辅助交配和人工授精等3种。家庭农场根据自身管理能力和技术能力，确定适合本场的鹅群配种方法。

（1）自然交配　将选择好的公鹅、母鹅按一定的比例进行饲养，让其自由交配，一般受精率是比较高的。

自然配种在陆地和水面都可进行，但鹅有水上交配的习性，其受精率比陆上交配高。因此，种鹅饲养场必须具备清洁的游水场地。单群饲养的公鹅应在多数母鹅产蛋后放入配种，并适当延长配种间隔时间（母鹅每隔5天配种1次为宜），可提高配种质量，减少公鹅饲养数，降低生产成本。

一般小型种鹅的公母比例为（1:6）～（1:7），而大型品种鹅为（1:4）～（1:5）。配种时间最好是在母鹅产蛋之后，此时交配受精率高。公鹅早晨性欲旺盛，优良种公鹅上午可交配3～5次。在配种期间每天上午应多次让鹅下水，尽量使母鹅获得复配机会。

此法管理方便，但需注意有个别凶恶的公鹅会霸占大部分母鹅，导致种蛋的受精率降低。还应注意检查公鹅精液质量，及时淘汰精液质量差的公鹅。

（2）人工辅助交配　人工辅助交配是在公鹅母鹅交配的时候，人工进行辅助，促进母鹅更好地吸收精液。

在公鹅性欲最旺盛时，饲养人员蹲在母鹅左侧，双手抓住母鹅两腿并保定，防止交配时左右摇摆。公鹅跳到母鹅背上，用喙啄住母鹅头顶的羽毛，尾部向前下方紧压，母鹅尾部随之上翘，公鹅阴茎插入母鹅阴道并射精，此时饲养员轻轻按压公鹅尾部，加深射精部位，提高受精率。在公鹅射精离开后，饲养人员应迅速将母鹅泄殖腔朝上并在其周围轻轻压一下，以防精液流出泄殖腔。

配种应选择在晴天的早晨或黄昏时进行，这两个时间是种鹅自然交配的高峰时期。在天气条件不良的情况下也可以在圈舍内进行。

此法较自然交配增加一个人工辅助环节，需要饲养员具有耐心和责任心，但配种效果较好。

（3）人工授精　人工授精是采用人工按摩的方法，获得公鹅的精液，然后借助输精器，将精液送到母鹅的阴道内。

① 采精。采精公鹅应与母鹅分开饲养，并剪去泄殖腔周边羽毛，以防精液污染。公鹅采精可采用背腹式按摩采精法。

助手握住公鹅的两脚，将公鹅放在膝上，尾部向外，头部夹于左臂下。采精员左手掌心向下紧贴公鹅背腰部，向尾部方向不断按摩（一般按摩4～5次即可），同时用右手大拇指和其他四指握住泄殖腔按摩，揉至泄殖腔周围肌肉充血膨胀，当感觉外突时，改变按摩手法，用左手和右手大拇指、食指紧贴于泄殖腔左右两侧，在泄殖腔上部交替有节奏地轻轻挤压，至阴茎勃起伸出。最后挤压时，右手拇指和食指压迫泄殖腔环的上部，中指顶着阴茎基部下方，使输精沟完全闭锁，精液沿着输精沟从阴茎顶端排出。与此同时，助手将集精杯靠近泄殖腔，阴茎勃起外翻时，自然插入集精杯内射精。一般公鹅每次采精量为0.25～0.45毫升。对于性欲较强的种鹅，可用简易的采精方法，即采精员右手放于公鹅、母鹅泄殖腔之间，待公鹅伸出阴茎时，左手将集精杯或5～10毫升的烧杯靠近公鹅泄殖腔，用右手将伸出的阴茎轻轻导入杯中，使其在杯内射精（见图4-30）。冬季采精时要注意保温，缩短操作时间，以保证精液质量。

图4-30 采精操作

② 精液品质检查。对精液进行品质检查，有助于提高种

蛋的受精率和掌握每只种公鹅精液质量的好坏，从而作出适当的调整，也为种公鹅正确的饲养管理提供科学依据。精液品质检查主要是检查公鹅精液的外观、精液量和精子活力。将采得的原精液置于37℃左右的恒温箱内或恒温板上，在200～400倍显微镜下进行检测。

正常无污染的精液为乳白色、不透明的液体，如混入血液则呈粉红色，被粪便污染为黄褐色，均不能用于人工授精。

种公鹅一般一次射精量为0.1～1.3毫升，射精量随鹅龄、季节、个体差异和采精者的熟练程度等不同而有较大的变化，一般选择射精量多且稳定的公鹅供种用。

精子活力是以测定视野中直线前进运动的精子数为依据。稀释的精液活力评估，一般采用十级制评分。即视野中呈前进运动精子的百分率，精子全部呈前进运动为1，如70%的精子呈前进运动，则精子活力为0.7，以此类推。

在公鹅准备期内须采精3次进行精液品质的检查。一般用于人工授精的公鹅，其一次射精量应不小于0.3毫升，精液密度至少为8亿/毫升。精子活力应在0.7以上。选出的公鹅，每半个月应进行一次精液品质检查，如果发现精液品质低劣，首先要查明原因，如是使用不当，应改进使用频率，如是饲养管理所造成的，必须加强饲养管理。

③精液稀释。采集的精液经镜检正常后，根据精子浓度和活力，用精液稀释液等量或倍量稀释。常用的精液稀释液有四种。第一种：0.9%氯化钠（生理盐水），生理盐水必须为当天新鲜配制；第二种：氯化钠0.65克、氯化钾0.02克、氯化钙0.02克，加蒸馏水100毫升；第三种：甘氨酸钠1.67克、柠檬酸钠0.67克、葡萄糖0.31克，加蒸馏水100毫升；第四种：葡萄糖、柠檬酸钠各14克、磷酸二氢钾0.36克，加100毫升蒸馏水。

在稀释鹅的精液中，每毫升稀释液加青霉素1000单位、链霉素1000单位。

④输精。输精时，将母鹅固定在授精台（网状的专门架或凳子）上，泄殖腔向外朝上，用生理盐水棉球擦净泄殖腔周围，左手拇指紧靠泄殖腔下缘，轻轻向下压迫，使其张开，将

吸有稀释后精液的输精器徐徐插入，深度为 7 ~ 10 厘米，然后放松左手，右手将输精器中的精液输入。为了保证有很高的受精率，每 5 ~ 6 天输 1 次，每次输 0.1 毫升（保证有效精子数 4000 万个以上）。第 1 次输精时，输精量加倍，可使受精率提高到 90% 以上。

⑤ 人工授精的注意事项。要经常留意公鹅和母鹅的健康状况，对于外生殖器官有病变的个体要及时隔离，防止疾病在大群中传播。

注意母鹅的行为表现，有抱窝表现的及时进行醒抱处理。

抓母鹅的过程中要注意慢慢靠近，不能使母鹅受惊吓，由参与日常饲养管理的人员操作，切勿让陌生的人靠近鹅群。

抓到母鹅后若感觉到其腹内有蛋的时候，应先把它放进产蛋窝，待产蛋后再进行配种。

待配种的母鹅和公鹅与已经配种的要分圈安置，以减少重复配种和漏配现象的发生。

公鹅母鹅比例要适当。人工授精用公鹅母鹅比例为（1∶20）~（1∶30）。

采用恒温杯集精。最好使用双层的集精杯收集精液。在采精前于集精杯夹层中灌注 40 ~ 42℃ 的温水，防止精液温度急剧下降。

避免精液污染。公鹅在人工采精训练期间（10 ~ 15 天）精液常被粪尿所污染，主要是由于惊吓所致。通常在捉鹅、保定和按摩时，如能安静对待公鹅，其射精时一般不会排出粪尿。如果正常射精过程中精液常被污染的公鹅应当淘汰。

注意输精量和输入的活精子数。母鹅在一次输精量 0.05 毫升中有活精子数 1300 万 ~ 7500 万个，每隔 5 ~ 6 天输精 1 次就可达到正常的受精率。如果输精的时间间隔超过 6 天，一次输精量中活精子数就要增加到 1 亿。通常用未稀释的精液一次输精量为 0.05 毫升时，母鹅一次输精以后第 3 天就可获得受精蛋，蛋的受精率可达到 85.2%，第 5 天达到最高，为 94.4%，从第 6 天起开始下降，到第 12 天受精率只有 35.6%。如果一次输精量为 0.1 毫升，一次输精以后从第 3 ~ 11 天内均可获得很高的受精率。用 1：3 稀释精液，在 0.1 毫升输精量中含活精子数为 2000 万～ 3000 万个时，每 6 天输精 1 次也可获得很高的受精率。

> ### 👤 小贴士：
>
> 种鹅的选配五原则：一是选好配种年龄。性成熟后才能配种，一般中小型鹅种从出壳到性成熟需要 7 个月左右，大型鹅种则更迟一些，需要 8 ～ 10 个月。二是慎选配种方式。种鹅的配种方式分为自然配种和人工辅助配种两种，应根据本场的饲养条件确定。三是配种比例要恰当。生产实践中，公鹅母鹅的配种比例必须根据种蛋受精率的高低进行调整。一般小型鹅种的公母比例是（1:6）～（1:7），中型鹅种的公母比例是（1:4）～（1:5），大型鹅种的公母比例为（1:3）～（1:4）。青年公鹅和老年公鹅参与配种时母鹅的数量应适当减少，而体质强壮的适龄公鹅参与配种时母鹅的数量可适当增加。四是种鹅要复选。根据鹅的生长发育情况和外貌特征，在种鹅 70 ～ 80 日龄和 180 ～ 200 日龄时选择种鹅。五是合理利用种鹅年限。为保证鹅群高产、稳产，在选留种鹅时要保持适当的年龄结构。一般鹅群的年龄结构为 1 岁龄母鹅占 30%，2 岁龄母鹅占 35%，3 岁龄母鹅占 25%，4 岁龄母鹅占 10%。

## （五）种蛋

### 1. 种蛋的收集

种蛋通过母鹅的泄殖腔排出体外后，即便在产蛋窝洁净的情况下蛋壳表面也很容易被粪便中的细菌污染。种蛋如不及时收集会增加污染机会，造成蛋品质低劣而影响孵化率。因此，必须给种鹅提供足够的产蛋窝和干爽、清洁的垫草，除避开集中产蛋时间外，种蛋要随下随拣，这样可以减少种蛋污染的机会，防止鹅损坏种蛋和抱窝等现象。在寒冷和炎热季节，更要勤拣，防止冻坏或受高温的影响。有条件鹅场应每半小时收集种蛋一次，至少要求每天收集种蛋5～6次。

### 2. 种蛋的保存

种蛋应保存在清洁、干燥、透气的箱内，防止阳光直射、蚊蝇叮咬，保存的时间可根据气候和保管条件而定，春季最好不超过7天，夏季不超过5天，冬季不超过10天。夏季贮存种蛋要特别注意，保存种蛋比较适应的温度为10～18℃，相对湿度70%～80%，湿度过大易发霉，过小易加强蛋的新陈代谢。种蛋在保存期间，每天应翻蛋一次，防止胚盘与蛋壳粘连，影响孵化率。

### 3. 种蛋贮存

生产中种蛋贮存的温度一般为13～18℃，如保存时间短（5天以内），宜采用上限温度，保存时间长则要靠近下限温度，种蛋保存超过2周时间，从第2周起应降至10℃，有条件的采用充氮保存法效果更好。一般保存种蛋的相对湿度保持在75%～80%之间。种蛋贮存5～7天为宜，如贮存超过10天，每增加1天，孵化率下降0.5%～0.75%，超过20天，更加速下降。

### 4. 种蛋运输

种蛋运输时一定要平稳，时间要短，装卸车时要轻拿轻放，以免碎蛋。种蛋不宜震荡，特别是高产品种，蛋内蛋白稀薄，缓冲力小，系带易断。运输时最佳温度为15～18℃，所以在运输过程中，要做好保温工作，防止日晒、雨淋、高温、冷冻的影响，到达目的地后应立即进行孵化。

## （六）孵化

### 1. 种蛋选择

种蛋入孵前应进行精选，将破蛋、畸形蛋和被污染蛋全部清除。不同级别的种蛋，孵化率差异很大，生产中应对种蛋进行严格的选择。选择蛋壳质量好、蛋形指数正常（1.4～1.55之间）、蛋重符合品种特征、表面清洁、没有破损的种蛋入孵，对蛋重过大、过小，沙壳蛋，沙顶蛋，皱纹蛋，畸形蛋等不宜留用种蛋。

### 2. 种蛋消毒

种蛋产出后消毒越早越有利。因鹅蛋自母体产出后，就被泄殖腔排泄物污染，接触到垫料和粪便时，种蛋进一步被污染，蛋壳上的细菌繁殖很快，随着时间的推移，数量迅速增加，并突破蛋的胶质层、蛋壳和内壳膜等几道自然屏障，侵入蛋内，直接影响孵化率和鹅雏的质量，再加上鹅舍一般湿度较大，病原微生物含量相对较多，更加大了污染的程度。因此，准备用作种蛋的鹅蛋，在拣完蛋后应马上消毒。种蛋的消毒方法有很多种，如甲醛熏蒸消毒法、新洁尔灭浸泡消毒法、温差浸蛋消毒法等。

### 3. 孵化

种蛋的孵化有自然孵化、人工孵化。需要自己孵化鹅雏的家庭农场，可根据农场自身条件选择采用哪种孵化方式。

（1）自然孵化　自然孵化通常称抱窝或就巢，即母鹅孵化。孵化需要的温度主要来自母鹅的体温。母鹅在就巢时停止产蛋。

自然孵化需注意点：①要选用就巢性强，性情温顺，产蛋时间在一年以上的母鹅。可在正式入孵前，用2～3个普通鹅蛋试孵1～2天，看就巢性强不强。②一次上蛋一般为

10～12个。③入孵前2～3天要注意观察母鹅孵化的动态，凡是站立不安、啄打其他就巢母鹅的必须及时剔除，换就巢性强的母鹅进行孵化。④抱孵的母鹅虽然会翻蛋，但不够均匀，也要进行人工辅助翻蛋。通常每天辅助翻蛋1～2次。翻蛋时把中心的3～4个拿放在四周，四周的蛋拿放在中心。⑤孵化中途进行两次照蛋，第一次在入孵后6～7天进行，第二次在入孵后15天进行，验出无精蛋、死精蛋或死胚蛋。⑥孵化后29～30天时，要注意胚胎啄壳和出雏情况，及时将已出壳的雏鹅拿出，以免被母鹅踩死。

（2）人工孵化　人工孵化就是人为创造适宜的孵化环境对鹅的种蛋进行孵化，大大提高了鹅的生产效率。人工孵化比较简易的有用热土炕加棉被孵化的方法；也可以用搭设木板床，在床上铺电热毯和热水袋孵化。大规模生产宜建设孵化室、出雏室及附属房屋，采用专业的孵化器进行孵化。

①　热土炕孵化法是适应于在北方地区采用的一种孵化方法。

②　电热毯加热水袋孵化法。电热毯加热水袋孵化法的用具有：电热毯、水袋（塑料袋）、床单、棉被、摊床、温度计。准备孵化时，先把电热毯放在床上，然后把水袋置于电热毯上，水袋上面加盖床单，种蛋放在床单上，再把温度计插入种蛋中，盖上棉被。插上电源，使水袋温度达到40℃左右。

孵化管理：上蛋。把消毒过的种蛋放在床单上，此时注意控制温度，保持在38℃左右为宜。

翻蛋、晾蛋。上蛋后10小时开始翻蛋，每3小时翻蛋1次，翻蛋角度以90度为宜，直至21天后停止翻蛋。入孵1周后每天开始晾蛋1次，时间大约15分钟，以种蛋温度降到30～33℃后为宜，然后重新加温。

剔蛋。入孵后第7、11天时各照蛋1次。及时剔出无精蛋、死精蛋、弱精蛋、死胚蛋。

出雏。21天后每天用温水喷洒蛋面1次，当有部分雏鹅啄壳时，可把温度提高到39℃左右。对个别不能及时出壳的雏鹅还应人工助产。

③ 孵化器孵化法。家庭农场应根据种鹅饲养数量和市场情况，预计每年需要孵化多少种蛋、提供多少雏鹅。尤其是集中供雏的季节，需要提供的雏鹅的数量，确定孵化的批次、入孵种蛋量、每批间隔天数等与供雏有关的事项。在此基础上确定孵化室、出雏室及附属房屋的面积，确定孵化器的类型、尺寸、数量。一般孵化器和出雏器数量或容量的比例为 4：1 较为合理，即按 4 台孵化器配置 1 台出雏器，每 4 天入孵一批。

孵化的工艺流程为种蛋挑选→种蛋消毒→种蛋储存→分级码盘→孵化→移盘→出雏→鉴别、分级、免疫→雏鹅存放→外运。小型孵化厂可采用长条形布局，大型孵化厂应以孵化室和出雏室为中心，缩短种蛋的移动路程，减少人员在各室之间的来往。

孵化管理主要是温度、湿度、通风、翻蛋、晾蛋、照蛋和出雏等日常管理。

温度和湿度：温度是种蛋孵化的首要条件，过高过低都会影响胚胎的发育，甚至造成死亡。高温对胚胎致死界限较窄，危险性较大，如胚蛋温度达 42℃时，3～4 小时可使胚胎死亡；低温致死界限较宽，危险性相对较小，如温度低至 30℃时，经过 30 小时，鹅胚才会死亡。但温度较长时间偏高或偏低，虽然不会引起死亡，但却影响孵化出雏率和雏鹅的健康。由于鹅蛋的脂肪含量和热量水平比鸡蛋、鸭蛋高，所以鹅蛋孵化要求的温度比鸡蛋、鸭蛋低些。正常孵化鹅蛋的温度的适宜范围是 36～37.2℃。但由于孵化初期照蛋开门和室温较低，所以孵化时实际温度高于理论温度。一般恒温是 37.6～37.8℃。孵化过程中应随时检查温度和湿度，温度表要经过校对，发现不正常要及时换。机内水盘上如有浮毛要及时捞出，水盘中加水应加热水，有利于维持机内湿度。

通风换气：孵化机进气门前期打开 1/5 左右，中期打开 1/3 左右，后期打开 1/2 左右。

翻蛋：应 2～3 小时翻蛋 1 次，角度尽量大些，45°～50°。

晾蛋：14～16 胚龄后开始每天晾蛋 2 次，原则上午、下午各晾 1 次，天热时改在早、晚两头晾蛋为好，晾蛋时间每次 30 ～ 50 分钟，晾蛋蛋温标准，以人体温 36.5℃即可。一般用眼皮试温，把蛋放在眼皮上，各个部位的蛋多试几个。晾好后用 30℃温水喷洒蛋面约 2 次，再送回孵化机。在较冷的天气，孵化机供温稳定，通风良好，机内不超温，可以不晾蛋。在高温季节孵化，整箱入孵上蛋量较大，通风不良时需进行晾蛋，尤其是孵化后期胚胎物质代谢加强，自温超温时应加强晾蛋。

照蛋：照蛋是为了在早期剔除无精蛋，中期、后期剔除死胚蛋，同时根据胚胎发育来确定温度及湿度。孵化期间一般照蛋 3 次，第 1 次照蛋在孵化第 6 ～ 7 天进行，第 2 次照蛋在第 15 ～ 16 天进行，第 3 次照蛋是转到出雏器前（第 24 ～ 25 天）进行。在实际孵化生产中只进行一照，目的是检查出无精蛋。二照、三照一般进行抽测，二照看蛋小头尿囊是否合拢（封门），三照是看胚胎发育是否有闪毛、影子晃动，以便调整孵化温度、湿度。

一照时如有 70％以上胚蛋达不到起先标准，死胚较少，说明孵化温度偏低；如有 70％以上胚蛋发育太快，少数正常，死胚蛋超过 5％，说明孵化温度偏高；如胚蛋发育正常，而弱精和死精蛋较多，死精蛋中散黄黏壳的多，则不是孵化问题，而是种蛋保存或运输问题；如胚蛋发育正常，白蛋和死胚蛋较多，则可能是种鹅公、母比例不当，或饲料营养不全等原因。二照时如蛋的小头尿囊血管有 70％以上没合拢，而死胚蛋又不多，说明是孵化 7 ～ 15 胚龄阶段孵化机内温度偏低；如尿囊 70％以上合拢，死胚蛋增多，且少数未合拢胚蛋尿囊血管末端有不同程度充血或破裂，则是孵化 7 ～ 15 胚龄期间温度偏高；如胚胎发育参差不齐，差距较大，死胚正常或偏多，部分胚蛋出现尿囊血管末端充血，说明孵化机内温差大或翻蛋次数少，角度不够或停电造成的；如胚胎发育快慢不一，血管又不充血，则可能是种蛋保存时间长，不新鲜所致。三照时如胚蛋 27 天就开始啄蛋壳，死胚蛋超过 7％，说明是孵化第 15 天后有较长时间温度偏高；如气室小，边缘整齐，又无黑影闪动现象，说明是孵化第 15 天后温度偏低，湿度偏大；如胚胎发育正常，死胚蛋超过 10% 则是多种原因造成的。

出雏：在正常孵化条件下，鹅蛋孵到 29.5 天就开始陆续破壳出雏，到 30.5 天达到出雏高峰。出壳前将清洁的装雏盒或雏筐准备好，雏筐内的垫草或垫纸要干燥、铺平。出雏期间不宜经常打开机门，以免出雏机内温度、湿度下降过快，影响出雏。一般在 2～3 小时拣雏 1 次。拣雏时动作要轻、快，可将绒毛已干的雏鹅迅速拣出，并将空壳蛋拣出，以防蛋壳套在其他胚蛋上使胚胎闷死。少数弱胚出壳困难时，可人工助产。人工助产时将壳膜已枯黄或外露绒毛已干、雏鹅在壳内无力挣扎的胚蛋，轻轻剥开，分开粘连的壳膜，把雏鹅的头轻轻拉出壳外，令其自己挣扎破壳。若发现壳膜发白或有红的血管，应立即停止人工助产。

出雏结束后，抽出出雏盘、水盘，拣出蛋壳，彻底打扫出雏机内的绒毛和碎蛋壳，对出雏机进行清洗消毒。出雏盘洗净、消毒、晒干。打扫、清洗彻底后，再把出雏用具全部放入出雏机内，熏蒸消毒备用。

# 四、雏鹅的雌雄鉴别

进行雌雄鉴别是一项重要的工作，在生产实践中具有重要的经济意义。可以利用鹅雌雄个体间生长速度、生产性能的差异进行分群饲养管理。

雌雄鉴别的方法有泄殖腔开张法、按捏肛门法、外形鉴别法和羽色鉴别法等（见视频 4-2）。

视频 4-2 鉴别鹅公母的方法

## （一）泄殖腔开张法

水禽的雄雏共同的特点是生殖器呈螺旋状。用手指将泄殖腔开张，挤去胎粪，以便观察生殖器：雄雏鹅在泄殖腔腹壁可见一个长 3～4 毫米、呈淡灰色或肉色的生殖突起；如泄殖腔只有三角瓣形皱褶的，便是雌雏鹅。一般鉴别的准确率可达90％。

## （二）按捏肛门法

左手托住鹅身，用大拇指与食指轻夹颈部，接着用右手大拇指与食指半捏肛门，先稍进一些，随即向后缩，如能感觉一小粒突起状物，即为雄雏鹅；反之，则为雌雏鹅。一般鉴别的准确率为90％以上。

## （三）外形鉴别法

根据公鹅母鹅体型外貌的差别进行鉴别。一般公鹅体型较大些，头颈和肉瘤也较大，站立时挺直，脚高，鸣声高亢尖锐，喜欢用嘴啄人，翼角无绒毛。母鹅头较小，颈短，肉瘤小，站立时没有公鹅那样直立，脚细短，体型较小，腹部半圆充实，鸣声低浊短平，行动较迟缓，翼角有绒毛。在外形上雄雏表现头大颈粗，头的顶部较圆，而雌雏较平。雄雏还表现为体重大与体型粗大，脚粗壮。

## （四）羽色鉴别法

根据雏鹅羽色的差别进行鉴别。有色种鹅，如灰鹅雄雏鹅的羽色比雌雏鹅稍淡。

# 五、雏鹅选购

## （一）健康雏鹅的挑选

初生雏鹅精神饱满、活泼喜动、眼睛明亮有神。听到声响会立即抬头观望，喙及双脚色泽橘黄、温润饱满。手握雏鹅时，叫声清脆响亮，双腿挣扎有力。周身绒毛洁净蓬松、均匀覆盖。触摸脐部，愈合良好，柔软不碍手。若将雏鹅仰面放置，能迅速翻身站起。具备以上特征视为健康雏鹅（见视频

4-3)。选择时要仔细观察，逐一筛选，及时淘汰不健康雏鹅。

外购雏鹅的需要注意，雏鹅一定要从信誉高、质量好的孵化场选购。

## 💻 小贴士：

在养鹅失败的主要原因中，首要的就是购买的鹅苗质量不好。绝大多数失败者是因为贪图便宜买到了品种质量差的土杂鹅，表现为品种杂、退化的品种、易得病，辛辛苦苦养了三四个月，才长到 5 斤左右，还有一部分初期已成僵鹅。

### （二）雏鹅的运输

1. 运输前的准备工作

（1）育雏室的准备　育雏室及室内所用工具要全面清洁、严格消毒。注意室内通风保温，备好雏鹅开口饲料。

（2）运输车辆的准备　应选择带布篷车厢的车辆，做好运输前的车辆消毒清洗。在车厢底部垫 6 根与车厢长度相同，高 3～5 厘米的长形木条，并加以固定。目的是保证底层篮内雏鹅通风透气，还可以防止打进车厢的雨水浸湿底层鹅篮。

（3）雏鹅箱（篮）的准备　雏鹅箱（篮）要清洁、坚固，并经过消毒处理。多选用直径为 85 厘米、高度 18～20 厘米的圆形竹篮。每篮放置 50～80 只雏鹅，鹅篮叠放数以 6～10 层为宜。

2. 运输要点

① 运输过程中，要保障车厢内温度为 30～34℃，且空气清新，通风良好。炎热季节应多选在夜晚起运，清晨到达。严

寒季节应多选在上午起运，下午到达。阴雨天气要盖好篷布，防雨防湿；寒冷天气要加盖毯子防寒保温。

② 运输途中，押运人员要勤检查车厢情况，避免鹅篮倾斜、雏鹅聚堆现象的发生。留意车厢温度及通风情况。车辆行驶要保持快速平稳安全。途中尽量避免不必要的停车。尽量使雏鹅处于舒适、安静的环境中。如遇特殊情况，要尽快解决。一般以 3 小时为限，3 小时内仍无法排除障碍继续前行，则需更换车辆以确保尽快到达目的地。

③ 雏鹅到达目的地后，要迅速分发、尽快入舍。休息 1～2 小时，观察整群，若有啄食行为，可适时开口饲喂。

👤 **小贴士：**

　　生产实践中，鹅苗被压死是造成运输死亡的主要原因，特别是那些强壮的鹅苗，相反，那些弱一点的鹅苗反倒没事。运输途中如果不注意鹅苗保暖，造成温度低，鹅苗会聚堆相互取暖，强壮的鹅苗拼命往堆里钻，反而造成了部分强壮的鹅苗被压死。

## （三）嘌蛋的选购

家庭农场可以选购即将孵化出壳的种鹅蛋，俗称嘌蛋。购买嘌蛋，可避免运输途中因天气、道路等诸多因素引起雏鹅各种应激反应。孵化出的雏鹅能更快更好地适应周围环境，从而减小了运输雏鹅全过程造成的病亡率。购买嘌蛋时，要求孵化场根据本场孵化率给予买方足够数量的种蛋。

### 1. 计划好时间

选购时，注意种鹅蛋孵化时间要与运输时间接近。即做到种鹅蛋到达目的地后，一段时间就可孵化出壳。

## 2. 运输前准备

① 准备好装嘌蛋的用具及保温用品。如装嘌蛋可用竹篓筐、毛毡、棉被、干稻草等。装嘌蛋时先在筐底铺一层干燥清洁的稻草，然后在稻草上放嘌蛋，最后用毛毡覆盖蛋筐，用棉被垫蛋筐或覆盖蛋筐保温。

② 计划好运输路线、工具和起止时间，应选择最佳路线，减少在途时间及搬运次数，及早到达目的地。路途过远应选择飞机运输。所用汽车车厢要挂篷布，以免胚蛋遭受日晒、风吹、雨淋。

③ 做好接收嘌蛋用孵化机的清洗、消毒和调试等准备工作。

## 3. 途中的管理

① 汽车车速要缓慢而稳定。路面凹凸不平及颠簸会造成嘌蛋损坏。

② 检温、保温和翻蛋。运输途中应特别注意检温和保温，按时翻蛋。每隔 1～2 小时以眼皮感温，以感觉平和为合适，36～37℃，过凉则嫌低，感觉烫眼则过热。若多数胚蛋温度较高，则适当减去一层或全部覆盖物，将堆叠的蛋筐散开放置。若嘌蛋中多数胚蛋温度较低，则适当增加覆盖物，或将蛋筐堆叠放置。互相堆叠的蛋筐中，有的蛋温高，有的蛋温低，则将温度不同的蛋筐适当调换位置。若同一蛋筐内的边蛋、中心蛋、上层蛋、下层蛋，有的温度高，有的温度低，则可将温度高低不同的胚蛋适当调换位置。检温和调温时，同时注意翻蛋。

## 4. 到达目的地的处置

胚蛋运至目的地后，立即剔除死胚蛋和破蛋，并将活胚蛋置入出雏机中孵化出雏。

## 第五章

# 饲料保障

## 一、鹅的营养需要

鹅生长发育过程中,需要从饲料中摄取多种养分。鹅的品种不同、生长发育阶段不同,需要养分的种类、数量、比例也不同。只有在养分齐全、数量适当和比例适宜时,鹅才能达到生理状态和生产性能均好,取得良好的经济效益。反之,可能会出现生产性能下降、产品质量降低及生病、死亡等问题。鹅的营养需要主要是指能量、蛋白质、矿物质、维生素和水的需要,除水以外其他都必须从饲料中获得。

### (一)能量

能量是一切生命活动的动力,鹅的一切生理过程都需要能量保证。能量的主要来源是碳水化合物及脂肪。

碳水化合物由碳、氢、氧 3 种元素组成,是新陈代谢能量的主要来源,也是机体组织中糖蛋白、糖脂的组成部分。机体生命活动所需要的能量主要来源于碳水化合物(糖类)的氧化分解,1 克碳水化合物可提供 17.15 千焦的能量。碳水化合物的分解产物在机体用不完时，可以转变为肝糖原或脂肪贮存备用。因此，肉鹅上市前要提高能量饲料的供给，其能量一般维持在较高的水平。种鹅在休产时期或寡产时期可多喂含粗纤维高的日粮，避免种鹅过肥。粗纤维是较难消化的碳水化合物，饲料中若含量太高，会影响其他营养物质的吸收，因而粗纤维含量应该控制。有资料报道，5%～10%的粗纤维含量对鹅比较合适，幼鹅饲料粗纤维含量应该稍低一些。

脂肪是鹅体组织细胞脂类物质的构成成分，也是脂溶性维生素的载体。饲料中 1 克脂肪含能量为 32.29 千焦，是碳水化合物的 2.25 倍。脂肪的主要作用是提供热量，保持体温恒定，保持内脏的安全。但鹅的脂肪是可以代替的养分，能由碳水化合物或蛋白质转化而成，也比较难消化，故鹅饲料中一般不添加脂肪。

鹅在自由采食时，具有调节采食量以满足自己对能量需要的本能，然而这种调节能力有限。法国学者对朗德鹅种鹅的能量需要做了试验，当气温为 0℃或稍高时，最佳产蛋率的能量需要是每只鹅每天 3.34～3.55 兆焦代谢能，其日粮的能量水平为 9.61～10.66 兆焦/千克。温度更低时则能量需要量更大一些。当日粮能量水平为 11.70 兆焦/千克时，鹅不能正确调节采食量，同时也降低了产蛋率和受精率。另外，用不同能量水平的配合饲料，对四季鹅进行试验，能量水平分别为 11.41 兆焦/千克、11.58 兆焦/千克、12.50 兆焦/千克，对照 10.91 兆焦/千克，三个处理组均比对照组增重多，差异极显著，但 3 个试验组之间尽管能量不同，增重却不存在显著差异。这说明在充分放牧基础上，太高的能量水平并没有增重优势，反而增加饲养成本。

一般认为，大中型肉鹅的能量需要量比豁眼鹅等小型鹅高。实际生产中公鹅和母鹅应分开饲养，配制不同营养水平日粮。

## （二）蛋白质

蛋白质是生物有机体的重要组成成分，又是生命活动的物质基础，所有酶的主体都是蛋白质。蛋白质是构成鹅体和鹅产品的重要成分，也是组成酶、激素的主要原料之一，与新陈代谢有关，是维持生命的必需养分，且不能由其他物质代替。蛋白质由二十多种氨基酸组成，其中鹅体自身不能合成必须由饲料供给的必需氨基酸是赖氨酸、甲硫氨酸、异亮氨酸、精氨酸、色氨酸、苏氨酸、苯丙氨酸、组氨酸、缬氨酸、亮氨酸和甘氨酸。这 11 种氨基酸是必须通过饲料提供的，称为必需氨基酸。但是鹅对蛋白质的要求没有鸡、鸭高，其日粮蛋白质水平变化没有能量水平变化明显，因此有的学者认为蛋白质不是大部分鹅营养的限制因素。但是一般认为，蛋白质对于种鹅、雏鹅是重要的。有研究证明，提高日粮蛋白质水平对 6 周龄以前的鹅增重有明显作用，对以后各阶段的增重与粗蛋白水平的高低没有明显影响。通常情况下，成年鹅饲料的粗蛋白含量宜为 15% 左右，雏鹅为 20% 即可。

蛋白质也可以提供能量，但由于价格高，要增加饲养成本，而且蛋白质在氧化分解过程中要产生氨气（$NH_3$）等有害物质，增加肝、肾的负担。因此，饲料中蛋白质和能量要控制在适宜水平，蛋白能量比（蛋白质 / 代谢能）应在 12.0 ～ 16.0之间。

### （三）矿物质

矿物质是有机体的组成成分，占体重的 3% ～ 4%，矿物质不仅是组织成分，也是调节体内酸碱平衡、渗透压平衡的缓冲物质，同时对神经和肌肉正常敏感性、酶的形成和激活有重要作用。在鹅体内可以检测到 50 余种元素，除氧、碳、氢和氮之外，必需的矿物质元素有 22 种，其中常量元素有钙、磷、镁、钠、钾、氯和硫；微量元素有铁、锌、铜、锰、钴、碘、硒、氟、钼、铬、硅、钒、砷、锡和镍。在一般情况下，镁、钾、钼、氟、铬、硅、钒、砷、锡和镍能满足需要，而钙、磷、钠、氯、硫、铁、锌、铜、锰、钴、碘和硒不能满足需要，必须在饲料中补充。

鹅不仅要求矿物质种类多，而且更需要其比例合适，如钙磷比，成年鹅约为3∶1，雏鹅约为2∶1。种鹅日粮中的含钙量应为2%多一点，含磷量为0.7%左右，含盐量0.4%左右。钙和磷的无机盐比有机盐易吸收，因此，补充钙、磷的主要原料为石粉、贝壳粉、骨粉、磷酸氢钙等。籽实类及其加工副产品中的磷50%以上是以有机磷存在，利用率较低。矿物质的缺乏，影响鹅的生长发育。如缺钙雏鹅骨软，易患佝偻病，蛋壳薄，产蛋量和孵化率下降；缺钠雏鹅神经机能异常，啄癖；缺锌雏鹅发育迟缓，羽毛发育不良；缺碘雏鹅易患甲状腺肿大等。

## （四）维生素

维生素是一类具有高度生物活性的低分子有机化合物，在调节和控制有机体物质代谢方面发挥着重要作用，通常以辅酶或酶的活性中心的形式参与各种生化代谢过程。维生素既不提供能量，也不是构成机体组织的主要物质。它在日粮中需要量很少，但又不能缺乏，是一类维持生命活动的特殊物质。维生素分为脂溶性维生素和水溶性维生素两大类，脂溶性维生素包括维生素 A、维生素 D、维生素 E 和维生素 K；水溶性维生素包括十几种 B 族维生素和维生素 C。大多数维生素在鹅体内不能合成，有的虽能合成，但不能满足需要，必须从饲料中摄取。鹅放牧时如果能采食到大量的青绿饲料，一般不会引起维生素缺乏。但在舍饲条件下或者当青绿饲料供应少时，脂溶性维生素 A（视黄醇）、维生素 $D_3$（骨化醇）、维生素 E（生育酚）和 B 族维生素中的维生素 $B_1$（硫胺素）、维生素 $B_2$（核黄素）、泛酸、维生素 $B_4$、烟酸、吡哆醇、生物素、叶酸、维生素 $B_{12}$（氰钴胺素）就必须在饲料中补充，否则会发生维生素缺乏症。

## （五）水分

水分是鹅体的重要组成部分，也是鹅生理活动不可缺少的主要营养物质。水分约占鹅体重的70％，它既是鹅体营养物质吸收、运输的溶剂，也是鹅新陈代谢的重要物质，同时又能缓冲体液的突然变化，帮助调节体温，鹅缺水比缺食物危害更大。

鹅体水分的来源是饮水、饲料含水和代谢水。据测定，鹅食入1克饲料要饮水3.7克，当气温在12～16℃时，平均每只每天要饮水1000毫升。"好草好水养肥鹅"，说明水对鹅的重要。因此，对于集约化鹅的饲养，必须提供清洁而充足的饮水，注意满足鹅群饮水需要。

## 二、鹅的饲养标准

饲养标准是根据大量饲养实验结果和动物生产实践的经验总结，对各种特定动物所需要的各种营养物质的定额作出的规定，这种系统的营养定额及有关资料统称为饲养标准。简言之，即特定动物系统成套的营养定额就是饲养标准，它为人们合理设计饲料提供了技术依据。

饲养标准有国家规定和颁布的饲养标准（国家标准）及大型育种公司根据自己培育出的优良品种或品系的特点，制定的符合该品种或品系营养需要的饲养标准（专用标准）两类。在使用时应根据具体情况灵活运用。

目前，我国尚没有制定适合我国鹅种特点的饲养标准。因而在养鹅生产实践中，往往引用和借鉴国外的饲养标准，如主要参照美国、法国等国家鹅的饲养标准。

## 三、鹅的消化特点及对饲料的要求

①鹅是杂食性家禽，对青草粗纤维消化率可达40％～50％，

所以有"青草换肥鹅"之称。

② 鹅能充分利用青粗饲料，是由它独特的生理构造和消化特点所决定的。鹅的喙长而扁平，呈凿状、边缘粗糙，有很多细的角质化的嚼缘，用此可截断青草。消化道发达，食管膨大部较宽，富有弹性。肌胃肌肉发达，内常含沙砾，其内表层有一层坚硬的金黄色角膜，此角膜有保护胃壁在磨碎坚硬饲料时不受损伤的作用。肌胃不能分泌消化液，而主要对饲料进行机械磨碎。肌胃内的沙砾起着类似哺乳动物牙齿的作用，能帮助磨碎食物，如可将谷粒及粗饲料磨成糊状以利消化吸收。鹅的肌胃肌肉的收缩力大约为鸡肌胃的两倍。所以，鹅靠肌胃的巨大的收缩力和食入沙砾的帮助，能磨碎与消化大量的粗纤维物质。农谚道"鹅吃素，不吃荤"，雏鹅期间，若吃到油腻物就会自行拔毛而消耗体质，所以在饲养中切忌油腻物。

③ 鹅在长期的进化中，能使消化道内容物迅速排出体外，从而增大采食量，获得所需营养物质。

④ 鹅对能量的需求受品种、个体大小、饲养水平、饲养方式和环境温度的影响。自由采食时，鹅有调节采食量以满足能量需要的本能。日粮能量水平低时，鹅会自己多采食饲料；日粮能量水平高时，鹅会减少采食。当食入饲料所提供的能量超过需要时，多余的部分转化为脂肪，因此肉鹅上市前要提高能量饲料的供给，使其能量一般维持在较高的水平；种鹅在休产时期或寡产时期可多喂含粗纤维高的日粮，避免种鹅过肥。

⑤ 一般认为，鹅消化粗纤维能力较强，消化率可达45％～50％，可供给鹅体内所需的一部分能量。最近资料表明，鹅对粗纤维组分中的半纤维素消化能力强，而对纤维素尤其是木质素的消化能力有限。

⑥ 鹅是草食动物，胃肠容积大，在配合饲料时要保证饲料有一定的体积，可将粗纤维的含量控制在10％。鹅的日粮中纤维素含量以5％～8％为宜，不宜过低，如果日粮中纤维素含量过低，不仅会影响鹅的胃肠蠕动，而且会妨碍饲料中各种营养成分的消化吸收。

⑦ 肉鹅生长快速，4 周龄体重已达成熟体重之 40%（鸡仅达 15%、火鸡仅达 5%），7 至 8 周龄则达成熟体重之 80%（鸡仅达 60%、火鸡仅达 15%）。羽毛及皮肤为鹅生长最为快速的部位，氨基酸组成并不一致。故肉鹅饲料中养分应配合良好，以求得最佳的生长性能。

⑧ 鹅忌食大麻叶、麻黄、苦楝树叶、毛茛等几种草。

⑨ 鹅的营养需要量因气候环境、鹅种、生产目标、是否供应草料、饲养期等不同而异。鹅在放牧或青绿饲料供应充足的情况下，除钙、磷、氯、钠要注意适当补充外，其他元素一般均能满足需要，不必另外补充；但在舍饲期间，其他元素要适当补充。冬季草资源相对匮乏，放牧加补喂稻谷不能满足种鹅产蛋的营养需要，种鹅在产蛋期动用体内贮存的营养，导致种鹅体质瘦弱，软壳、沙壳蛋增多。若改喂全价配合饲料来满足种鹅产蛋对营养物质的需要，就会使种鹅生产潜力得到充分发挥。

⑩ 种鹅的配合饲料饲喂量应当根据每日的放牧情况、体重、产蛋量来决定，每只每天补饲 200～250 克，分早晚两次补给。试验证明，喂配合料的种鹅比喂单一饲料的种鹅产蛋率提高 25% 以上。

### 小贴士：

养鹅首先就要了解鹅对饲料的喜好、采食习惯、消化特点等基本常识，因为鹅的这些习性是鹅本身具有的，不能或不宜人为改变。养殖人员在饲养和管理过程中只有满足鹅的这些习性，才能取得良好的饲养效果。

# 四、鹅的常用饲料原料

饲料是鹅获得营养进行生产和维持生命活动的基础，也是养鹅生产的主要成本组成部分。对鹅来说，饲料种类很多。根据饲料营养特性，鹅的饲料主要有能量饲料、蛋白质饲料、青绿饲料、青贮饲料、粗饲料和矿物质饲料等。

## （一）能量饲料

能量饲料是指饲料干物质中粗纤维含量小于18%（或中性洗涤纤维含量低于35%），同时粗蛋白含量小于20%的饲料，如谷实类、麸皮、淀粉质的根茎、瓜果类。其中籽实类饲料是鹅主要精饲料组成部分，营养中的能量来源，一般具有适口性好、能量含量高，相对蛋白质饲料价格低廉等优点。

### 1. 玉米

玉米具有适口性好、消化率高、粗纤维少、能量高的特点。玉米是主要能量饲料，代谢能达到13.39兆焦/千克，一般用在雏鹅培育、肉鹅育肥和种鹅饲料上，此外，在肥肝生产中也具有重要作用。玉米用量可占日粮比例的30%～65%。玉米可分黄玉米和白玉米，其能量价值相似，但黄玉米含有较多的胡萝卜素和叶黄素，对皮肤、跖蹼、蛋黄的着色效果好。玉米的缺点是蛋白质含量不高，在蛋白质中赖氨酸、色氨酸等必需氨基酸比例小。现在选育的高赖氨酸玉米，其营养价值比普通玉米要高。

### 2. 大麦、小麦

大麦、小麦也是鹅的主要能量饲料，适口性好，能量高，其代谢能分别为11.30兆焦/千克和12.72兆焦/千克，钙、磷含量较高。大麦外壳粗硬，粗纤维含量4.8%，粗蛋白含量11%～13%，B族维生素含量丰富。小麦粗蛋白含量可达

13.9％，其氨基酸配比优于玉米和大麦，但小麦粉碎喂鹅比例不宜过高，过高易引起黏嘴，降低适口性，且维生素A、维生素D含量少。

### 3. 稻谷

稻谷喂鹅适口性很好，是南方地区养鹅的主要谷实类能量饲料，其代谢能为11.00兆焦/千克，粗纤维8.20％，粗蛋白7.80％。就其营养价值看，低于玉米和大麦小麦，但其消化率相对鹅等家禽来说，明显要高。稻谷去壳后营养价值提高，糙米的代谢能达到14.06兆焦/千克，粗蛋白为8.80％，碎米的代谢能和粗蛋白分别达到14.23兆焦/千克和10.40％。

### 4. 高粱

高粱是北方地区养鹅常用能量饲料，其代谢能为12.00～13.70兆焦/千克。与玉米相比，因高粱含有较多单宁，味苦涩，适口性差，维生素A、维生素D和钙含量偏低，蛋白质和矿物质利用率较低，日粮中比例不宜超过15％。低单宁高粱可适当提高其用量。

### 5. 薯干

薯干是由甘薯（番薯）制丝晒干而成，是南方地区喂鹅的常用能量饲料。其适口性好，代谢能9.79兆焦/千克，其营养物质消化率高。但缺点是蛋白质含量低，仅4％左右，因此，日粮中添加比例应在20％以下。

### 6. 米糠

米糠是糙米加工成精白米的副产品，油脂含量高达15％，蛋白质为12％左右，B族维生素和磷含量丰富。但米糠粗纤维含量高，适口性较差，日粮比例不宜过高。米糠所含脂肪以不饱和脂肪酸为主，久贮或天热易酸败变质。米糠脱脂后的糠饼则可相对延长保存时间和增加在日粮中比例。

### 7. 麸皮

麸皮是小麦粉加工的副产品，粗蛋白含量为15.70％，代谢能6.82兆焦／千克，适口性好，B族维生素和磷、镁含量丰富，但粗纤维含量高，容积大，具有轻泻作用，其日粮用量不宜超过15％。此外，面粉加工中在麸皮下级的副产品次粉，也称四号粉，其纤维含量低、价值高，代谢能达到12.80兆焦／千克，但用量过大，则与小麦粉一样，产生黏嘴现象，影响适口性，在日粮中所占比例可为10％～20％。

### 8. 其他糠麸类

鹅是草食类水禽，能较好地利用纤维素，因此，一些粗纤维含量高的糠麸饲料可作鹅的部分饲料。高粱糠能量较高，但适口性差，蛋白质消化利用率低，一般用量在5％以下。统糠，可分三七糠和二八糠，是大米加工的常用副产品，其粗纤维含量高，一般可作饲料的扩容、充填剂，其日粮比例在5％左右。麦芽根是啤酒大麦加工副产品，蛋白质含量高，含有丰富的B族维生素，但麦芽根杂质多，适口性较差，添加量宜控制在5％以下。此外，瘪谷、油菜籽壳等加工的秕壳糠类饲料，鹅也能利用部分，尤其是母鹅夏季休蛋期、肉鹅放牧期时使用，可节约饲料成本。

### 9. 糟渣类

糟渣类饲料来源广、种类多、价格低廉，如糠渣、黄（白）酒糟、啤酒糟、甜菜渣、味精渣等，含有丰富的矿物质和B族维生素，多数适口性良好，均是养鹅的价廉物美的饲料，其添加量有的甚至可达40％。但是这类饲料含水量高，易腐败发霉变质，饲喂时必须保证其新鲜，同时，在育肥后期和产蛋期应减少喂量。

## （二）蛋白质饲料

饲料干物质中粗纤维含量小于18％而粗蛋白含量大于或

等于 20％的饲料称为蛋白质饲料，根据来源可分为植物性蛋白质饲料和动物性蛋白质饲料。如豆类、饼粕类、动物性来源饲料等。

### 1. 植物性蛋白质饲料

（1）大豆饼（粕）　大豆饼和豆粕是我国最常用的一种主要植物性蛋白质饲料，营养价值很高。大豆饼（粕）的粗蛋白含量在 40％～45％之间，大豆粕的粗蛋白含量高于饼，去皮大豆粕粗蛋白含量可达 50％。大豆饼（粕）的氨基酸组成较合理，尤其赖氨酸含量 2.5％～3.0％，是所有饼粕类饲料中含量最高的，异亮氨酸、色氨酸含量都比较高，但甲硫氨酸含量低，仅 0.5％～0.7％，故玉米 - 豆粕基础日粮中需要添加甲硫氨酸。大豆饼（粕）中钙少磷多，但磷多属难以利用的植酸磷。维生素 A、维生素 D 含量少，B 族维生素除维生素 $B_2$、维生素 $B_{12}$ 外均较高。粗脂肪含量较低，尤其大豆粕的脂肪含量更低。大豆饼（粕）含有抗胰蛋白酶、尿素酶、红细胞凝集素、皂角苷、甲状腺肿诱发因子、抗凝固因子等有害物质。但这些物质大都不耐热，一般在饲用前，先经 100 ～ 110℃的加热处理 3 ～ 5 分钟，即可去除这些不良物质。注意加热时间不宜太长、温度不能过高也不能过低，加热不足破坏不了毒素则蛋白质利用率低，加热过度可导致赖氨酸等必需氨基酸的变性反应，尤其是赖氨酸消化率降低，引起畜禽生产性能下降。

合格的大豆粕从颜色上可以辨别，大豆粕的色泽从浅棕色到亮黄色。如果色泽暗红，尝之有苦味说明加热过度，氨基酸的可利用率会降低；如果色泽浅黄或呈黄绿色，尝之有豆腥味，说明加热不足，不能给鹅饲喂。

处理良好的大豆饼（粕）对任何阶段的鹅都可使用。熟化程度适当的大豆粕在鹅的日粮中用量比例可达 10％～ 30％，是各种粕类用量上限最大的蛋白质饲料。

（2）棉（菜）籽饼（粕）　棉籽饼（粕）和菜籽饼（粕）的

粗蛋白含量在34%～40%之间，菜籽饼（粕）中的甲硫氨酸含量较高。这类饼粕是鹅的常用蛋白质饲料，但在使用时必须注意用量。因为在棉籽饼（粕）中存在游离棉酚，长期或多量使用会影响鹅的细胞、血液和繁殖功能，一般雏鹅和种鹅的用量在5%～8%，其他鹅不能超过15%，饲喂前采用浸水等办法脱去部分毒素则效果更好。在菜籽饼（粕）中存在硫代葡萄糖苷、芥子碱、植酸、单宁等抗营养因子，具有一定的毒性，对鹅有毒害作用，也影响鹅的生长和采食量。因此，添加0.5%硫酸亚铁或加热有脱毒作用，菜籽饼（粕）一般用量在5%以下为好。

目前，国内外培育的"双低"（低芥酸和低硫代葡萄糖苷）品种已在我国部分地区推广。"双低"菜籽饼（粕）与普通菜籽饼（粕）相比，粗蛋白、粗纤维、粗灰分、钙、磷等常规成分含量差异不大，但有效能略高，赖氨酸含量和消化率显著高于普通菜籽饼（粕），甲硫氨酸、精氨酸含量略高，可提高喂量。

（3）DDGS　DDGS即玉米干酒糟及其可溶物。DDGS由DDG和DDS组成，DDG是将玉米酒精糟作简单过滤，滤渣干燥，滤清液排放掉，只对滤渣单独干燥而获得的饲料，其中浓缩了玉米中除了糖外的其他营养成分，如蛋白质、脂肪、维生素；DDS是发酵提取酒精后的稀薄残留物中的酒精糟的可溶物干燥处理的产物，其中包含了玉米中一些可溶性物质，发酵中产生的未知生长因子、糖化物、酵母等。DDGS是优质蛋白质饲料，蛋白质含量达30%左右。在使用时要注意其霉菌毒素的含量和赖氨酸的补充。

（4）啤酒糟　啤酒糟是酿造啤酒时的副产品，粗蛋白含量丰富，高达26%以上，啤酒糟含有一定量的酒精，饲喂时要注意用量，饲喂不当会导致鹅中毒。用啤酒糟喂鹅要注意：一是喂前应将啤酒糟进行高温处理或晾晒，使酒精充分挥发，将啤酒糟晒干或烘干后粉碎，存于干燥处，随喂随取；二是新鲜啤酒糟易发生酸变，可在啤酒糟中加入适量的小苏打以及其他原料，搅拌均匀，以中和啤酒糟中的酸；三是啤酒糟喂鹅要配合其他饲料，切忌单一饲喂，啤酒糟中的能量、粗蛋白含量低，且维生素 A、维生素 D 和钙等营养物质缺乏，因此，必须搭配一定比例的玉米饼（粕）类、糠麸等，同时还要搭配足量的青饲料，补充适量的骨粉；四是喂量要适宜，不可大量喂种鹅，否则会导致种公鹅精子畸形。

（5）其他植物性蛋白质饲料　花生饼（粕）的粗蛋白在44％～48％，蛋白质中精氨酸含量较高。向日葵饼（粕）的粗蛋白含量在30％～35％。亚麻仁饼（粕）粗蛋白在30％以上。玉米胚芽粉（玉米蛋白粉）粗蛋白在40％～60％，但其蛋白质可消化率和氨基酸平衡相对较差。叶蛋白是从青绿饲料和树叶中提取的蛋白质，其粗蛋白在25％～50％，是鹅的良好蛋白质饲料。此外还有芝麻饼、啤酒酵母、味精废水发酵浓缩蛋白等植物性和菌体性蛋白均可作鹅的蛋白质饲料。

### 2.动物性蛋白质饲料

动物性蛋白质饲料的蛋白质含量高，必需氨基酸比例合理，还含有丰富的微量元素和一些维生素，在鹅的日粮中所用比例虽然不多，但使用动物性蛋白质饲料对雏鹅生长发育、种鹅繁殖性能提高有重要作用，其日粮中添加量一般控制在3％～7％。常用的动物性蛋白质饲料有鱼粉（粗蛋白含量在45％～60％）、肉骨粉（粗蛋白40％～75％）、血粉（粗蛋白80％以上）及蚕蛹、蚯蚓、乳清粉、羽毛粉、其他动物下脚料等。动物性蛋白质饲料在鹅日粮中使用比例较少，但对鹅的营养需要平衡具有较大作用。在应用时，除鱼粉外，其他动物性饲料添加应慎重，特别是蚕蛹、动物下脚料等在育肥后期不宜添加，血粉、羽毛粉的蛋白消化利用率低，适口性差。使用时应注意防止蛋白饲料的腐败变质和污染。

### （三）青绿饲料

青绿饲料是指天然水分含量在60％以上的青绿牧草、饲用作物、树叶类及非淀粉质的根茎、瓜果类。主要包括天然牧草、栽培牧草、作物茎叶、水生饲料、青绿树叶、瓜果类、野生青绿饲料等。

青绿饲料是目前养鹅的主要饲料，干物质中蛋白质含量高，品质好；钙含量高，钙、磷比例适宜；粗纤维含量少，消化率高，适口性好；富含胡萝卜素及多种 B 族维生素。其来源广、种类多、成本低廉，可利用时间长，尤其是在南方。如在种植上做到合理搭配，科学轮作，能保证四季常年供应，草原的天然牧草也可作为养鹅的主要来源。

青绿饲料一般含水分较高、干物质量少、有效能值低，因此以喂青绿饲料为主的雏鹅和种鹅或在放牧饲养条件下，对雏鹅、种鹅要注意适当补充精饲料，通常鹅的精饲料与青绿饲料的重量比例为雏鹅 1:1，中鹅 1:2.5，成鹅 1:3.5。青绿饲料要现采现用，不可长时间堆放，以防堆积过久产生亚硝酸盐，鹅食后易发生亚硝酸盐中毒。在使用前应进行适当调制，如清洗、切碎，有利于采食和消化。还应注意避免有毒物质的影响，如氢氰酸、亚硝酸盐、农药中毒以及寄生虫感染等。在使用过程中，应考虑植物不同生长期对养分含量及消化率的影响，适时刈割。由于青绿饲料具有季节性，为了做到常年供应，满足鹅的要求，可有选择地人工栽培一些生物学特性不同的牧草或蔬菜。

还要注意青绿饲料有一定营养局限性，在饲喂时要做到合理搭配和正确使用，避免个别营养成分缺乏。如禾本科和豆科青绿饲料的搭配；水生和瓜果蔬菜类饲料含水量过高，总营养成分少，应适当增加精饲料比例；少数青绿饲料中含有对鹅体影响的成分，应注意饲喂量或作适当的处理。

放牧或采集青绿饲料时应了解青绿饲料的特性，严禁到有毒或刚喷过农药的菜地、草地采集青绿饲料或放牧，以防鹅中毒。一般喷过农药后需经 15 天后方可采集或放牧。含草酸多的青绿饲料如菠菜、甜菜叶等不可多喂。因草酸和日粮中添加的钙结合后形成不溶于水的草酸钙，不能被鹅消化吸收，长时间大量饲喂青绿饲料，雏鹅易患佝偻病、瘫痪及母鹅产薄壳蛋或软壳蛋。

养鹅主要的牧草品种有以下几种。

### 1. 紫花苜蓿

紫花苜蓿（见图 5-1）为世界上栽培最早、分布最广的豆科牧草，有"草中之王""牧草黄金"之称。一般每亩产量 3000 ～ 3500 千克，亚热带温暖地区种植亩产可达 6000 千克以上。营养期干物质粗蛋白含量可在 22% ～ 27%，盛花期为 16% ～ 19%。其还含有丰富的多种维生素和磷、钙等矿物元素，是鹅的一种最佳蛋白类牧草。

图 5-1　紫花苜蓿

紫花苜蓿适合温暖半干旱气候，耐寒和耐旱性强，对土壤要求不严，能在盐碱地上种植，以排水良好、土层深厚、富含钙质的土壤生长最好。栽培技术上因苜蓿种子细小，要求精耕细作，种前进行晒种 1 ～ 2 天或在 60℃温水中浸种 15 分钟，磷钾钙肥或焦泥灰拌种，以增强种子发芽势。有条件的在播前接种根瘤菌或用含有苜蓿根瘤菌的土壤拌种，使其苗期固氮作用提早。每亩播种量 0.75 千克，以条播为好（散播能提高首苜刈割产量，但除草困难），行距 20 ～ 30 厘米，播深 1.5 ～ 2 厘米。播种适期北方为 4 ～ 7 月初，华北地区 3 ～ 9 月，长江流域 9 ～ 10 月，江南地区 3 ～ 5 月和 9 ～ 10 月。值得注意的是江南地区播种紫花苜蓿宜选择秋眠级别较高或无秋眠性的品种。紫花苜蓿可与油菜、荞麦、黑麦草等禾本科作物或牧草混播，能在低温时起到共生作用。紫花苜蓿齐苗、返青和刈割后均应追肥，追肥以磷钾肥为主，适当增施氮肥能明显提高产量。苗期或春季要进行中耕除草（也可用除草剂除草）。土壤湿润紫花苜蓿生长良好，但高温高湿或土壤积水会引起紫花苜蓿烂根死亡。

注意某些紫花苜蓿品种含皂素多，喂量不宜过多，因为过多皂素会抑制雏鹅的生长。也不能以紫花苜蓿作为唯一的青绿饲料。

### 2. 三叶草

三叶草分红三叶、白三叶（见图5-2）、杂三叶等类，均属豆科牧草，蛋白质含量高。其中红三叶产量较高，亩产可

图5-2　白三叶草

达 2500～3500 千克；白三叶具有匍匐性，耐践踏和放牧，作为放牧型牧草较好。三叶草种子细小，其栽培要求和紫花苜蓿相似，与禾本科作物或牧草混播也有共生作用。播种适期北方为春播，南方为秋播较好。每亩播种量 0.3～0.5 千克，播深 1～2 厘米，行距 20～30 厘米。三叶草苗期生长缓慢，尤其是南方地区，极易被杂草覆盖，因此，除草工作十分重要。

此外，还有小冠花、百脉根、柱花草、紫云英、黄花苜蓿、红豆草等豆科牧草根据各地自然条件选择播种。也可利用豆科作物蚕豆、豌豆、大豆等作青刈，也能收到较好效果。

### 3. 黑麦草

黑麦草（见图 5-3 和视频 5-1）是优秀的禾本科牧草品种，其草质脆嫩，适口性好，蛋白质含量高，是养鹅的好饲料。黑麦草有一年生和多年生之分，养鹅刈割一般以一年生为好，其草质和产量均较高。一年生牧草以原产意大利的多花黑麦草为主，此外还有杂交、二倍体、多倍体等黑麦草品种，各品种均有不同的形态、播种特性。黑麦草最适于南方地区秋播，9 月初播种，当年底即可利用，黑麦草的亩产草量为 4000～7000 千克，高的可超过 10000 千克。应用不同品种，能延长黑麦草喂鹅利用期，选种得当和播期合理，黑麦草可从 10 月份开始利用，到翌年 5 月份为止。

视频 5-1 黑麦草

黑麦草种子轻细，栽培上要求土壤精细，播前作浸种或晒种处理后用磷钾肥拌种，以利出苗均匀。每亩播种量 1～1.5 千克，可散播、条播，条播行距 15～30 厘米，播深 1～2 厘米。黑麦草喜肥性强，播前土壤最好能打足基肥，基肥以畜禽腐熟粪便等有机肥为好，要求每亩施 3000～5000 千克。齐苗后应薄施氮肥，促进苗期生长。一般黑麦草刈割后应每亩施尿素 10～20 千克，以利分蘖和生长。

图 5-3 黑麦草

### 4.墨西哥饲用玉米

墨西哥饲用玉米（见图 5-4）又名大刍草，是春播类禾本科牧草，其草质脆，叶宽而无毛，喂鹅适口性较好，适宜作种鹅休产期的青绿饲料，后期收割可用作青贮。每亩产鲜草量可达 7000 ～ 10000 千克。

墨西哥饲用玉米播种期北方在 4 月中旬至 6 月中旬，南方在 3 月中下旬至 6 月中旬，如采用大棚育苗可提前至 3 月初。每亩播种量 0.5 ～ 0.7 千克，可采用穴播或条播，穴播穴距为 20 ～ 30 厘米，条播行距 30 ～ 40 厘米，播深 2 厘米。种子播前在 40℃温水浸种 12 小时。大棚育苗则在苗高 15 厘米，有 3 片真叶时移栽。播前应打足基肥，一般需每亩施有机肥 2000 千克，保证畦面平整。播后要求土壤湿润，以利出苗。墨西哥饲用玉米苗期长势较弱，要注意中耕除草，并在苗高 40 ～ 60 厘米时作适当培土，防止以后倒伏。喂鹅刈割株高以 60 ～ 100 厘米为宜，割后每亩施氮肥 5 ～ 10 千克。墨西哥饲用玉米一般隔 20 ～ 30 天即可收割 1 次，南方能利用到 10 月中旬，北方可到霜前。墨西哥饲用玉米北方不宜留种，南方可收割

1～2茬后留种，每亩种子产量在50千克左右。

图 5-4　墨西哥饲用玉米

此外，还有饲用高粱、杂交狼尾草、羊草、苏丹草、皇竹草等优质禾本科牧草品种。尤其是饲用高粱，产草量高，亩产达9000～11000千克。利用期长，南方可利用至11月初。饲用高粱叶片虽有毛，但质地嫩，茎叶中含有甜味，适口性好，是喂鹅的好饲料。我国具有大量的禾本科牧草品种，各地可根据自身条件选择良种播种。禾本科牧草由于产量高，易栽培，全年均有不同种植品种，是养鹅的主要青绿饲料来源。

### 5.籽粒苋

籽粒苋（见图5-5）又称猪苋菜、苋菜、千穗谷、天星苋，品种较多，其种子有黑、白二种，叶有绿、红二种，其中以国外引进的R104等品种产量最高、草质最优。籽粒苋的特点是蛋白质含量高，产草量高，一般鲜草中粗蛋白含量可达2%～4%，每季亩产3000～7000千克，可和禾本科牧草混合饲喂。

籽粒苋要求土质疏松、肥沃，播前应打足基肥，每亩施有机肥 1500～2000 千克。因种子细小，播时土壤要精细。一般北方地区 5 月上中旬播种，南方 3 月底播种，每亩播种量 0.15～0.2 千克，可条播和育苗移栽，条播行距 40～60 厘米，育苗间距 30～40 厘米。播后覆土适当填压，以利保持土壤墒情，保证种子及时萌发。苗期生长缓慢，要进行中耕除草，苗高至 20～30 厘米后，生长加快。从苗期到株高 80 厘米时可间苗收获，直至留单株。至 80～100 厘米可刈割，留茬 30 厘米左右，一般间隔 30～45 天收割 1 次，割后施速效氮肥 1 次。

图 5-5　籽粒苋

### 6. 苦荬菜

苦荬菜（见图 5-6）又称鹅菜、苦麻菜、山窝苣、凉麻菜，能适应各种土壤种植，喜温暖湿润气候，耐寒抗热。尤其是其植株鲜嫩多汁，喂鹅适口性很好，是育雏的最佳青绿饲料。苦荬菜分割和剥两类，每亩产量能达 5000～7000 千克，高的达到 10000 千克。

苦荬菜北方地区 4 月上中旬春播，南方地区 2 月底至 3 月春播，也可在 9 月上旬秋播。苦荬菜幼苗子叶出土力弱，播前土壤要整细，同时，需肥量大，要求每亩施有机肥基肥2500～5000千克。每亩播种量0.5千克，如移栽的则0.1～0.15千克。播种方法可条播或穴播，条播行距20～30厘米，穴播株距20厘米，播深1～2厘米。育苗移栽在幼苗5～6片真叶时进行。割型苦荬菜长至40～50厘米时刈割，留茬高度15～20厘米，割后应追施速效氮肥。剥型可在下部叶片宽度为2.5～3厘米时进行，剥后留下顶部4～5片叶。

图5-6 苦荬菜

### 7. 串叶松香草

串叶松香草（见图5-7）是多年生牧草，耐寒耐热性强，根茎北方可过冬。其特点是蛋白质含量高，但含有特殊松香气味，单一饲喂适口性较差，如与禾本科牧草搭配，则具有较高的饲用价值。串叶松香草每亩产量2000～6000千克，种后能利用10～12年。

串叶松香草可3月上旬春播或9月上旬秋播，播种量每亩0.3千克。可条播或穴播，行株距春播80～60厘米，秋播50～40厘米，播深2～3厘米。串叶松香草喜肥沃、湿润土壤，且多年生，播前应打足基肥，一般每亩施有机肥3000～5000千克。一般株高50～60厘米刈割，割后薄施氮肥，以利芽基萌发，其利用期在4～10月。

图 5-7　串叶松香草

### 8. 其他叶菜类

叶菜类牧草和蔬菜品种繁多，对鹅的适口性最好，但含水量过高，每亩干物质产量低，可小面积分季节播种，作为育雏用青绿饲料或搭配其他青绿饲料。饲用其他常用的养鹅叶菜类有甘蓝（包心菜）、萝卜叶、菊苣（见图5-8）、饲用甜菜（见图5-9）、饲用油菜、胡萝卜、牛皮菜、聚合草等，各地可因地制宜自行选择。

此外，有条件的可利用江河湖塘放养绿萍、水葫芦、水浮莲等水生青绿饲料，也是养鹅的好饲料。但因其含水量过高，需进行加工调制或搭配其他青绿饲料，同时注意驱虫。

### （四）粗饲料

粗饲料是指饲料干物质中粗纤维含量大于或等于18%，以风干物为饲喂形式的饲料，如干草类、农作物秸秆等。

 菊苣 　　图5-9 饲用甜菜

粗饲料来源广泛，成本低廉，但粗纤维含量高，不容易消化，蛋白质、维生素含量低，营养价值低。但是，其中的优质干草经粉碎以后，例如苜蓿干草粉，是较好的饲料，是鹅冬季粗蛋白、维生素以及钙的重要来源。粗纤维是难于消化的部分，因此，其含量要适当控制，一般不宜超过10%。干草粉在日粮中的添加比例，通常为20%左右，这样既能降低饲料成本，又不影响鹅对其他养分的消化吸收。粗饲料粉碎后饲喂，要注意与其他饲料搭配。粗饲料也要防止腐烂发霉和混入杂质。

## （五）青贮饲料

青贮饲料是指以天然新鲜青绿植物性饲料为原料，在厌氧条件下，经过以乳酸菌为主的微生物发酵后调制成的饲料。它具有青绿多汁的特点，包括水分含量在45%～55%的低水分青贮（或半干青贮）饲料，最常用的如玉米秸秆青贮。

青贮是调制和保存青绿饲料的有效方法，青贮饲料在养牛、养鹅上都取得了非常好的效果，在养鹅生产中也被证实非常可行。用青贮饲料养鹅的有以下几个优点。

一是青贮饲料保存了青饲料的营养成分，对鹅群的健康有利。一般青绿植物在成熟晒干后，营养价值降低 30%～50%，但青贮后仅降低 3%～10%。青贮能有效保存青绿植物中的蛋白质和维生素（胡萝卜素）。

二是青贮饲料适口性好，消化率高。青贮饲料能保持原料青绿时的鲜嫩汁液，且具有芳香的酸味，适口性好，经过一段时间适应后，鹅喜欢采食。

三是青贮饲料能在任何季节为鹅群利用，尤其是在青粗料缺乏的冬季、早春季节，可以使鹅群保持高水平的营养状况和生产水平。

## （六）矿物质饲料

矿物质饲料是指以可供饲用的天然矿物质、化工合成无机盐类和有机配位体与金属离子的螯合物。鹅的生长发育和机体新陈代谢需要钙、磷、钾、钠、硫、铜、硒、碘等多种矿物元素。它们在常规饲料中的含量还不能满足鹅的需要，因此，要在日粮中添加矿物质饲料。

### 1. 钙磷添加剂

常用的有磷酸氢钙、贝壳粉、石粉、骨粉、蛋壳粉等，用于补充饲料中的钙磷不足。磷酸氢钙和骨粉均是常用的补充磷的饲料，但磷酸氢钙要注意必须使用经过脱氟处理的。骨粉主要补充磷，其次是钙，一般在日粮中占 1.5%～2.5%。石粉价格便宜，但要注意其中镁、铅及砷的含量不能太高。贝壳粉和蛋壳粉主要补充产蛋母鹅形成蛋壳所需要的钙，日粮中应占 3.4%。也可把贝壳、蛋壳等碎粒放在饲槽中，任产蛋母鹅自由采食。

### 2. 食盐

食盐即氯化钠，用以补充饲料中的氯和钠，使用时含量为 0.3%～0.5%，在生产肥肝时，则应占 1%～1.5%。饲料中若有鱼粉,应将鱼粉中的盐计算在内,过量使用可引起鹅食盐中毒。

### 3.沙砾

沙砾不起营养补充作用,鹅采食沙砾是为了增强肌胃对食物的碾磨消化能力,舍养长期不添加沙砾会严重影响鹅的消化功能。添加量一般在 0.5%~1%,或在运动场上撒些沙砾,任鹅自由采食,沙砾颗粒以绿豆大小为宜。

### 4.微量元素添加剂

根据鹅日粮对不同矿物元素的需求,有针对性地添加微量元素添加剂,以达到日粮营养成分,满足鹅的需要的目的。这类添加剂种类很多,如硫酸铜、硫酸亚铁、亚硒酸钠、碘化钾和有机性螯合类矿物元素添加剂。

## 五、饲料的加工与配制

### (一)饲料的加工

鹅饲料经过加工调制后,可以改善饲料适口性,增强食欲,提高饲料的消化吸收率,有利于降低饲养成本,提高养鹅效益。同时,加工还能调节饲草供应的淡旺季,提高青绿饲料的供应保障能力,做到青绿饲料的全年均衡供应。

### 1.粉碎

谷实类如稻谷、小麦、蚕豆、玉米等饲料,由于有坚硬的外壳和表皮,不易被消化吸收,对消化功能差的雏鹅更是如此。因此,必须经过粉碎或磨细后才能饲喂,但不宜粉碎太细,否则不利于采食和吞咽,一般以碎成小颗粒为宜。

对于冬季没有鲜青绿饲料供应的地区以及旺季过剩的牧草,可进行粉碎加工调整。不管何种经济合理的轮作栽培模式,都不同程度存在青绿饲料供应淡旺季问题，可把旺季多余饲草经加工调制，留作淡季供应。如将夏秋季节的牧草进行自然晒干或机械烘干，制成干草后粉碎作草粉或制成草颗粒喂鹅。

### 2. 切碎

新鲜青绿饲料含维生素较多，蒸煮时易受破坏，应洗净切碎饲喂。青绿饲料切成丝或条状，随切随喂，不宜久放，以免变质。应根据青绿饲料种类不同，鹅的日龄不同，进行合理加工后喂鹅。对植株较高的、叶片过宽的或茎过硬的青绿饲料，要用青绿饲料切碎机切碎，切碎长度为雏鹅一般在 0.5 ～ 1.5 厘米，育成鹅和种鹅在 1.5 ～ 2.5 厘米。切碎后的青绿饲料可拌精饲料、粗饲料一起饲喂。切忌将青绿饲料打浆，因为打浆单喂影响饲料适口性。饲喂青绿饲料时要注意营养均衡，做到精饲料和青绿饲料以及青绿饲料各品种之间的合理搭配。

### 3. 浸泡

较坚硬的谷实类如玉米、小麦和大米等，经浸泡变软后，鹅更喜食，也易消化。特别是雏鹅开食用的碎米，必须浸泡 1 小时后方可投喂，以利消化，但浸泡时间不宜过长，否则会导致饲料变质。糠麸类饲料要拌湿后饲喂，以防飞扬，减少浪费，并改善适口性，增加鹅的采食量。

还可以在浸泡后直接发芽，如用小麦育芽养鹅，可降低鹅的料肉比，缩短饲养周期 5 ～ 10 天。据试验，每千克小麦经育芽处理，可得 6 ～ 8 千克麦芽。养 1 只 3 ～ 4 千克的商品鹅仅需要 4 ～ 5 千克小麦、1 千克豆饼、5 千克麦麸及少量鱼粉、骨粉等。

育芽的具体方法是：取 30 千克小麦，置于 30℃左右的温水中浸泡 8 小时，捞出沥干，放入温度在 20℃左右、空气湿度适宜的环境中催芽 6 ～ 7 天，待麦芽长到 6 厘米时取出，拌入 8% 的菜籽饼或 5% 的豆饼、25% 的麦麸或 25% 的米糠、3% ～ 5% 的鱼粉、2% 的骨粉、0.5% 的食盐（必须注意鱼粉的含盐量）、1% 的中粗沙及适量微量元素。开食前可先喂些糖水，以增强食欲，促进胎粪排出。雏鹅3日龄内每天喂4～5次，每次喂七八成饱。5日龄后可逐渐增加饲喂次数，但每次仍只喂七八成饱，使雏鹅始终保持旺盛的食欲。

### 4. 蒸煮

谷实、块根及瓜类饲料，如玉米、小麦、红薯、胡萝卜等，蒸煮后喂可大大提高适口性和消化率。

### 5. 青贮

青贮处理是目前应用较多的饲料加工技术，通过青贮，不但可以延长青绿饲料的保存期，达到常年均衡供应的目的，还能减少青绿饲料的养分损失，改善适口性，提高消化率。青贮料调制就是将刈割的青绿饲料作适当处理（如切短），水分过高的掺入麸皮、糠等干饲料，放在青贮池内压实让乳酸菌发酵，形成厌氧酸性环境，达到青贮饲料的长期保存的目的。保存的青贮料可在青绿饲料淡季时代替部分青绿饲料，掺入干饲料或精饲料中饲喂。

## （二）合理配制鹅饲料

### 1. 选择合理的饲养标准

各种饲养标准都有一定的代表性，但又有一定的局限性，只是相对合理的标准。因此，在参考应用某一标准时，必须注意观察实际饲养效果，按鹅的经济类型、品种、年龄、生长发育阶段、体重、产蛋率及季节等因素，同时结合养鹅的生产水平、饲养经验等具体条件进行适当地调整。

### 2. 选用饲料要经济合理

在能满足鹅营养需要的前提下，应当尽量降低饲料费用，为此，应当充分利用本地的饲料资源。日粮的主要原料必须丰富，要充分发挥当地优势，同时应考虑经济的原则，尽量选用营养丰富而价格低廉的饲料进行配合。

### 3. 配合日粮应考虑不同种类鹅的消化生理特点

鹅比其他家禽耐粗饲，日粮中可适当选用一些粗纤维含量高的饲料。

### 4. 应当注意饲料的适口性

应当尽可能选用适口性好的饲料，对营养价值较高但适口性很差的饲料，必须限制其用量，以使整个日粮具有良好的适口性。

### 5. 干物质的量要适当

日粮除满足各种养分的需要外，还应注意干物质的给予量，即日粮要有一定的容积，应使鹅既能吃得下，吃得饱，又能满足营养需要。

### 6. 日粮要求饲料多样化

有的家庭饲养少量鹅时，所用饲料还是以青菜、米饭为主，致使鹅的生长发育缓慢；而在农村，仍广泛采用舍养结合放牧的方法，在鹅舍附近放牧养鹅，以利用天然饲料、水稻田的遗谷、鱼塘中的水生生物等为主，有时会造成营养不足；有的养鹅饲料品种极不稳定，有啥吃啥的现象还相当普遍。以上做法使肉鹅生长不一致，种鹅繁殖率低，饲养期长，效益低，是规模化养鹅的大忌。因此，要尽可能多选用几种饲料，以求发挥多种饲料营养成分的互补作用，提高饲料的营养价值和利用率。

### 7. 选用的原料质量要好

饲料原料要求无发霉变质现象，没有受到农药污染。禁止使用霉变饲料等。

### 8. 控制某些饲料原料的用量

如豆科干草粉富含蛋白质，在日粮中用量可为15%～30%，羽毛粉、血粉等的消化率低，添加量应在5%以下。

### 9. 饲料原料要经过加工后使用

常用的加工方法有粉碎、切碎、浸泡和蒸煮。粉碎适用于谷粒和籽实，如稻谷、小麦、蚕豆、玉米等饲料，由于有坚硬的外壳和种皮，不易消化吸收，必须经过粉碎或磨细后才能饲喂。但不宜太细，太细不易采食和吞咽，一般宜粉碎成小颗粒。切碎适用于新鲜青绿饲料如青菜、牛皮菜等。块根和瓜果类饲料如胡萝卜、南瓜等，含维生素较多，应洗净切碎饲喂。青绿饲料要切成丝条状，随切随喂，不宜久放，以免变质。浸泡适用于较坚硬的谷粒和籽实，如玉米、小麦和大米等，经浸泡变软后，鹅更喜食，也易消化。特别是雏鹅开食用的碎米，必须浸泡1小时后方可投喂，但浸泡时间不宜过长，以免引起变质。糠麸类饲料要拌湿后饲喂，以提高适口性，增加采食量，减少浪费。蒸煮适用于谷粒、籽实、块根及瓜类饲料，如玉米、小麦、大麦、胡萝卜、南瓜等，蒸煮后饲喂，可提高适口性和消化率，但会破坏一定的营养成分。

### 10. 选择合理的饲料混合形式

粉料混合时，将各种原料加工成干粉后搅拌均匀，压成颗粒投喂，这种形式既省工省事，又防止鹅挑食；粉粒料混合时，即日粮中的谷实部分仍为粒状，混合在一起，每天投喂数次，含有动物性蛋白质、钙粉、食盐、添加剂等的混合粉料另外补饲；精粗料混合时，将精饲料加工成粉状，与剁碎的青草、青菜或多汁根茎类等混匀投喂，钙粉和添加剂一般混于粉料中，沙砾可用另一容器盛置。注意用后两种混合形式的饲料喂鹅时，易造成某些养分摄入过多或不足。

### 11. 鹅饲料配制时各类饲料原料的用量

各类饲料原料的大致用量为：谷实类饲料原料2～3种，占40%～60%，主要提供能量；糠麸类饲料原料1～2种，占10%～30%，主要是提供能量和B族维生素，增加日粮的体积；饼粕类饲料原料1～3种，占10%～25%，主要提供蛋白质；动物性饲料原料1～2种，占3%～10%，主要补充蛋白质及必需氨基酸；矿物质饲料原料1～3种，占2%～3%，主要补充钙和磷；在没有青绿饲料时用干草粉3%～5%，以增加饲料中的纤维素，补充维生素；添加剂占0.25%～1%，以补充微量元素和某些维生素；食盐占0.3%～0.5%；沙砾酌情添加，并视具体需要使用一些赖氨酸、甲硫氨酸等添加剂。

## （三）参考饲料配方

### 1. 肉用仔鹅育肥期填饲饲料配方

玉米50%～55%、米糠20%～25%、豆饼5%～7%、麸皮10%～15%、鱼粉2%～3%、食盐0.5%、细沙0.3%、多维素0.1%。

### 2. 肉鹅8周龄前精饲料配方

玉米62%、豆饼22.1%、糠麸10%、鱼粉3%、贝壳粉或石粉1.5%、骨粉1%、食盐0.4%、复合维生素或微量元素添加剂按照使用说明另外添加。

### 3. 肉鹅8周龄后精饲料配方

玉米52.6%、豆饼18%、糠麸15%、碎米或次粉10%、鱼粉1%、贝壳粉或石粉1%、骨粉1%、食盐0.4%、复合维生素或微量元素添加剂按照使用说明另外添加。

### 4. 后备种鹅饲料（从选出到150日龄内）配方

玉米65.8%、豆粕5%、菜籽粕15%、鱼粉3%、麸皮7%、预混料1%、贝壳粉3%、盐0.2%。

### 5. 鹅产卵高峰期饲料配方

玉米44%、稻糠25%、麸皮4.5%、豆饼12%、菜籽饼5%、棉仁饼3%、骨粉1%、贝壳粉5%、食盐0.2%、甲硫氨酸0.1%、复合维生素1%、微量元素0.2%。

## 6. 雏鹅精饲料配方

① 玉米 45%、稻谷 10%、米糠 5%、豆粕 26%、花生粕 10%、磷酸氢钙 1.5%、石粉 1.1%、食盐 0.4%、多维矿物添加剂 1%。

② 玉米 60%、豆粕 26%、花生粕 10%、磷酸氢钙 1.5%、石粉 1.1%、食盐 0.4%、多维矿物添加剂 1%。

## 7. 生长期鹅精饲料配方

① 玉米 55%、麦麸 15.5%、米糠 8%、豆粕 10%、花生粕 8%、磷酸氢钙 1%、石粉 1.1%、食盐 0.4%、多维矿物添加剂 1%。

② 玉米 50%、麦麸 26.5%、豆粕 10%、花生粕 10%、磷酸氢钙 1%、石粉 1.1%、食盐 0.4%、多维矿物添加剂 1%。

## 8. 育肥期鹅精饲料配方

玉米 40%、稻谷 15%、麦麸 15%、米糠 9%、豆粕 17.3%、磷酸氢钙 1.3%、石粉 1%、食盐 0.4%、多维矿物添加剂 1%。

## 9. 产蛋期母鹅精饲料配方

① 玉米 56.3%、麦麸 5%、优质干草粉 5%、豆粕 24%、磷酸氢钙 1.3%、石粉 7%、食盐 0.4%、多维矿物添加剂 1%。

② 玉米 58%、麦麸 8%、豆粕 24.3%、磷酸氢钙 1.3%、石粉 7%、食盐 0.4%、多维矿物添加剂 1%。

③玉米 55.3%、麦麸 5%、米糠 5%、豆粕 17%、花生粕 8%、磷酸氢钙 1.3%、石粉 7%、食盐 0.4%、多维矿物添加剂 1%。

④ 玉米 55%、白酒糟 14%、豆粕 21.3%、磷酸氢钙 1.3%、石粉 7%、食盐 0.4%、多维矿物添加剂 1%。

第六章

## 鹅的饲养管理

鹅的饲养用途主要有种用、蛋用和肉用等。饲养用途不同，饲养管理方法也有区别，在饲养管理阶段的划分上也不同。种用鹅可划分为育雏期（0～4周龄）、育成期（5～30周龄）、产蛋期、休产期等四个饲养管理阶段。肉用仔鹅可划分为育雏期（0～28日龄）和生长育肥期（29日龄至上市）两个阶段，也可以划分为育雏期（0～21日龄）、生长期（22～42日龄）和育肥期（43日龄～屠宰）三个阶段。

## 一、肉用仔鹅的饲养管理要点

肉用仔鹅是指利用杂交配套系生产的，从出壳到8～10周龄育肥上市的商品仔鹅或4周龄时由后备种鹅选择淘汰的雏鹅经育肥上市的商品仔鹅。

### （一）育雏期的饲养管理

育雏期是指0～4周龄的雏鹅，雏鹅生长发育快，新陈代谢旺盛；消化道容积小，消化吸收能力弱；调节能力差，易扎堆；个体小，抗病力差。公母雏生长速度不同。雏鹅的培育是整个饲养管理的基础。此阶段的饲养管理重点是做好温度、密度、饮水、环境等管理，提高雏鹅的成活率和增重。

### 1. 育雏方式

肉用仔鹅育雏宜采用育雏舍育雏，有网上平养育雏、地面垫料平养育雏、半网半平面育雏三种方法，其中网上平养育雏优点较多。网上平养育雏，使雏鹅与粪便彻底隔离，减少疾病的发生。网上平养的高度以距地面 60 ～ 70 厘米为宜，便于喂料、饮水及粪便清扫（见图 6-1 和见视频 6-1）。地面垫料平养可选用锯屑、稻壳、稻草、麦秸等作垫料，要求育雏室保温性能好，垫料柔软、吸水性好、不易霉变（见图 6-2 和见视频 6-2）。半网半平面育雏是网上育雏与地面育雏相结合，雏鹅在网上饲养至 7 ～ 10 日龄时，转入地面垫料育雏。

视频 6-1 网床育雏鹅

视频 6-2 地面育雏

图 6-1　网上平养育雏

图 6-2　地面平养育雏

## 2. 实行"全进全出制"

"全进全出制"是指一个养鹅场只养一批同日龄（或日龄相差不超过 1 周）的鹅，场（舍）内的鹅同一日期进场，饲养期满后，全群一起出场（舍）。空场（舍）后进行场内房舍、设备、用具等彻底清扫、冲洗、消毒，空闲 2 周以上，然后再进下一批鹅。采取这种制度的养鹅场在鹅群转出场后，能对全场（舍）彻底进行消毒，最大限度地把场（舍）内的各种病原体消灭掉，能有效防止各种传染病的循环感染，也使免疫接种的鹅获得较为一致的免疫力，因而也无疫病传染源。同时，由于场内只有同日龄的鹅，因而采取的技术方案单一，管理相对简便。

## 3. 育雏舍准备

进雏鹅前一周，应对舍内网床、照明、通风和保温设施进行彻底检查和维修。并对育雏舍进行彻底清扫和消毒，用高压水枪冲洗育雏舍地面、网床、墙壁，通风晾干铺上垫料后用甲醛和高锰酸钾熏蒸消毒。进雏前 2 ~ 3 天将舍温升温至 25℃，同时还要按育雏数量备足优质青绿饲料、精饲料、药品和疫苗等必需品。

## 4. 选择健壮的雏鹅

健壮的雏鹅是保证育雏成活率的前提条件，而对于弱雏、病雏要及时淘汰。健康的雏鹅绒毛粗长，有光泽；卵黄吸收好，脐部收缩完全，脐部周围没有水肿和炎症；手握雏鹅，挣扎有力，腹部柔软有弹性，叫声大，行动活泼，两眼有神；体重符合品种要求。

## 5. 温度控制

适宜的育雏温度是：1 ~ 5 日龄为 27 ~ 28℃，6 ~ 10 日龄为 25 ~ 26℃，11 ~ 15 日龄为 22 ~ 24℃，16 ~ 20 日龄为 20 ~ 22℃，20 日龄以后为 18℃。

雏鹅体积小，绒毛稀薄，自身调节体温的能力较差，在26℃以下的低温环境中易拥挤扎堆，挤压导致窒息而死亡。若鹅舍温度超过32℃，雏鹅则出现精神不振，采食量减少，饮水量增加，体温升高，体热散发受阻，从而影响生长发育，诱发疾病，长期高温还可引起雏鹅大批死亡。因此，育雏期要防止温度、湿度过高或过低，应根据外界环境温度进行调节。按照小群略高、大群略低，弱雏略高、强雏略低，夜间略高、白天略低的原则。

实行放牧养鹅的，应随季节和环境气温变化调温，实行脱温锻炼。在冬季、早春气温较低时，7～10日龄后逐渐降低育雏温度，至10～14日龄可达到完全脱温（见图6-3），具体的脱温时间视天气的变化略有差异。

图6-3 室外脱温锻炼

## 6. 湿度控制

鹅的适宜育雏湿度为：1～12天，相对湿度60%～65%。13天以上，相对湿度65%～70%。

鹅虽属于水禽，但干燥的舍内环境对雏鹅的生长发育和疾病预防至关重要。实践证明，当环境湿度超过80%，同时伴随温度不适时，雏鹅即出现精神不振、食欲减退、扎堆、呼吸困难、腹泻、绒毛松乱等症状，突出表现是啄羽，严重时雏鹅整个头颈和背部的绒毛全部被啄光，造成雏鹅发育不良，生产力、抗病力下降，发病率增高。因此，特别是采用地面垫料育雏时，一定要避免饮水外溢，防止垫料潮湿、发霉，并及时更换潮湿的垫料，保持垫料的干爽。

### 7. 通风换气

雏鹅新陈代谢旺盛，呼吸时排出大量的二氧化碳气体，粪便、垫料发酵还会产生大量的氨气和硫化氢气体。而雏鹅对舍内的二氧化碳、氨气、硫化氢等有害气体十分敏感。当环境中二氧化碳、氨气、硫化氢的含量超标时，雏鹅就会出现精神沉郁、呼吸加快、口腔黏液增多、眼睑水肿、流泪、流鼻涕等症状，进而食欲废绝、运动失调，最后仰头、抽搐、瘫痪而死。因此，必须及时对鹅舍进行通风换气。一般夏秋季节打开门窗即可，冬春季节，在通风前先使舍温升高 2 ~ 3℃，然后逐渐打开门窗或换气扇，避免冷空气直接吹到鹅体。通风时间多安排在中午前后，避开早晚时间。

### 8. 光照控制

育雏期间，一般要保持较长的光照时间，有利于雏鹅熟悉环境，增加运动，便于雏鹅采食、饮水，满足其营养需要。适宜的光照时间：1 ~ 3 日龄为 24 小时，4 ~ 15 日龄为 18 小时，16 日龄后逐渐减为自然光照，但晚上需开灯加喂饲料。光照强度：1 ~ 7 日龄为每 15 平方米用 1 个 40 瓦灯泡，8 ~ 14 日龄为每 15 平方米用 1 个 25 瓦灯泡。灯泡距鹅背部 2 米左右。

### 9. 饲养密度控制

一般雏鹅地面饲养时的密度：1 ~ 2 周龄为 20 ~ 25 只每

平方米，3 周龄为 15 只每平方米，4 周龄为 12 只每平方米。随着日龄的增加，密度逐渐降低。可利用围网分割成若干个小单元。

### 10. 分群饲养

分群是保证雏鹅健康生长、提高育雏成活率和均匀度的重要措施。分群的原则是按个体大小、体质强弱进行组群。

雏鹅进舍时，应根据出壳时间、强弱、大小进行组群，分开饲养以免弱雏因吃食、饮水、活动迟钝而被挤死、压死、饿死。对弱小鹅要隔离，单独饲养，并采取针对性措施，如添加葡萄糖、钙片等以促进生长、提高成活率。

在 10 日龄时进行分群，每群数量为 150 ～ 180 只。在 20 日龄时进行分群，每群数量为 80 ～ 100 只。

根据国外经验，公、母雏鹅分开饲养，60 日龄的成活率要比公母雏鹅混养高 1.8%，每千克增重少耗料 260 克，每只鹅活重多 251 克。根据公母雏鹅生长速度不同的特点，在条件允许的情况下，育雏时尽可能做到公母雏鹅分群饲养，以便获得更高的经济效益。

### 11. "潮口"与开食

雏鹅开食前要先饮水，第一次下水运动与饮水俗称为"潮口"。雏鹅出壳后 24 小时左右，即可"潮口"。饮水可使用小型饮水器、水盆或水盘等，但不宜过大，水深不超过 1 厘米，以雏鹅绒毛不湿为宜。饮水时应将 30℃左右温开水倒入饮水器中，均匀地摆放在雏鹅群中间，让雏鹅自由饮用，对个别不饮水的雏鹅，将喙浸入水中，让其饮水，反复几次即可。在饮水中可加入 0.02% 高锰酸钾，起到消毒饮水、预防肠道疾病的作用，一般用 2 ～ 3 天即可。对于长途运输的雏鹅，为了使其迅速恢复体力、提高成活率，可以在饮水中加 5% 葡萄糖和维生素 C，并按比例加入速溶多维电解质。

雏鹅开食时间一般在出壳后 12 ～ 24 小时。开食料最好使用雏鹅全价颗粒饲料，也可自配饲料，自己配制饲料一般用黏性较小的籼米，把米煮成半熟，用清水淋过，使饭粒松散，吃时不黏嘴，最好掺一些切成细丝状的青菜叶，如菠菜叶、白菜叶、油菜叶等。开食时不要用料槽或料盘，直接将料撒在干净的塑料布上，便于全群同时采食。第一次喂食，雏鹅吃到半饱即可。

### 12. 适时放牧

视频 6-3 鹅群放牧训练

放牧能使雏鹅提早适应外界环境，促进新陈代谢，增强抗病力，提高经济效益。有放牧条件的家庭农场，对经过脱温锻炼的雏鹅进行放牧（见图 6-4、图 6-5 和见视频 6-3）。北方放牧的开始在向阳地方放牧。放牧时间应选在气温不低于 15℃、无风晴天的中午，把鹅赶到鹅舍附近的草地上进行放牧，牧地由近到远。放牧时间为 20 ～ 30 分钟，以后逐渐延长，每天上午、下午各 1 次，中午赶回舍中休息。20 ～ 30 日龄后可整天放牧。

图 6-4　放牧饲养

图 6-5　玉米地放牧

放牧时鹅群不宜过大。有条件的地方必须每天轮流转移放牧地。放牧时要清晨放得早晚上收得迟，尽量延长放牧时间，减少鹅群往返住宿，尽可能就地过夜以减少体力消耗。仔鹅对外界环境比较敏感容易受惊吓，应防止其他兽类的侵害。炎热夏季放牧时除考虑水、草外，应注意避免烈日曝晒和暴雨的袭击，每次放牧回鹅棚前应清点鹅数，及时追寻走失的鹅只。

### 13. 抓好放水

第一次将小鹅放到水里活动叫"放水"（见图 6-6 和见视频 6-4）。放水能增强体质，提高抵抗力和适应性，促进食欲，培养喜水习性。放水时间应依气候和温度而定，一般清明节后才放水，夏天出壳 3 天后即可放水，水温以 25℃为宜，放水时先把雏鹅放在竹篮中然后把竹篮放入水

视频 6-4 雏鹅放水

中，水深以浸湿脚为宜不能超过踝关节，让鹅自由活动和饮水。首次放水时间控制在 3～5 分钟即可。以后随着日龄的增加而增加放水的时间。

图 6-6　雏鹅放水

每天要让鹅食饱后才放水。每次放水时间约 0.5 小时即可，上岸休息 1 小时后，如果鹅群躁动起来可再继续放水。人们早有谚语"养鹅无巧，清水青草"，就是要让鹅吃吃饮饮，特别是遇到炎热天气更是如此。

### 14. 做好疫病的预防

雏鹅实行全进全出饲养制度，不能与其他批次和不同日龄的鹅、其他家禽和外来人员接触。保持舍内清洁、温暖和干燥。经常打扫场地和更换垫料，饲槽和饮水器要每天清洗，鹅舍（包括运动场）要定期进行消毒。育雏舍门口设消毒间和消毒池，定期用百毒杀、新洁尔灭等对雏鹅、鹅舍及用具进行喷雾消毒。

发现残、瘫、患病、瘦弱、食欲不振及行动迟缓者，应及早隔离治疗或淘汰。

为了预防雏鹅腹泻，可在饲料中拌入土霉素片（每片 50 万国际单位），每片拌料 500 克；若发现少数雏鹅腹泻，可使用硫酸庆大霉素片剂或针剂口服，1 万～ 2 万国际单位 / 只，每天 2 次；雏鹅感冒时可用青霉素 3 万～ 5 万国际单位肌注，每天 2 次，连用 2 ～ 3 天，同时口服磺胺嘧啶，首次 1/2 片（0.25 克）/ 只，以后每隔 8 小时服 1/4 片 / 只，连用 2 ～ 4 天。也可以在料中加入适量的板蓝根、大青叶、黄芪、红花、党参等中药制剂，以提高雏鹅的免疫力。

视频 6-5 鹅雏注射疫苗

接种疫苗（见视频 6-5）。1 日龄皮下注射 10 倍稀释的小鹅瘟疫苗 0.2 毫升，也可对刚出壳的雏鹅注射抗小鹅瘟高免血清 0.5 毫升或高免卵黄 1 毫升。饮水中补充多种维生素，尤其要补充维生素 C 和维生素 E，连用 3 天，有条件可补充一些利尿剂。15 ～ 18 日龄肌注小鹅瘟疫苗。20 日龄后料中要加入克球净 - 地克珠利预混剂、球虫净等抗球虫药预防球虫病。平时在气温变化较大时，要在饮水中加入清热解毒剂等药物用于防治呼吸道疾病。使用药物时要注意药物的剂量和疗程。

## （二）生长育肥期饲养管理

生长育肥期一般指育雏结束至出栏上市这一期间，即29日龄至70日龄或90日龄。

### 1. 饲养方式

仔鹅生长期可以采取舍饲、圈养、放牧等方式。舍饲适合于规模化批量生产，但设备、饲料、人工等费用相对较高，饲养管理水平要求也相对较高。圈养即在4周龄后将生长期的鹅放在有棚舍的围栏内露天饲养。围栏内设有水池及运动场。这种饲养方式也适合规模化批量生产，投资比舍饲少，饲养管理水平要求也没有舍饲高。放牧补饲是传统的肉用仔鹅饲养方式，投资少，成本低，管理简单，可充分利用天然草地放牧，但饲养规模会受到放牧场地、饲草资源、季节等条件限制。

进入育肥期的肉用仔鹅，育肥期通常为15～20天。主要采用舍饲育肥和圈养育肥方式，也可采用放牧育肥。采用什么方式、方法育肥，要根据饲料、牧草、鹅的品种、季节和市场价格来确定。

舍饲育肥是在没有放牧条件的情况下常采用的方法。育肥舍可建造成既有水面又有运动场所的鹅舍，利用自然温度，夏季通风良好，鹅舍清洁凉爽适宜（见图6-7、图6-8）。适当限制鹅的活动。圈养育肥常用竹片（竹围）或高粱秆围成小栏，每栏养鹅1～3只，栏的大小不超过鹅的2倍，高为60厘米，鹅可在栏内站立，但不能昂头鸣叫，经常鸣叫不利育肥。饲槽和饮水器放在栏外，鹅可以伸出头来吃料、饮水。

放牧育肥是我国广大农村最广泛使用的一种最经济的育肥方法，但必须准确掌握当地农作物收获的季节，预先育雏。在南方，主要靠收割后的早稻田、晚稻田放牧（见图6-9、图6-10），经过10多天的稻田放牧，鹅的体重能够增长0.75～1千克，到茬地放牧结束仔鹅已有相当肥度，应抓紧时机立即出售。或者在茬地放牧结束后进入舍饲，再延长 10 天左右的育肥期，通过喂给精料进一步育肥仔鹅。

图 6-7　舍饲鹅

图 6-8　圈养鹅

图 6-9　放牧养鹅

图 6-10　利用收获后的农田放牧

## 2. 饲喂管理

　　合理配制鹅的日粮，是集约化养鹅实现高产和低成本的根本保证。生长期舍饲时饲喂单一的谷物类饲料增重较差，应采用全价配合饲料饲喂，补饲青绿饲料。在日粮营养水平相同的条件下，采用颗粒料饲喂的仔鹅增重效果明显优于粉料。圈养应饲喂配合饲料或谷物饲料及青绿饲料。由于仔鹅阶段生长发育快、增重迅速、食欲旺盛、所需营养物质多，故放牧饲养需注意补充饲喂精饲料。

育肥期采取舍饲育肥的，应使用全价配合饲料。饲料中也要添加一些沙砾或将沙砾放在运动场的角落里，任鹅采食，以助于消化。饲料要多样化，每天喂 3 ～ 4 次，任其饱食，不能剩余，以吃完为宜。圈养育肥就是把鹅圈养在地面上，限制其活动，并给予大量富含碳水化合物的饲料，让其长膘长肉。白天喂 3 次，晚上喂 1 次。饲料以全价配合饲料为宜，也可以玉米、糠麸、豆饼、稻谷为主自配饲料。

### 3. 强制育肥

强制育肥法俗称"填鹅"，同填肥鸭一样，是将配制好的饲料填条，由人工或人工操作填喂机器强行一条一条地塞进食管里，强制其吞下去，再加上安静的环境，活动减少，鹅就会逐渐肥胖起来，肌肉也丰满、鲜嫩。此法能缩短育肥期，育肥效果好，但比较麻烦。填饲育肥法又分手工填肥法和机器填肥法。填肥开始前将鹅群按体重大小和体质强弱分群饲养。最好将鹅群按公母分开填饲，因为公鹅的生长速度比母鹅快。

（1）手工填肥法　填喂操作者两腿夹住鹅体使其保持直立，用左手握住鹅的后脑部，以拇指和食指将上下喙分开，用右手将食条强制填入鹅的食管。每填一条用手顺着食管轻轻地推动一下，帮助鹅吞下。每天进行 3 ～ 4 次。每次填食后，将鹅放入安静的鹅舍内饮水休息，经 10 ～ 15 天后，鹅体内脂肪沉积增多，育肥完成。

（2）机器填肥法　用填肥器填饲的，一般两人一组，一人抓鹅保定，另一人填喂（见图 6-11、图 6-12）。填饲时，填饲者右手抓住鹅的头部，用拇指和食指紧压鹅的喙角，打开口腔，左手用食指压住舌根并向外拉出，同时将口腔套进填肥器的填料管中后，徐徐向上拉，直到将填料管插入食管深处，然后脚踩开关，电动机带动螺旋推进器，把饲料送入食管中。同时左手在颈下部不断向下推抚，把饲料推向食管基部，随着饲料的填入，右手将鹅颈徐徐往下滑，这时保定鹅的助手与之配合，将鹅相应地向下拉，待填到食管 4/5 处时，即放松开关，电动机停止转动，同时，将鹅颈从填料管中拉出，填饲结束。

图 6-11　机器填饲操作（一）

图 6-12　机器填饲操作（二）

　　填饲鹅的饲料要求蛋白质丰富、能量较高。将混合饲料用水调制成稠粥状，料水各占一半左右。填饲初期水料可稀一些，后期应稠一些。填饲前先把稀水料焖浸约 4 小时，填饲时用填饲机搅拌均匀后再进行。要注意饲料的质量，夏季高温时不必浸泡饲料，防止饲料变馊，或只进行短时浸泡。禁止饲喂发霉变质的饲料和添加违禁药品，填饲通常采用以下 3 种饲料。

　　① 饲料配方：玉米 50％～55％、米糠 20％～25％、豆饼 5％～7％、麸皮 10％～15％、鱼粉 2％～3％、食盐 0.5％、细沙 0.3％、多维素 0.1％。将按照以上配方配合好的饲料加水拌成干泥状，放置 3～4 小时，待饲料全部软化后制成直径 1.5 厘米左右的条状食条。填饲量：第 1～3 天为 200～250 克；第 4～5 天为 300～350 克；第 6～7 天为 400～450 克；第 8～10 天为 500～550 克；第 11～15 天为 600 克。

② 将玉米粉拌湿制成条状食团，然后稍蒸一下，使之产生一定的硬度，制成直径 1.5 厘米左右的条状食条。

③ 机器填肥法用玉米粒，先将玉米粒在水中浸泡膨胀后，水中溶入玉米量的 1%～1.5% 的食盐，填前将其煮熟，趁热捞出，拌入油脂和添加剂后即可填喂。

### 4. 密度控制

随着日龄增加，鹅体格逐渐增大，应降低饲养密度。舍饲育肥的一般育肥密度每平方米 4～5 只，并按个体大小和体质强弱分群饲养，以提高群体整齐度；放牧饲养的宜采取轮流放牧方式，利用牧草或野草资源丰富、质量好的草山、草坡、果园，以 100～200 只为一群，如果利用田边地头、沟渠道旁、林间小块草地放牧的，以 30～50 只为一群比较适宜。

### 5. 实行"全进全出"

不论何种方式养鹅，最好都要坚持实行"全进全出"，这是成功养鹅的主要经验之一。"全进全出"是指在同一栋鹅舍或在同一鹅场只饲养同一批次、同一日龄的肉鹅，同时进场、同时出栏的管理制度。"全进全出"分三个级别：一是在同一栋鹅舍内"全进全出"；二是在鹅场内的一个区域范围内实行"全进全出"；三是在整个鹅场实行"全进全出"。

### 6. 合理分群饲养

为保证鹅群的生长发育平衡，使鹅群生长齐整、同步增膘，应按公母、大小、强弱等及时进行分群。分群先按照公母分开，然后在同一公、母群内，再按大小、强弱进行第二次分群。依据不同的鹅群，在饲养管理上分别对待、精心管理。

肉鹅公母分开饲养，除了具有节约饲料和上市体重整齐两大优点外，还可以根据公鹅母鹅对粗蛋白和氨基酸需要的不同，而有针对性地分别提供，从而保证了公鹅母鹅的快速生长发育。

### 7. 驱虫

鹅体内外的寄生虫较多，如蛔虫、绦虫、吸虫、羽虱等，应先进行确诊。特别是放牧育肥的鹅，育肥前要进行一次彻底驱虫，对提高饲料报酬和育肥效果极有好处。驱虫药应选择广谱、高效、低毒的药物。

### 8. 日常环境管理

最适宜的温度范围是 10 ～ 22℃，最适宜的环境湿度为50％～ 65％。日常管理上要保持鹅舍地面干燥。饲喂后让鹅在运动场的饮水池中饮水。防止鹅舍湿度过大，保持地面干燥，也可白天放在舍外，晚上赶回鹅舍。舍内安装白炽灯以便于采食、饮水，但光照度不宜过强，能看见采食即可。舍内的垫料要经常翻晒或添加，垫料不够厚易造成仔鹅胸囊肿，从而降低屠体品质。夏季气温过高可让鹅群在舍外过夜。圈养育肥的，在育肥期应有适当水浴和日光浴。隔日让鹅下池塘水浴 1 次，每次 10 ～ 20 分钟，浴后在运动场晒日光浴，梳理羽毛，最后才赶鹅进舍休息。

做好鹅舍的通风换气，保持鹅舍内空气新鲜。夏季可开窗和机械通风相结合，可增加换气量，既有除湿效果，又能使鹅舍降温。冬季为保持舍温，不能频繁换气时，可采取加温措施，力求使地面干燥。

### 9. 定期抽测体重

应每周抽查测量一次鹅群的增重情况，并根据抽测结果及时进行调整饲喂量。具体标准可参照表 6-1 ～表 6-3。

**表 6-1 大型肉鹅体重与耗料量（公母混养）** 单位：克

| 周龄 | 周增重 | 累计增重 | 体重 | 日耗料量 | 周耗料量 | 周累计耗料量 |
|------|--------|----------|------|----------|----------|--------------|
| 1 | 135 | 135 | 289 | 60 | 420 | 420 |
| 2 | 406 | 541 | 719 | 74 | 518 | 938 |
| 3 | 510 | 1051 | 1253 | 94 | 658 | 1596 |

| 周龄 | 周增重 | 累计增重 | 体重 | 日耗料量 | 周耗料量 | 周累计耗料量 |
|---|---|---|---|---|---|---|
| 4 | 585 | 1636 | 1672 | 104 | 728 | 2324 |
| 5 | 583 | 2219 | 2369 | 114 | 798 | 3122 |
| 6 | 573 | 2792 | 2966 | 124 | 868 | 3990 |
| 7 | 527 | 3319 | 3517 | 134 | 938 | 4928 |
| 8 | 443 | 3762 | 3984 | 144 | 1008 | 5936 |
| 9 | 371 | 4133 | 4379 | 154 | 1078 | 7014 |
| 10 | 307 | 4440 | 4710 | 164 | 1148 | 8162 |
| 11 | 241 | 4681 | 4975 | 169 | 1183 | 9345 |
| 12 | 177 | 4858 | 5176 | 175 | 1225 | 10570 |

**表 6-2　中型肉鹅体重与耗料量（公母混养）**　单位：克

| 周龄 | 周增重 | 累计增重 | 体重 | 日耗料量 | 周耗料量 | 周累计耗料量 |
|---|---|---|---|---|---|---|
| 1 | 129 | 129 | 217 | 26 | 182 | 182 |
| 2 | 283 | 412 | 500 | 46 | 322 | 504 |
| 3 | 343 | 755 | 843 | 66 | 462 | 966 |
| 4 | 270 | 1125 | 1213 | 76 | 532 | 1498 |
| 5 | 383 | 1508 | 1596 | 88 | 616 | 2114 |
| 6 | 378 | 2238 | 2326 | 94 | 658 | 2772 |
| 7 | 352 | 2238 | 2326 | 110 | 770 | 3542 |
| 8 | 323 | 2561 | 2649 | 133 | 931 | 4473 |
| 9 | 291 | 2852 | 2940 | 140 | 980 | 5453 |
| 10 | 259 | 3111 | 3199 | 146 | 1022 | 6475 |
| 11 | 219 | 3330 | 3418 | 151 | 1057 | 7532 |
| 12 | 192 | 3522 | 3610 | 157 | 1099 | 8631 |

**表 6-3　小型肉鹅体重与耗料量（公母混养）**　单位：克

| 周龄 | 周增重 | 累计增重 | 体重 | 日耗料量 | 周耗料量 | 周累计耗料量 |
|---|---|---|---|---|---|---|
| 1 | 107 | 107 | 184 | 23 | 161 | 161 |
| 2 | 242 | 349 | 426 | 36 | 252 | 413 |
| 3 | 295 | 644 | 721 | 53 | 371 | 784 |
| 4 | 318 | 962 | 1039 | 71 | 497 | 1281 |
| 5 | 330 | 1292 | 1369 | 88 | 616 | 1897 |

| 周龄 | 周增重 | 累计增重 | 体重 | 日耗料量 | 周耗料量 | 周累计耗料量 |
|------|--------|----------|------|----------|----------|--------------|
| 6 | 325 | 1617 | 1694 | 100 | 700 | 2597 |
| 7 | 303 | 1920 | 1997 | 106 | 742 | 3339 |
| 8 | 277 | 2197 | 2274 | 112 | 784 | 4123 |
| 9 | 249 | 2446 | 2533 | 118 | 826 | 4949 |
| 10 | 221 | 2667 | 2744 | 124 | 868 | 5817 |
| 11 | 186 | 2853 | 2930 | 128 | 896 | 6713 |
| 12 | 163 | 3016 | 3093 | 133 | 931 | 7644 |

## 10. 适时出售

肉用仔鹅一般在 70～80 日龄左右宰杀或出售。适宜的出售日龄除了考虑鹅的生长速度和市场价格外，还应考虑仔鹅的肥度、羽毛生长情况及饲料情况等。

（1）仔鹅的肥度　育肥仔鹅的膘度是适时上市和屠宰的标准，也是提高商品等级的重要指标。膘情优秀的仔鹅，胸部丰满，背部宽阔，摸不到肋骨，肋间肌肉不凹陷，两翅根部靠近肋骨的附近肌肉突出，尾部摸不到耻骨，全身丰满，从胸部到尾部上下几乎一般粗，羽根呈透明状。膘情合格的仔鹅，胸骨稍有突出，翅膀下肋骨附近的肌肉已开始突出，但柔软不坚实，全身肥度稍丰满，但不是很显著。膘情优秀和良好的仔鹅，可立即宰杀或上市，膘情合格的仔鹅，最好进行催肥后再上市。

（2）羽毛生长情况　正常饲养管理条件下，鹅的羽毛生长有一定的规律。刚出壳时，雏鹅全身覆盖黄色的绒毛；5～15 日龄绒毛由黄变白；25～30 日龄，绒毛全部变白；35～40 日龄，尾部、体侧、翼腹开始长大毛；50 日龄，头面部已长好羽毛；50～55 日龄，翅膀长出锯齿状羽管；55～60 日龄，背部前后羽毛已经长齐；60～65 日龄，翅羽继续生长；65～70 日龄，大部分羽毛已经长齐；75 日龄已无血管毛。因此快速育肥的鹅要在 70 日龄左右屠宰。因为 80 日龄后，又开始形成新羽，整个胴体上被

养鹅家庭农场致富指南

覆一层血管毛和绒毛。如仔鹅此时不屠宰，就须养到 120 ～ 130 日龄，新羽完全停止生长时屠宰。但这时鹅已基本停止生长，经济上是不合算的。

（3）饲料情况　肉用仔鹅的出售时间，除了受羽毛生长情况和肥度影响外，放牧地的饲料情况也是重要的因素。在放牧育肥条件下，如放牧地饲料丰盛，落谷较多，出售时间可适当延长；如果没有足够的放牧地和落谷，则要及时出售，防止掉膘。

# 二、种鹅的饲养管理要点

## （一）育雏期饲养管理

种用鹅的育雏期是指 0 ～ 4 周龄的雏鹅，具体饲养管理要点参照肉用仔鹅育雏期的饲养管理。

## （二）育成期饲养管理

育成期是指 5 ～ 30 周龄的鹅。育成期一般分为育成前期、育成中期和育成后期三个阶段。应根据每个阶段的特点，采取相应的饲养管理措施，以提高鹅的种用价值。

### 1. 育成前期饲养管理要点

育成前期是指从 30 日龄到 90 日龄这段时间，晚熟品种时间还要长一些。这个时期是鹅生长发育阶段，鹅的骨骼、肌肉、羽毛生长迅速，而且消化力、抗病力和对环境的适应力均已逐渐增强。此阶段的饲养管理重点是通过加强营养来促进后备种鹅的生长发育。

（1）合群调教　对刚选留的种鹅要进行调教，防止因来自不同鹅群，彼此不熟悉，而造成育成鹅不合群和发生"欺生"现象。通过加强看管、增加饲料投喂点和饮水点，使之尽快合群。

（2）加强营养　此时的青年鹅仍处于生长发育阶段，不宜过早粗饲，应根据放牧场地的草质，一般除放牧外，还要根据放牧采食情况酌情补饲一些精饲料。如果是舍饲的，则要求饲料采用牧草和精饲料。饲喂上做到定时、定量，每天饲喂3次，大型品种每天每只饲喂精饲料120～180克，中型品种每天每只饲喂精饲料115～155克，小型品种每天每只饲喂精饲料90～130克，公鹅的精饲料饲喂量应稍多一些。使青年鹅体格发育完全。

（3）淘汰弱鹅　淘汰弱鹅应贯穿种鹅饲养的全过程，对病、体质弱、残等鹅，还有体重增长明显落后于大群的育成鹅，应及时淘汰。

### 2. 中期饲养管理要点

中期是指90～100日龄到150日龄这段时间，这一时期的鹅仍处于生长发育期与换羽期，性发育很快。此阶段的饲养管理重点是采用控制饲养措施，采取"先紧后宽，先粗后精"的限制饲喂法。这样既能培养出后备鹅的耐粗饲能力，又可使后备鹅的骨骼和消化功能发育完全。防止过早性成熟，调节母鹅的开产期，使鹅群整齐一致地进入产蛋期。

（1）公鹅母鹅分开饲养　公鹅第二次换羽后开始有性行为，为使公鹅充分成熟，120日龄起，公鹅母鹅应分群饲养。

（2）限制饲喂　限制饲养的方法主要有两种：一种是减少补饲日粮的饲喂量，实行定时定量饲喂。此方法适合舍饲或圈养后备种鹅。另一种是控制饲料的质量，降低日粮的营养水平。对于以放牧为主饲养后备种鹅的，这种方法更适合。

具体做法是在控料期逐步降低饲料的营养水平，舍饲的或在放牧条件较差的情况下，每日喂料次数由3次改为2次，喂料时间在中午和晚上9时左右，放牧前2小时左右和放牧后2小时补饲，以免使鹅养成有精料采食，便不大量采食青草的坏习惯。放牧鹅应尽量延长放牧时间。

由于经控料阶段前期的放牧锻炼，后备种鹅采食青草的能力已经增强，在牧草质量良好的情况下，可不喂或少喂精料。实行舍饲后备种鹅的，在控制饲养阶段，要逐步减少每次的喂料量。母鹅的日平均饲料用量一般比生长阶段减少50%～60%。饲料中可添加较多的填充粗料（如米糠、酒糟等）。

限制饲养阶段的注意事项：

一是注意观察鹅群动态。因为此阶段鹅的营养只要求达到后备种鹅维持的需要，所以在限制饲养阶段要随时观察鹅群的精神状态和采食情况。如果出现弱鹅、伤残鹅等要及时将其隔离，进行单独的饲喂和护理，短时间不能恢复体质的、跟不上队伍的，不适合作为种鹅继续饲养，要坚决予以淘汰。

二是放牧场地要有针对性地选择。既要选择水草丰富的草滩、湖畔、河滩、丘陵等，也要选择收割后的稻田等。但是必须实行轮换，不能只在一块放牧场地采食一种饲草，尤其是可采食到较多营养的收割后稻田，以免达不到限饲的目的。

### 3. 育成后期饲养管理要点

育成后期是指150日龄以后至开产或配种这段时间。此阶段的饲养管理重点是饲喂上"由粗变精"让鹅恢复体力，促进生殖器官的发育，为开产做好身体上的准备。

（1）加强营养　经控制饲养的育成种鹅，在开产前30～40天进入恢复饲养阶段。此时种鹅的体质较弱，饲喂上应逐步提高补饲日粮的营养水平，采取只定时、不定量的饲喂方式。按照营养标准，采用全价饲料，每天给食由2次增至3次。

（2）免疫接种　在开产前，要给种鹅服药驱虫并做好免疫接种工作。根据种鹅免疫程序，及时接种小鹅瘟、禽流感、鹅副黏病毒病和鹅卵黄性腹膜炎等疫苗。

（3）人工强制换羽　为了使种鹅换羽整齐和缩短换羽时间，可在种鹅体重恢复后进行人工强制换羽，即人为地拔除主翼羽和副翼羽。公鹅的拔羽期可比母鹅早2周左右进行，使后备种鹅能整齐一致地进入产蛋期。

（4）继续做好后备种鹅的选留　选择生长发育良好，符合本品种特征的强壮公母青年鹅留作种鹅用。凡是杂毛、扁头、歪尾、垂翅、跛脚、瞎眼、病弱、生殖器官畸形的鹅都须淘汰，种鹅的公母比例以（1∶4）～（1∶6）为佳。

（5）控制光照　补充人工光照时间的长短和强弱，对种鹅的繁殖力有较大的影响，因此适当的光照是提高种鹅产蛋量、受精率和经济效益的有效措施。在育成期体重达到标准的前提下，可以在产蛋前40天开始逐渐增加每天的人工光照时间，使种鹅的光照时间达到16～17小时，此后一直维持到产蛋结束。

## （三）产蛋期饲养管理

产蛋期种鹅的饲养管理重点是为种鹅创造适宜的产蛋和配种条件，从而提高种鹅的生产性能。

### 1. 鹅舍准备

种鹅转入种鹅舍前，要对种鹅舍进行彻底清扫、洗刷和消毒。最后还要连同用具、设备进行福尔马林熏蒸消毒24小时，为使消毒效果更好，熏蒸前将舍温调到25℃以上，相对湿度达75％～80％。熏蒸后再通风，种鹅进舍前必须进行通风，彻底消除舍内福尔马林气味。

舍内及舍外运动场均应设置料槽和水槽，并保证每只鹅有3厘米宽的料位、2.5厘米宽的水位。保证运动场、水浴场（池）、喂料和饮水用具、产蛋箱（窝）、舍内外隔栏、遮阳棚等设施要健全和完好，为鹅创造一个良好的环境条件。

### 2. 公母配比

种鹅开产前一个月，按公母比例（1∶4）～（1∶5），才能保证高的受精率。此为中型鹅的配比标准，如果鹅种不同，应根据鹅种配种性能作相应的调整。

种公鹅必须是经过体型外貌鉴定、生殖器官检查和精液检查符合标准者，借以提高种蛋受精率。

### 3. 饲养密度

产蛋种鹅分栏饲养，每栏 20 ～ 30 只，饲养密度为每平方米 2.5 ～ 3 只。

### 4. 温度控制

鹅的生理特点是羽绒丰满，皮下脂肪较厚且无皮脂腺，只有发达的尾脂腺，散热困难，对高温敏感。所以，要创造 10 ～ 25℃ 的适宜环境温度，鹅产蛋最适宜的环境温度为 16 ～ 20℃。

### 5. 光照控制

产蛋鹅的光照逐渐增加到 10.5 小时，光照强度以 25 勒克斯为好。晚间舍内设置几个 15 瓦的白炽灯泡，保持舍内光线昏暗，刺激鹅性功能活动，加速母鹅卵巢发育和卵子成熟，同时，也能激发公鹅性欲。

### 6. 饲喂管理

产蛋前期适当增添精料，并添加钙、磷等矿物质饲料，用水拌成半干湿状日喂 2 ～ 3 次，再将田螺壳、贝壳等压碎和用沙砾拌，撒于鹅舍入口处和运动场，任其采食。

产蛋期应以舍饲为主，放牧为辅。宜采用产蛋期全价配合饲料，自己配制饲料的，日粮配合比例为谷物类 60%、饼粕类 15%、糠麸类 10%、草粉 10%、矿物质饲料 5%。饲喂量除自由采食青料外，喂料量为小型鹅种每只 100 ～ 120 克 / 次，大型鹅种每只 160 ～ 180 克 / 次，喂 3 次 / 天。喂料时应定时定量，先粗后精。早上放牧至 10 点回舍喂料，喂后在水边阴凉处休息，并投给青料，下午 2 点喂 1 次料，下午 3 点后放牧，黄昏后喂第三次料。产蛋高峰期，还要加喂一顿"夜餐"。

对于种公鹅，可提早补喂精料，即在日粮中尽可能多地添加富含蛋白质的饲料，使其在母鹅开产前能有充沛的精力进行配种，从而提高受精率。

### 7. 通风换气

鹅舍应经常通风换气，排除舍内硫化氢、氨气和二氧化碳三种有害气体，换进新鲜空气，以保证鹅群健康。

### 8. 防止产窝外蛋

视频 6-6 鹅产蛋
的专门场所

母鹅有择窝产蛋的习惯，第一次产蛋的地方往往成为母鹅一直固定产蛋的场所。因此，在产蛋鹅舍内应设置产蛋箱（窝），以便让母鹅在固定的地方产蛋。按照每 4 ～ 5 只鹅设置一个产蛋箱，产蛋箱的规格为 60 厘米 ×66 厘米 ×60 厘米，产蛋箱安放在位置幽暗、干燥、安静、无贼风或穿堂风侵袭的地方（见视频 6-6）。

开产时可训练母鹅在产蛋箱（窝）内产蛋。可以用引蛋（在产蛋箱内人为放进的蛋）诱导母鹅在产蛋箱（窝）内产蛋。母鹅的产蛋时间大多数集中在下半夜至上午 10 时左右，个别的鹅在下午产蛋。舍饲鹅群每天至少集蛋 3 次，上午 2 次，下午 1 次。放牧鹅群，上午 10 时以前不能外出放牧。放牧前检查鹅群，如发现个别母鹅鸣叫不安，腹部饱满，尾羽平伸，泄殖腔膨大，行动迟缓，有觅窝的表现，应将其送到产蛋箱（窝）内，而不要随大群放牧。放牧中若发现上述反应，则应将该鹅送到鹅舍产蛋箱（窝）内产蛋，待产完蛋后就近放牧。产蛋箱内的垫料要经常更换，保持干燥、清洁卫生，避免污染种蛋。

### 9. 控制就巢性

若生产中发现母鹅有恋巢表现时，应及时隔离，关在光线充足、通风、凉爽的地方，只给饮水不喂料，2 ～ 3 天后喂一些干草粉、糠麸等粗饲料和少量精料，使其体重不过度下降，待醒抱后能迅速恢复产蛋。也可使用利于鹅醒抱作用的药物。

## 10. 减少应激

应激可导致鹅采食量下降，饲料转化率降低，生产性能下降。在产蛋期，种鹅繁殖的生产任务很重，肉体上和精神上都处于生理应激状态，更易发生应激反应，导致产蛋量下降、停产，甚至诱发其他疾病。

短期的致应激因素有：气候突变、设备变换、停电、照明时间的改变、饲料变化和饮水缺乏等。

长期的致应激因素有：不合理的禽舍、设备不合适等。

饲养管理上的致应激因素有：转群、疫苗注射、大声吆喝、急赶、粗暴操作、随意捕捉、无规律饲喂等。

应该牢记，任何环境条件的改变都是应激因素，都会导致种鹅减产。为此，在饲养过程中，应尽量减少引起应激的各种因素。

## 11. 日常管理

维持日常操作稳定有序。饮水量要充足而清洁，冬季防止饮水结冰，夜间可加温水。种鹅交配多在早上和黄昏的时候，此时将公鹅赶下水，满足其配种需要，要注意观察公鹅配种情况，若发现公鹅性欲不高，则及时淘汰。

## 12. 疾病防治

严格贯彻执行防疫卫生制度，饲养员进入鹅舍前必须淋浴、更衣、换鞋、洗手、消毒，非饲养人员严禁入鹅场、入鹅舍。

种鹅健康才能正常生产，种鹅一旦患病，其产蛋量、配种能力、种蛋孵化率都会明显下降。因此，必须高度重视种鹅的疾病防治工作，除按免疫程序及时接种疫苗外，还必须注意日常的卫生消毒工作，既要严格贯彻执行防疫卫生制度，又要进行科学饲养管理，尽可能避免因疾病造成的经济损失。产蛋期前应进行一次驱虫。

### 13. 利用年限

鹅是长寿家禽，多数品种母鹅的年产蛋量高峰在第 2 ～ 4 个产蛋年。因此，母鹅一般饲养 3 ～ 4 年才淘汰。但每个产蛋年结束时也要淘汰部分有就巢性或就巢性强的个体、换羽早的个体和伤残的个体。公鹅的配种能力一般随年龄增长而下降。因此，公鹅可以每年更新一部分，3 ～ 4 岁的公鹅尽量减少，形成以新配老的结构。

## （四）休产期饲养管理

### 1. 整群

鹅群产蛋率下降到 5％以下时，标志着种鹅将进入较长的休产期。进入休产期，应首先对种鹅群进行整群。调整鹅群年龄结构和公鹅母鹅分开饲养。

在每年休产期间要对种鹅群进行再次选择和淘汰，每年按比例补充新的后备种鹅，重新组群。种鹅一般利用 3 ～ 4 年才淘汰，但每年休产时都要将伤残、患病、产蛋量低的母鹅淘汰，并按比例淘汰公鹅。淘汰的种鹅作肉鹅育肥出售。一般母鹅群的年龄结构为 1 岁鹅占 30％，2 岁鹅占 25％，3 岁鹅占 20％，4 岁鹅占 15％，5 岁以上鹅占 10％，新组配的鹅群必须按公、母比例同时换放新的公鹅。

同时，为了使公鹅、母鹅能顺利地在休产期后能达到最佳的体况，保证较高的受精率，以及保证活拔羽绒及以后的管理方便，要在种鹅整群后将公、母分群饲养。

### 2. 强制换羽

人工强制换羽是通过改变种鹅的饲养管理条件，促使其换羽。对确定选留的群体，要采取强制换羽措施，保证开产整齐。

强制换羽前，停止人工光照，停料 3 天，只供给少量青饲料，保证充足的饮水，从第四天开始，喂给由青饲料、糠麸和糟渣等组成的粗饲料，至第十天试拔主翼羽、副翼羽和主尾羽。如果羽毛干枯，试拔感觉不费劲，即可逐根拔除，如果感觉不好拔或拔出的羽根带血，要隔 3～5 天再拔。拔羽前一天傍晚，停止饲喂食物，拔羽前让鹅下水洗浴或人工清洗鹅体，待羽毛干燥后，即可开始拔羽。注意要捏住羽绒基部，一撮一撮向外拔，用力要均匀，动作要利索。先拔片羽，再拔绒羽，先拔胸腹部，再拔体侧、腿侧，然后是背部、肩部、翅膀。若皮肤出现小块破损，可涂擦紫药水或碘酊进行消毒。拔羽后鹅出现脱肛，通常需要 2～3 天才能自行恢复，为避免肛门发炎，可用 0.2% 的高锰酸钾溶液涂擦肛门。拔羽后 2～3 天禁止放牧，禁止鹅下水，避免淋雨和烈日曝晒，防止蚊虫叮咬。拔羽后 3～5 天禁止鹅下水，避免淋雨和烈日暴晒。

在新羽生长期间，要供给优质青饲料，每天补饲 2～3 次精饲料，同时在鹅日粮中添加甲硫氨酸、微量元素、维生素，以促进新羽生长。如果拔羽后 1 个月新羽仍然没有长出，则要加大饼粕的补充量，使日粮中的蛋白质含量达到 15%。换羽完毕后，以放牧为主，减少精饲料投喂量，防止机体过肥影响产蛋。

注意强制换羽时，公鹅与母鹅应分群管理，且公鹅应提前 2～3 周换羽，待母鹅全部换羽完毕后，即可将公鹅与母鹅混群饲养。

在规模化饲养的条件下，鹅群的强制换羽通常与活拔羽绒结合进行，即在整群和分群结束后，采用强制换羽的方法处理 1 周左右，对鹅群实施活拔羽绒。一般 9 周后还可再次进行活拔羽绒。这样可以提高经济效益，并使鹅群开产整齐，利于管理。

### 3. 保证一定的运动量

舍饲环境条件下的后备鹅，运动量受到了较大的限制，不利于其骨骼的生长发育，所以要在建舍时规划足够面积的运动场，并做到定时驱赶运动，让鹅群保持一定的运动量，使其具有良好的体质。进入休产期的种鹅应以放牧为主，将产蛋期的日粮改为育成期日粮，其目的是消耗母鹅体内的脂肪，提高鹅群耐粗饲的能力，降低饲养成本。

### 4. 加强饲养管理

做好种鹅舍的修缮、产蛋窝棚的准备等。放牧应避开中午高温和暴风雨等恶劣天气。放牧过程中要适时放水洗浴、饮水，尤其要时刻关注放牧场地及周围的农药施用情况，尽量减少不必要的鹅群损害。休产期结束前可在晚间增加 2～3 小时的光照，促使产蛋期的早日到来。

### 5. 鹅群保健

休产后期这一时期的主要任务是种鹅的驱虫防疫、提膘复壮，为下个产蛋繁殖期做好准备。为保障鹅群及下一代的健康安全，前 10 天要选用安全、高效、广谱的驱虫药进行 1 次鹅体驱虫，驱虫后 1 周的鹅舍粪便、垫料要每天清扫，堆积发酵后可作为农田肥料。驱虫后 7~10 天，根据周边地区的疫情动态，及时做好小鹅瘟、禽流感等一些重大疫病的免疫预防接种工作。

### 6. 淘汰群体育肥

将淘汰群体单独组群，停止放牧，圈舍饲养，加大精料喂量，经 3～5 周的催肥，鹅翼下脂肪增厚，用手轻压感到丰满结实且有弹性，即可上市出售。

# 三、公鹅的饲养管理要点

种公鹅的营养水平和身体健康状况，公鹅的争斗、换羽，部分公鹅中存在的选择性配种习性，都会影响种蛋的受精率。

因此，加强种公鹅的饲养管理对提高种鹅的繁殖力有至关重要的作用。

## （一）加强种公鹅的营养

后备阶段的种公鹅营养供给基本与种母鹅相同。生长阶段要给予充足的营养物质，在控制饲养阶段要减少精料的补充。

在母鹅产蛋前 20～30 天，对公鹅应加强营养，每天饲喂 2～3 次精料，吃饱为止，以保证公鹅体质健壮。同时每天适当补饲胡萝卜，以保证精液质量。这样的饲养方式，要一直延长到母鹅产蛋即公鹅的配种期。

在鹅群的繁殖期，公鹅由于多次与母鹅交配，排出大量精液，体力消耗很大，体重有时明显下降，从而影响种蛋的受精率和孵化率。为了保证种公鹅有良好的配种体况，种公鹅的饲养，除了和母鹅群一起采食外，从组群开始后，对种公鹅补饲配合饲料。每只公鹅每天补喂配合饲料 300～330 克。配合饲料应按照种用期标准配制，应含有动物性蛋白质饲料，有利于提高公鹅的精液品质。补喂的方法，一般是在一个固定时间，将母鹅赶到运动场，把公鹅留在舍内，补喂饲料任其自由采食。这样，经过一定时间（1 天左右），公鹅就习惯于自行留在舍内，等候补喂饲料。开始补喂饲料时，为便于分别公鹅母鹅，对公鹅可作标记，以便管理和分群。公鹅的补饲持续到母鹅配种结束。

## （二）做好公鹅换羽管理

公鹅自然换羽时间，一般比母鹅早一个月。因此，应将公鹅母鹅分群饲养与放牧，限制饲喂，提前加速自然换羽或实行人工强制换羽。实行公鹅拔羽的，也要比母鹅拔羽提前 20～30 天。换羽完成要尽早喂料，使公鹅在母鹅恢复产蛋前换羽完毕，以使母鹅在产蛋时，公鹅能够精力充沛地进行配种，以便提高配种能力和受精率。

### （三）加强运动

通过每天定时地放牧、放水或到运动场活动，保证种公鹅有充分的运动时间，以保持良好的体况。

### （四）合理的公母比例

配种期保证公母（1:6）～（1:7）的比例。

### （五）达到性成熟时才能开始配种

一般情况下，鹅的性成熟要晚于体成熟3～5个月。主要是因为鹅的性器官发育和性腺活动受始祖鹅原产寒带、长期低温驯化、发育缓慢的遗传因素影响，从而使性成熟相对要滞后于身体发育。所以，配种要等性成熟时才能进行。

### （六）克服种公鹅择偶性

鹅的祖先在野生条件下习惯于一雌一雄，在长期驯化选育过程中，才逐渐向一雄多雌演变，但那种固定交配对象的习性仍然遗传了下来。这样往往除个别占群体位序优势的头鹅外，其他公鹅多数处于心理阳痿状态，这在新鹅并入或借鹅配种时常见。这样将减少与其他母鹅配种的机会，从而影响种蛋的受精率。在这种情况下的解决办法，一是公鹅母鹅要提早进行组群，保持合理比例。二是实行公鹅母鹅隔离。如果发现某只公鹅与某只母鹅或是某几只母鹅固定配种时，应将这只公鹅隔离，经过一个月左右，才能使公鹅忘记与之配种的母鹅，而与其他母鹅交配，从而提高受精率。三是实行夜间隔离。即白天让公鹅母鹅放牧在一起，晚上把它们隔开关养，让它们同舍不同笼，虽然彼此熟悉，互相能听见声音，但又不能接触身体，造成公鹅母鹅之间一夜的性隔离、性饥饿，这样有利于次日的交配。据观察，这一做法可以将自养种鹅交配成功率提高到85%以上。

### （七）定期检查种公鹅生殖器官和精液质量

由于鹅具有先天性缺陷，从而导致生殖障碍的多。在公鹅中存在一些性功能缺陷的个体，主要有阴茎发育畸形，表现为生殖器萎缩，阴茎短小，甚至出现阳痿，交配困难，精液品质差，这在某些品种的公鹅较常见。这些性功能缺陷的公鹅，有些在外观上并不能分辨，甚至还表现得很凶悍，解决的办法只能是在产蛋前，公鹅母鹅组群时，对选留公鹅进行精液品质鉴定，并检查公鹅的阴茎，淘汰有缺陷的公鹅。在配种过程中部分个体也会出现生殖器官的伤残和感染；公鹅换羽时，也会出现阴茎缩小，配种困难的情形。因此，还需要定期对种公鹅的生殖器官和精液质量进行检查，保证留种公鹅的品质，提高种蛋的受精率。

## 四、鹅肥肝生产技术要点

鹅肥肝生产是将发育到一定阶段、生长发育良好的肉用仔鹅，在短期内采用人工强制填饲大量能量饲料，进行快速育肥，使鹅的肝脏在短期内蓄积大量脂肪等营养物质而迅速肥大来生产肥肝的方法。

### （一）填饲鹅种的选择

生产鹅肥肝，应选用体型大、生长快、易育肥、颈粗短、胸深宽、耐填饲、体质健壮、产肝性能好的鹅品种或品系。品种是生产鹅肥肝成功的因素之一，不同品种的鹅生产肥肝的性能不同。在鹅肥肝生产中，应选择国内外著名的生产鹅肥肝品种如朗德鹅、莱茵鹅、狮头鹅和溆浦鹅或肉用型杂交品种，如目前国际上最好的组合是朗德鹅公鹅与莱茵鹅母鹅杂交。还有狮头鹅的种公鹅与产蛋性能好的品种母鹅进行杂交，培育出产肝性能好、繁殖力强的杂交品种，用来进行鹅肥肝生产。如用狮头鹅作父本与产蛋率高、体型小的五龙鹅杂交所生后代，生产肥肝性能也较好，平均肝重可达到 473 克。

## （二）育雏期饲养管理

育雏期宜采用网上平养的饲养方式。网床材料有竹竿、竹板、木条等。高 60 厘米，上铺垫弹性塑料网，周围有 50 厘米的围网。

育雏前做好房舍和用具的准备。清扫屋顶、墙壁和地面，墙壁用 10% 的石灰溶液粉刷，地面用 2% 火碱水浸泡 1～2 小时后，冲洗干净。待晾干后，按照每立方米高锰酸钾 21 克、福尔马林 42 毫升的比例密闭熏蒸消毒 24 小时，打开门窗，放置 1～2 周。进雏前 2～3 天将育雏舍温度升至 28℃。按照每只雏鹅占长条形饲槽 5～7 厘米，水槽 2.5～3.5 厘米，及每 100 只雏鹅需要直径 25 厘米的圆形料桶 5 个的标准准备饲喂用具。饲槽和水槽使用前用 0.1% 的高锰酸钾消毒，再用清水洗刷干净，最后晾干。

鹅雏进舍时按照公母、强弱分群，每群 200～300 只。育雏期温度要求是：1～3 日龄 32～34℃，4～6 日龄 29～31℃，7～15 日龄 23～28℃，16～20 日龄 20～22℃，21 日龄后保持自然温度。相对湿度为 60%～70%。光照时间为 1～7 日龄每天 24 小时，8～14 日龄每天 18 小时，15～21 日龄每天 16 小时；光照强度为 25 勒克斯，以后自然光照。密度要求为 1～7 日龄每平方米 15～20 只，8～14 日龄每平方米 12～15 只，15～21 日龄每平方米 8～10 只，22～28 日龄每平方米 6～8 只。做好鹅舍的通风换气，空气质量应达到畜禽场环境质量标准的要求。

雏鹅进入育雏室立即饮水，1～7 日龄饮凉开水，以后自由饮水。1～3 日龄水中加入 5% 葡萄糖或按说明加入多维葡萄糖、速补、电解质等。开食料为破碎料或湿拌料，撒于料盘上，10 日龄后改为料槽或料桶饲喂。1～3 日龄日喂 6～8 次，4～28 日龄日喂 6 次。从 2 日龄开始饲喂青绿饲料，精青比为

（1∶1）～（1∶1.5）。

为了检验饲养效果，每周同一天早饲前随机抽取鹅群的5%个体，逐只称重。并根据称重情况及时做好饲喂调整。

### （三）育肥期饲养管理

育肥期采取地面垫料加运动场饲养的饲养方式。垫料应安全、柔软、吸湿、有弹性，厚度为10厘米左右，运动场面积为鹅舍面积的2倍以上，运动场设水槽、料槽。日喂3～4次。精料平均饲喂量为30日龄日喂70克，60日龄100克，90日龄150克。精青饲料比平均为1∶7。91～104日龄全喂精料，其中玉米粒占30%～40%。自由饮水。除阴雨天、晚上外，使鹅在运动场活动，90日龄后，减少活动量。

实行公母分开饲养，每群不超过500只。密度要求为29～60日龄每平方米5～6只，61～90日龄每平方米4～5只。保持自然温度，相对湿度40%～70%。白天自然光照，晚上5勒克斯强度照明。

饲养至90日龄左右，体重达到3.8～4.5千克，转入填饲舍。7～9月份因气温太高，不利肥肝形成，故不宜填饲。专门用于生产肥肝的朗德鹅，要求育雏期为0～4周龄，从5周龄开始育肥，直到体重达到4.5～5千克。

### （四）预饲期的饲养

幼鹅在10周龄时生长明显缓慢，应从11周龄开始强制填肥。填肥前应有2～3周的预饲期饲养。在预饲期要适当放牧、自由采食，多喂给一些青绿饲料，使鹅的食管柔软，消化道扩张性得到锻炼，并增强体质。同时，在预饲期进行小鹅瘟疫苗免疫接种和驱虫。

### （五）调制填饲的饲料

富含淀粉的饲料均可用来填饲育肥，常用的有玉米、小麦、大麦、高粱、豆粕、花生粕、大米、稻谷、土豆、白菜、胡萝卜、油菜、各种野生或人工种植牧草、鱼粉、动植物脂肪、食盐、石粉、磷酸氢钙、饲料添加剂等，注意使用的药物饲料添加剂应符合国家规定。其中玉米是最好的填饲饲料，以黄玉米最佳。因为玉米含有大量的碳水化合物，容易转化成脂肪储存，且胆碱含量较低，容易使脂肪在肝中沉积，故其产肥肝效果好。

填饲玉米的调制方法有蒸煮、开水或凉水浸泡、炒制等，但以蒸煮效果为好。方法是：首先将品质良好的玉米筛去杂质，用清水浸泡 2～3 小时后放火上煮，煮时先加入 0.5％的食盐，待玉米外表已熟、中心还较坚硬（以胚能掐动为适）时加入 1％～3％的油脂（植物油、动物油均可），再煮 30 分钟左右，取出冷却备用。在用前可加入 0.01％～0.02％的食用复合维生素和适量的禽用微量元素添加剂，但不能含胆碱。因为胆碱会阻止脂肪在肝内沉积，甚至造成肝内脂肪的转移，有碍肥肝的形成。

## （六）填饲方法

填饲有手动填饲和机器填饲两种，具体的操作要领见肉用仔鹅的饲养管理要点的育肥期管理中强制育肥。

填饲期限为 3～4 周。填饲次数为：第 1～8 天，每天 4 次；第 9～13 天，每天 5 次；第 14～20 天，每天 6 次。填饲量：第 1 天，每次填饲 100 克；第 2～3 天，每次 115 克；从第 4 天开始，每次增加 15 克，直到填饲量为 300 克。

## （七）填饲期的管理

填饲期饲养方式可采用网上平养。网床由直径 0.5 厘米的金属棍焊接而成，孔隙 5～6 厘米，栏腿高 40 厘米、宽 60 厘米，长沿鹅舍长轴，围栏高 50 厘米，中间有隔网分为若干小栏，每栏饲养 2～3 只。

填料后 0.5 小时内不饮水，其他时间自由饮水。水槽中加入直径 5～6 毫米的不溶性沙砾。保持安静，实行小圈饲养，圈舍内外无需设置运动场和游泳池，尽量限制鹅的活动，以减少其能量消耗，加速育肥和肝内脂肪的沉积。舍内光线应稍暗，白天自然光照，晚上光照强度5勒克斯。密度每平方米2～3只，每小群以20～30只为宜。环境温度在4～25℃之间。

填饲时，轻捉、细填、轻放。若发现消化不良时，每次可服"乳酶生"（酵母发酵产物）1～2片。鹅舍保持清洁、卫生，垫料干燥，防止潮湿。

填饲后期，由于鹅体重的迅速增加和肥肝的逐步形成，使鹅的体质和精神非常脆弱，这时对鹅更应特别谨慎，要轻捉、轻放，小心管理，尽量减少对鹅的惊扰。

填饲期间还应经常检查鹅群，如发现患有消化不良或其他疾病的鹅，应暂停填饲，待经过治疗康复后再继续填饲。

## （八）消毒

场区、道路及鹅舍周围环境定期消毒，废弃物处理区每月消毒1次，消毒池定期更换消毒液。鹅舍进鹅前进行彻底清扫、洗刷、消毒，至少空置2周。饲养期每周带鹅消毒2次。饮水器具每天消毒1次，饲槽或料桶、料车等每月消毒1次。饲养人员每次进入生产区要进行消毒、更衣、换鞋。非生产人员禁止进入生产区。病死鹅按照《病死及病害动物无害化处理技术规范》（农医法〔2017〕25号）的规定处理，废弃物按照《畜禽养殖业污染物排放标准》（GB 18596—2001）的规定处理。预防及治疗鹅病用药按照《无公害农产品　兽药使用准则》（NY/T 5030—2016）的规定执行。

## （九）出栏

填肥鹅出现两眼无神，精神萎靡，呼吸急促，羽毛潮湿、零乱，腹部下垂，不爱动，腹泻等现象后出栏。

出栏前6～12小时停止填饲，供给充足饮水。缓慢将鹅抓入周转箱，每平方米不超过3只。运输途中注意保持平稳，防止剧烈颠簸。

## （十）屠宰取肝及处理

将填饲期满的鹅屠宰后，应及时剖腹取肝脏。正确的操作方法是：将鹅双脚挂在吊钩上，割断颈静脉，控血 5 分钟，将宰杀后的鹅彻底浸于 67 ～ 68℃水中，浸泡 3 分钟烫毛及脱毛，然后用手工脱毛法将鹅毛及喙壳、爪壳去除。屠体放在 4 ～ 10℃冷藏室中冷却 14 ～ 16 小时。将鹅头挂于吊钩上，用刀沿腹中线将鹅皮和腹壁肌肉划开，左右分开腹壁肌肉，注意不要切得过深，以免切破肥肝和肠管。取出腹脂，暴露肝脏，取出内脏和肝脏，将肝脏取下。最后摘除胆囊，去掉肝周围、表面的筋膜，整形，称重。并根据肝的大小和质量进行分级和真空包装，同时注入氮气、二氧化碳等不易发生反应的气体，置 2 ～ 4℃冷库储藏或外运鲜销。

# 五、春季养鹅饲养管理要点

一年之计在于春，春季是养鹅的关键时期，此时种鹅陆续开始产蛋，孵化的雏鹅陆续出壳，按照生产习惯绝大多数的养殖户都是从春季养雏鹅到秋季出售。因此，春天养鹅的管理重点是促进种鹅早产蛋、多产蛋、孵化雏鹅和育雏鹅等。

## （一）种鹅公母比例适当

公母比例要适当，公鹅既不能多，也不能少，一般小型鹅种（1∶6）～（1∶7），中型鹅种（1∶4）～（1∶5），大型鹅种（1∶3）～（1∶4）。要有水面运动场所，种鹅在水中交配率高，每天放水 2 ～ 4 次。放水时间与配种时间相吻合，尽量在早晨、傍晚的交配高潮期进行。将母鹅群中不符合产蛋母鹅特征的过于瘦小、体态虚弱、交配困难、腿脚残疾的母鹅淘汰。

## （二）调整日粮

鹅的日粮应掌握以"青绿多汁饲料为主，精粮为辅"的原则，这样既可以利用鹅的生理特点来达到其最佳的生产性能又能降低饲养成本。即使以舍饲为主的鹅日粮中也应有相应的草粉配比。南方地区的种鹅已产蛋孵化，寒冷地区休产期的种鹅应及时补料催产和做好孵化准备。养殖户要注意，随时观察鹅群状况，小群分栏的要根据母鹅产蛋的数量、重量和蛋形指数变化，及时补充能量饲料和蛋白质饲料；大群饲养的要注意掌握总体状况，如发现种鹅群产蛋量减少，小型蛋、畸形蛋增多，即是膘情下降的预兆，应及时补料保膘。日粮应注意添加骨粉、沙砾，以保持产蛋母鹅产蛋后期的生产性能，对于种公鹅要及时补充足够的蛋白质饲料，才能保证其配种能力。

### （三）补充光照

光能刺激脑垂体前叶分泌促性腺激素，对繁殖力影响较大，适宜补充光照能使产蛋率增加 20% 左右。光照标准：每天自然光照 + 人工光照达到 16～17 小时，一直维持到产蛋结束。

### （四）防寒防潮

鹅要有固定防寒保温的鹅舍，没有固定鹅舍的至少要搭建简易棚舍。特别最怕东风或西风的刺激，春夏之交东风和西风往往相继交叉而来，雏鹅如受风雨袭击，容易患因气压剧烈变化而导致的"黄疯病"，造成伤亡。

### （五）合理放牧

春天野生杂草萌生，可以充分地利用以降低饲料成本。种鹅群放牧时应掌握"空腹快赶、饱腹慢赶、上午多赶、上坡下坡不能过急"的原则。雏鹅放牧要做到"迟放早收"，雏鹅最怕雨淋，如受风雨袭击容易造成伤亡。雏鹅腿部和腹下部的绒毛沾湿后不易弄干，沾湿绒毛易使雏鹅受凉而导致腹泻、感冒、风湿性关节炎，如雏鹅将腹部沾湿或不慎跌入水中，绒毛沾在身上，如不及时处置便会受冻致病，应及时将湿毛的雏鹅放到背风向阳或者暖和的室内，用电褥子、红外线灯或在干燥的地面上铺柔软干草。千万不可用火烧，因用火烤干不但效果不佳，反而会造成"湿毒攻心"，这也是造成雏鹅40左右日龄时死亡，而不易被人们觉察的原因。可根据气温变化掌握外出放牧时间，并注意收听天气预报。

## （六）种植牧草

春天是种植养鹅牧草的好时节，养殖场（户）要根据养鹅的数量，饲养周期，合理地安排牧草种植。对于规模养鹅场（户）来讲，在目前放牧场地日益减少的情况下，种草是养鹅生产中必不可少的重要环节，若忽视种草环节，一旦养到仔鹅阶段，其食草量增加，待肉鹅养到一月之后至出栏之前，若青绿饲料供应不足，势必多喂精料，必将增加养殖成本。这样的事例，年年都出现，各地都存在。所以说，种植人工牧草千万不可忽视。

## （七）养好早春鹅

立春至惊蛰前后出壳的雏鹅俗称早春鹅，养到发育期45日龄时正是气候渐暖青草萌发时节，光照充足，鹅室外活动和放牧时间增多，鹅生长发育迅速健壮结实，抗病力强，故养鹅地区群众多以把早春鹅留作种鹅。

## （八）做好常规消毒

要经常对鹅舍、育雏室及用具消毒，饲料要清洁，饮水要卫生，垫草要勤晒勤换。用常规的消毒药品，如百毒杀、生石灰等交叉使用，对种鹅活动场所及产蛋舍均要定期清扫消毒。做好各种日常生产、防疫、消毒记录，工作人员不要相互串门，防止交叉感染，若发现疫情要及时按程序上报。

## （九）做好防疫

春季雏鹅易感染疫病，要注意防疫。严格按照适宜的免疫程序操作，防止禽流感、鹅副黏病毒病、小鹅瘟、鹅大肠杆菌病等疾病发生。购入的雏鹅要确认是否用了小鹅瘟疫苗免疫，如没有应尽快进行免疫接种。饲料中添加土霉素可防治肠炎、白痢等细菌性疾病，添加钙片防止软骨症。如发生流感，可用磺胺嘧啶 0.2 克 / 只拌入饲料中连喂 2 ～ 3 天，或用青霉素 3 万～ 5 万国际单位肌注，每日 2 次连用 2 ～ 3 天。要防重于治，发现雏鹅发病及时隔离治疗，保证群体健康。

# 六、夏季养鹅饲养管理要点

进入夏季以后，气候适宜，饲草丰富，饲养成本降低，是雏鹅生长发育的黄金时期。母鹅产蛋期已近尾声，应及时观察掌握鹅群及个体产蛋情况，为休产期做好前期准备。此时的饲养管理重点是防暑降温、饲喂上尽可能多的利用青绿饲料。

## （一）降温防暑

鹅舍温保持在 26℃ 以内，降温防暑的方法主要有：一是通风降温。在鹅舍的向阳面、门、窗口和外活动场所搭盖遮阳挡风的凉棚，在圈舍四周种植葡萄、丝瓜、南瓜等藤蔓攀缘植物，让藤蔓爬满墙壁、房顶和凉棚，以减少太阳辐射热和反射热。二是控制湿度。夏季鹅舍内不仅温度高，且湿度也很大，往往影响鹅体热的散发，造成病菌大量繁殖。鹅舍适宜的相对湿度为 55％～ 60％。如相对湿度大于 75％，则雏鹅关节炎病会增多。夏季日夜都要打开所有鹅舍的门窗，让空气畅通。有条件可安装电扇，加快鹅舍内空气流动。三是降低密度。夏季肉用鹅的饲养密度以每平方米 5 ～ 6 只为宜，以防因拥挤而造成中暑。四是每天高温时，用凉水喷洒地面、墙壁和鹅体。

## （二）加强放牧

实行放牧养鹅的，要充分利用夏季青绿饲料丰富的特点，加大放牧力度。还应充分利用夏季早、晚气温较低的时间，选在草质好、草量足的地方放牧。

### （三）饲喂管理

饲料应以青绿饲料为主，可充分利用放牧采食或者人工种植牧草等，适当补饲稻谷、玉米等精饲料。放牧养肉鹅的，要在肉鹅背部、腹部绒毛开始换羽时，补喂优质精饲料，每天补饲 2～3 次，每次以其吃八九成饱为宜；实行圈养肉鹅的，在35～50 日龄时要将鹅圈养，减少运动，每天按每只 100～150克配合饲料与切细的青饲料混匀饲喂，配合饲料与青饲料按 3∶7的比例混合成半干半湿状饲料喂给，供足饮水。对少数不贪食的肉鹅，可用精青混合料填喂，每天填喂 3～5 次，并供给充足饮水。51～60 日龄时，每天用 800 克配合饲料喂 5～6 次。

### （四）加强休产期种鹅管理

及时淘汰高龄（4 年以上）及低产母鹅，降低成本费用。有放牧条件的，以放牧为主。实行舍饲或圈养的休产母鹅应调整饲料配方，加大青草及糠麸类饲料的比重，做好人工强制换羽工作，也可采用活拔鹅绒的方法，增加收入。

### （五）防兽害

夏鹅育雏期间鹅舍内最怕兽害，特别是鼠害。应堵塞鹅舍内的鼠洞，门窗要装防鼠网。

### （六）做好防疫

肉鹅夏季易发病，要搞好防疫。刚出壳的雏鹅，每只肌内注射抗血清 0.5～1 毫升，预防小鹅瘟。30 日龄时，每只肌注禽霍乱菌苗 1.5 毫升。

### （七）做好消毒

圈舍每天清扫 1 次，3 天垫 1 次沙，料槽、水槽每天清洗1 次。饲养用具每隔 3～5 天消毒 1 次，圈舍和活动场地每隔7～10 天消毒一次，消毒药有 1％漂白粉、2％烧碱、石灰水等，要注意交叉使用。

# 七、秋季养鹅饲养管理要点

秋季天气凉爽，青草旺盛，再加秋收后副产品多，是肉鹅育肥的最佳季节。但是秋季因气温逐渐下降和热量不足，如遇冷空气入侵气温突降，北方容易形成大范围的降温，而南方则易出现较长时间连阴雨的"秋霖"天气。另外，虽说全国江河湖海的主汛期已过，但局部地方可能发生的灾害性天气对养鹅业也会有危害。所以，饲养管理的重点是促进肉鹅增重，加强种鹅管理，做好越冬青饲料储备和鹅舍维护等。

## （一）加强肉鹅的饲养管理

放牧育肥的肉鹅，白天将鹅群赶到收获后的田块中让其采食遗穗、草籽等，晚上回舍后再喂 1～2 次精料，并喂给清洁的饮用水。

圈养时要求圈舍安静，不要放牧，限制其活动，减少能量消耗；上棚育肥和圈养育肥的饲料要多样化，精青搭配，可以米糠、碎米、玉米、秕谷、菜叶等为主，另加 6% 左右的饼类，0.3% 的食盐及精料磨细后，拌成湿料投喂，每日喂 5～7 次，晚上加喂 1～2 次。另外，在精料中加入一定的矿物质和维生素，可促进增重。注意在拌料时一定要混合均匀，防止个别鹅因采食过多而中毒。

也可以采取强制育肥。用玉米、山芋、米糠、豆饼等粉状饲料和适量食盐及微量元素混合后用水拌匀制成条状后，实行人工填喂。

## （二）加强种鹅的饲养管理

一些产蛋周期较长的鹅品种如四川白鹅、天府肉鹅、扬州鹅的经产母鹅将结束休产期，而逐步进入新一轮的产蛋期，在这个阶段的经产母鹅和后备母鹅都要供给足够的富含蛋白质、维生素、矿物质的饲料，其日粮中精料比例为35%、青饲料为65%，每天每只饲喂量应达到250克左右，并保证有清洁的饮水供其自由饮用。

而对于来年春节才进入新一轮产蛋期的母鹅，9月份仍是休产期的中期，在饲养管理上可采用多喂青饲料、少喂精饲料或多放牧、少补饲的方法，减少成本投入。

### （三）控制好公母比例

在母鹅临产期到来的阶段，作好公鹅母鹅配比，是日后发挥种鹅群生产性能，提高配种率、产蛋率的重要环节和基础保证。一般情况大型鹅品种公母比例是1∶4，中型1∶5，小型1∶7。

### （四）种植饲草

秋季也是种植冬牧70黑麦草的最佳时期，应掌握土地墒情及时播种，每亩用种量5～6千克，施足底肥，播种技术与种小麦相同，初冬早春可青割喂鹅。

### （五）做好过冬青饲料储备

冬节饲草匮乏，尤其是北方。因此，就要保证冬季养鹅生产的正常进行，就要在秋季做好越冬青饲料的贮备工作。要根据养鹅的规模和生产计划，利用秋季秸秆饲料和牧草丰富的特点，贮备充足的主要是青贮饲料和干牧草两类。对玉米秸秆，在籽实收获后，应及时做好青黄贮工作；对花生秧、豆秆、豆叶及各类牧草，应做好采集、晾干、保存工作；对块根、块茎类饲料，要做好贮存工作。秋季要抓紧收割牧草并加工成草粉，在牧草结籽前收割快速晾晒，粉碎。这样基本可以保持草料在青绿时期的特性，营养价值高，且便于贮藏。

### （六）做好防疫

母鹅产蛋前应按防疫程序进行小鹅瘟、鹅副黏病毒病、大肠杆菌病的疫苗注射。

### （七）做好越冬鹅舍维护

越冬鹅舍是保障冬季养鹅生产的主要设施，也是种鹅安全越冬的重要保证。因此，简易鹅舍要加固和封堵四周，达到防风、防雨雪，鹅不受冷风侵扰的目的。同时对饮水和喂料设施做好越冬保护，保证冬季不受冻。固定鹅舍要做好保温工作。

## 八、冬季养鹅饲养管理要点

做好冬季养鹅的饲养与管理工作，对提高种鹅的体质、产蛋量，种蛋的受精率、孵化率及肉鹅育肥的效果和雏鹅的成活率至关重要，具体应注意以下几方面。

### （一）做好种鹅的选择

在冬季种鹅产蛋前一个月应进一步做好种鹅，特别是种公鹅的选择工作，淘汰不符合品种要求的、体质发育不良的，重点检查公鹅的生殖性能，把阴茎过小、畸形，精液量少或精子活力不够的公鹅淘汰，保证选择后公母比例达到（1∶4）～（1∶5），为第一个产蛋年结束后进一步选择留有余地。

### （二）种鹅要充分利用粗饲料

种鹅冬季所需饲料主要包括粗料和精料。在冬季种鹅产蛋前，应充分利用鹅是草食动物的特性，大量饲喂粗饲料，并适当增加精料，以提高养鹅的经济效益。鹅所利用的粗饲料种类较多、范围较广，包括各种农作物秸秆，如玉米秆、花生秧、豆秆、地瓜秧等；各种豆科、禾本科牧草，如紫花苜蓿、苦荬菜等；各种块根块茎类饲料，如大萝卜、胡萝卜、地瓜等；各种树叶等。

后备种鹅在 100 日龄左右，羽毛完全长齐后转入粗饲。粗饲可以抑制种鹅的性成熟，不使母鹅过早产蛋；同时还可以防止母鹅过肥，降低母鹅开产后的产蛋率。

## （三）实行分群管理

不同日龄的鹅群应分开饲养；相同日龄的，根据其大小、强弱也应分开饲养；公鹅母鹅在产蛋前一个月也应分开饲养。这样可以减少鹅在采食过程中互相争抢，使鹅只增大得更加均匀。在鹅舍内应每隔一定距离隔成一些小格，以每小格饲养30～50只为宜，防止过于拥挤，挤压致死。

## （四）以舍饲为主

从11月中下旬开始，鹅要全部转入全舍饲。在鹅舍内要准备好充足的食槽和水槽，每只鹅占5～6厘米长。舍饲期要以粗饲料为主，每天饲喂要定时定量，开产前一个月可日喂三次，开产后日喂四次，其中包括在夜间饲喂一次。使每次饲喂时，鹅都能把食槽内的饲料吃净，而鹅只又刚好吃饱。饮水应保持清洁。2月份以后天气逐渐转暖，日照渐长，此时开始加料，给熟食和夜食。

## （五）做好鹅舍保温通风

鹅舍内要保持干燥，温度应保持在0～12℃，湿度应在65％以下，做好鹅舍的通风换气工作，通风应在每天天气晴朗时中午12点～下午2点进行，保证舍内无不良刺激性气味。在冬季当外界气温低于零下20℃时，舍内最好用火炉或烟道供暖，以确保舍内温度不低于0℃。冬季天气寒冷时，用稻草等堵严通风孔。

## （六）做好育雏工作

冬育雏鹅的成败关键取决于育雏温度。冬季天气寒冷，育雏难度大，实行冬季育雏的，重点做好育雏舍的温度、湿度调节。雏鹅保温要做到：弱雏高，强雏低；小雏高，大雏低；数少高，数多低；初期高，后期低；阴雨高，晴暖低；夜晚高、白昼低。室温以 30 ～ 28℃为宜，以后每两日降低 1℃，降到常温随常温饲养。并随时做到：观察情况，调节温度，育好雏鹅。

### （七）做好卫生防疫

入冬前鹅舍应彻底清扫、冲洗、消毒，地面、食槽、水槽用火碱消毒后，再用高锰酸钾、甲醛熏蒸消毒。冬季在饲养过程中，定期清除粪便，一般每周彻底清理一次，清理后进行喷雾消毒，食槽、水槽每 2 ～ 3 天消毒一次，垫草每 2 ～ 3 天更换一次。冬季饲养管理过程中，应根据鹅只上次免疫时间，做好禽霍乱、鹅副黏病毒病、禽流感及小鹅瘟的预防注射工作，特别是在开产前一个月一定要注射种鹅小鹅瘟疫苗。发现重大疫情时，应及时上报，同时做好隔离、消毒及加强免疫工作。冬季种鹅入舍前要做好驱虫工作，可用左旋咪唑或伊维菌素驱虫，同时应保持鹅舍周围环境卫生。

### （八）光照管理

在种鹅开产前 6 周，应人工补充光照，逐渐增加每日的光照时间，到开产时达到每日 15 ～ 16 小时。补充人工光照应在下半夜进行，以减少鹅群骚动和鸣叫。

## 九、狮头鹅的规模化饲养技术

狮头鹅是国内外最大的肉用型鹅种之一，也是世界上体型最大的鹅种之一。原产于我国广东的东饶县溪楼村。羽毛灰褐色或银灰色，腹部羽毛白色。体躯硕大，头深广，额和脸侧有较大的肉瘤，从头的正面观之如雄狮状，故称"狮头鹅"。

该鹅耐粗饲，食量大，生长快，行动迟钝，觅食能力较差，有就巢性。成年公鹅体重 10 ～ 12 千克，母鹅体重 9 ～ 10 千克。在以放牧为主的饲养条件下，70 ～ 90 日龄上市未经育肥的仔鹅，平均体重为 5.84 千克，半净膛屠宰率为 82.9%，全净膛屠宰率为 72.3%。开产日龄 170～180 天，第一产蛋年产 24 个，蛋重 176 克，两岁以上年产 28 个，平均蛋重 217 克。在改善饲料条件及不让母鹅孵蛋的情况下，个体平均产蛋量可达 35～40 个。母鹅可使用 5～6 年，盛产期在 2～4 岁。

## （一）鹅舍建设

鹅舍一般应建在地势高、平坦或稍有坡度的地方，排水应良好；附近还应有清洁的沟渠或池塘等水源，方便鹅游水。鹅舍一般分为育雏舍、育成（小、中鹅）舍、种鹅舍和运动场。如条件许可，可在运动场内建造水池，或者将运动场延伸至水面。

### 1. 育雏舍的建设

育雏舍采用一般密闭禽舍，大小视饲养规模而定，以利于保温、通风、防漏、防鼠害。规模饲养雏鹅一般采用网上育雏法，即在育雏舍内搭建网床进行育雏。网床可以建成单层，也可建成品字形双层结构。网床用角铁焊成网架，用 1.7 厘米 ×1.7 厘米的铁丝网或塑料网铺设。网床高 40～50 厘米，宽 120 厘米，长度按饲养规模而定，但应用铁丝网分隔成长度 150 厘米一个的单元，减少雏鹅堆积挤压，便于饲养管理。网床离地 50～70 厘米。育雏舍地面采用略为倾斜的水泥地面，利于清洁卫生。条件简陋的，也可在地面铺一个大网床，在大网床上育雏。

育雏保温一般采用红外线灯或炭火。可在网床间拼接处距网面 50 厘米上方挂红外线灯，灯顶装伞形灯罩，或在网床一侧通道安设炭灶。这样设置热源可让雏鹅感到冷时靠近热源，感到热时远离热源。安设炭灶应同时安装烟囱，以利燃烧产出的废气能及时排出舍外。

每个网床可放 1～2 个自动饮水器，1～2 个精料槽。7 日龄内的雏鹅可在网床上铺织塑布，利于喂食雏鹅。

### 2. 育成舍的建设

采用开放式的简易禽舍，坐北朝南，一般与运动场相连。

土质以沙质为好，禽舍建筑面积视饲养规模而定，但需用 60 厘米高的竹栅将鹅舍横向隔成约 10 平方米的小格，减少鹅只随处跑动或防止发生挤压。鹅舍建成水泥地面。运动场内要建设水池，面积根据饲养数量决定，但高度一定要达到 50 厘米以上，水池最好用水泥地面，且要排水方便，以利于及时换水。运动场可部分用遮光网遮光或种树，利于防暑降温。料槽和水槽最好用活动的，便于清洗，料槽安放的数量与位置以鹅群同时进食不发生拥挤踩踏为度。

### 3. 种鹅舍的建设

种鹅舍跟育成舍的格局都是大同小异的，主要的区别在于要规范建设，因为种鹅的饲养时间比较长，而且环境的好坏会影响它们的产蛋率，所以最好按照标准来建造。根据养殖规模将鹅舍分成若干个格，按照每平方米 2 只种鹅的密度来饲养，每间栏舍都要单独配一个运动场和一个水池。如果将种鹅舍建在有流动水的地方就更为理想，另外在每间栏舍的角落都要铺设稻草，方便种鹅产蛋。

## （二）繁殖技术

### 1. 种蛋的挑选

高品质的种蛋是获得良好孵化率的内在因素和先决条件，所以要对入孵的种蛋进行认真的挑选。选择无裂缝、无异味、干净、壳厚、无变质的鹅蛋作为种蛋。通常选择种鹅开产 2 周后的蛋，而且重量要达到 170 克以上。

### 2. 种蛋消毒

将挑选好的种蛋摆放在蛋盘上，注意一定要平放在蛋盘上，摆放好后统一放到托架上再进行消毒工作，消毒可以选用百毒杀溶剂调配成 1∶500 溶液后直接喷洒在种蛋上，消毒完成后直接将托架推到孵化机内，将孵化机的门关好，即可进行孵化。

### 3. 孵化温度、湿度控制

种蛋要在孵化机内待 28 天，鹅种蛋的孵化温度要保持在 37.5 ～ 37.7℃。在孵化的前 15 天时间内，要将孵化的相对湿度保持在 55% ～ 60%，16 ～ 25 天将相对湿度保持在 60% ～ 65%，26 ～ 28 天将相对湿度保持在 70% ～ 75%。

### 4. 翻蛋

孵化的 1 ～ 25 天，每天每 2 小时翻蛋一次，翻蛋角度为 100°～ 120°。

### 5. 照蛋

整个孵化期间需要照蛋 5 次，及时将无精蛋、死胚蛋拣出。正常胚胎的形状为第 1 天胚盘明显扩大，明区呈梨形或圆形，器官原基出现，胚盘出现原条；第 2 天出现血管，心脏形成并开始搏动；第 3 天羊膜覆盖胚胎头部，可见到卵黄囊血管区，似樱桃状；第 4 天头部明显向左侧方向弯曲，与身体垂直，尾芽形成；第 5 天喙、四肢、内脏和尿囊原基出现；第 6 天肉眼可见到尿囊出现；第 7 天胚体极度弯曲，初具鸟形；第 8 天眼球大量沉积黑色素；第 9 天出现口腔，尿囊明显增大；第 10 天羽毛原基遍及头、背、胸、腹等部，尾部明显。胚胎的肋骨、肝、肺、胃明显，四肢成形，趾间有蹼；第 11 天胸腔愈合；第 12 天背部出现绒毛，喙形成；第 13 天喙开始角质化；第 14 天尿囊在锐端合拢；第 15 天前肢形成翼，外耳道形成；第 16 天腹腔愈合；第 18 天全身覆盖绒毛，但头部尚不明显；第 20 天眼睑合闭，头开始移向右下翼；第 23 天蛋白基本吞食完毕；第 25 天蛋黄开始吸入腹腔，开始睁眼；第 28 天 蛋黄吸收完毕，开始啄壳；第 29 天开始出雏；第 30 天大量出雏；第 31 天出雏完毕。

### 6. 出雏

到了第 28 天，就要将种蛋从孵化机中移出，直接将种蛋摆放到摊床上，然后用毛毯将种蛋盖住，做好管理，经常检查，发现表皮颜色灰暗，手摸蛋感到冰凉或者蛋的尖端发黑的，变味发臭，就是死胚，要及时拣出。温度保持在37℃左右，通常用人的眼皮测试种蛋的温度是否合适，将种蛋放贴在眼皮上，感觉一下温度是否接近人体的温度，如果觉得舒服，就说明种蛋的温度和人体温度接近，此时种蛋的温度最合适。调节温度可以采用换位置的方法，做法是将中间种蛋和周围的种蛋互换位置，这样可以均衡温度，只要温度控制好，大约3天就可以全部出壳。

出雏前应准备好装雏鹅的竹筐，筐内应垫上垫草或草纸，一般每隔3～4小时拣雏1次。拣雏动作要求轻、快。先将绒毛已干的雏鹅迅速拣出再将空蛋壳拣出，以防蛋壳套在其他胚蛋上，使胚胎闷死。少数出壳困难的可进行人工助产，出雏期间，不应频繁打开出雏机，以免影响机内的温度、湿度。

### （三）雏鹅的饲养管理

#### 1. 雏鹅的选择

出壳健壮的雏鹅卵黄和脐带吸收好，毛干后能站稳，活泼，眼大有神，反应敏感，叫声有力，毛色光亮，用手握住颈部向上提时，双脚迅速收缩。对于腹部较大、血脐、瞎眼等弱雏都要淘汰。

#### 2. 潮口与开食

雏鹅出壳后24～36小时开食为宜，开食前饮水称为"潮口"。用于潮口的水要清洁卫生，并加入0.1％高锰酸钾，可预防肠道疾病。潮口后即可喂料，第一次喂料称为"开食"。一般用小米蒸八分熟，并搭配适量切成细丝的青菜叶或嫩草叶，撒在塑料布上引诱雏鹅啄食。

#### 3. 饲喂管理

① 2～3天用开食的方法调教喂饲料，经几次后鹅就会自

动吃食。前 3 天主要是米饭，以后逐渐掺进配合饲料，1 周后全喂配合饲料，1 ～ 3 天内，白天喂 4 ～ 5 次，夜间喂 2 次，每次喂到七八成饱。

② 5 ～ 10 日龄的雏鹅，消化能力增强，可逐渐增喂次数，白天喂 6 次，夜间喂 2 次。其中米饭与配合饲料为 20％ ～ 30％，青料为 70％ ～ 80％。另外，饲料配方为玉米 60％、麦麸 16.7％、豆粕 21％、骨粉 1.2％、稻谷壳 0.3％、磷酸氢钙 0.6％、食盐 0.2％，适量添加多种维生素、甲硫氨酸、赖氨酸添加剂。

③ 11 ～ 20 日龄的雏鹅，以喂青料为主，精料与青料的搭配比例为（1∶4）～（1∶8）。此时雏鹅已能放牧吃草，饲喂次数可减少至白天 4 ～ 5 次，夜间 1 次。

④ 21 ～ 30 日龄的雏鹅，体质增强，消化能力提高，精料与青料的搭配比例为（1∶9）～（1∶12），白天喂 2 ～ 3 次，夜间喂 1 次，并可逐渐延长放牧时间。

### 4. 雏鹅的管理

由于雏鹅适应外界环境的能力不强，因此除应精心喂养外，还要特别注意加强保温、保湿等方面的管理。具体要求如下。

（1）保温　一般出壳后要保温 2 ～ 3 周。农村多用自体供温与人工供温相结合的方法。不同日龄的雏鹅所需的温度不同，1 ～ 5 日龄时要求维持在 27 ～ 28℃；6 ～ 10 日龄时为 23 ～ 24℃；11 ～ 17 日龄时为 19 ～ 20℃；18 ～ 24 日龄时为 15 ～ 16℃。

（2）保湿　育雏室的窗门不宜密闭，要注意通风透光，室内相对湿度以维持在 60％ ～ 65％ 为宜。室内不宜放置湿物，水槽中的水切勿外溢，以保持地面干燥。

（3）分群　雏鹅可采用地面分格垫草圈养，将育雏室分为若干小间，每小间饲养 30 ～ 50 只。1 ～ 5 日龄 25 只每平方米，6 ～ 10 日龄 20 只每平方米，11 ～ 15 日龄 15 只每平方米，

16 ～ 20 日龄 12 只每平方米，21 日龄 8 ～ 10 只每平方米，22 日龄以上 8 只每平方米。

（4）清洁卫生和防鼠　经常打扫地面和更换垫草。水槽和料槽要每天清洗、保持干净，每隔 3 天整个育雏室用高效消毒药（如戊二醛）消毒。育雏室晚上要点灯，以便观察雏鹅的动静和防止鼠害。

（5）隔离　在日常管理中如发现体质瘦弱、行动迟缓、食欲不振、排便异常的雏鹅应马上隔离饲养和治疗。

## （四）育成鹅的饲养管理

育成鹅是指 30 日龄到 70 日龄的鹅。

### 1. 日常管理

小鹅可全天在户外活动，如果阳光充足，则让鹅自由下水游泳，晚上赶回舍内休息，池水要保持清洁，最好每天更换。若遇冬春气温较低，对 25 ～ 35 日龄的小鹅需用红外线灯保温，使舍内温度控制在 20℃左右。35 天后小鹅体温调节能力增强，夜间控制好门窗，保持通风良好，气流不宜过大。经常查巡鹅舍，使鹅只均匀分布，避免出现挤压。5 ～ 8 周龄仔鹅舍内饲养密度 10 只每平方米，9 ～ 10 周龄仔鹅舍内饲养密度 6 ～ 8 只每平方米。做好消毒和环境卫生管理，每隔 3 ～ 5 天进行一次带鹅消毒，每天清洗消毒饲喂和饮水设备，常用消毒药有 0.3% 过氧乙酸、0.1% 新洁尔灭和 0.1% 次氯酸钠等。每天清扫鹅舍卫生，保持料槽、水槽及用具干净，保持地面清洁，经常检查饮水设备，细致观察鹅群的健康状态。

### 2. 饲养管理

为方便管理和减少鹅只堆挤，一般可按 400 只一群，分开管理。30 日龄后鹅生长发育还是很快，消化器官发达，青粗饲料利用力强，可加大青粗饲料的投饲量，降低饲料成本。

30～50日龄又是鹅长骨骼的时期，通过粗饲，使鹅躯体增大，为后期育肥打好基础。饲料配方为玉米63％、麦麸21.2％、豆粕13.5％、骨粉1.2％、稻谷壳0.4％、磷酸氢钙0.5％、食盐0.2％，适量添加多种维生素、甲硫氨酸、赖氨酸添加剂。30～55日龄日喂3次，以每次基本吃完为宜。

实行放牧的，以放牧为主，依放牧地或青饲料条件适当补喂混合饲料，饲料配方可参考舍饲鹅配方，每只成年鹅每日采青料2～2.5千克，依培育种鹅与育肥鹅酌情补喂混合精料300～400克。30～50日龄的鹅每昼夜喂4～6次，51～80日龄每昼夜喂3～4次。放牧时鹅群应分40～60只为一群，将鹅群赶到牧地慢慢行走，不可聚集成堆、烈日曝晒或雨淋。

饲养应该达到：鹅只健壮，体型适中，下腹空盈，体格大，食欲旺盛，羽毛干净有光泽。如果下腹充实、脂肪沉积多，就应增大粗料投放量，减缓脂肪沉积；食欲减退则应增加青料量，促进食欲。

55日龄时，如果是饲养肉用仔鹅的，此时进入育肥期，这个时期应增大饲料中能量比例，使鹅迅速沉积脂肪，体重增加，提高饲养经济效益，同时也提高肉质风味（肌纤维间脂肪含量多，肉质滑嫩，味道鲜美）。饲料配方为玉米75％、麦麸10.2％、豆粕13％、骨粉1％、稻谷壳0.2％、磷酸氢钙0.4％、食盐0.2％，适量添加多种维生素、甲硫氨酸、赖氨酸添加剂。青料的用量以能维持鹅的食欲即可。到了70日龄的时候，狮头鹅的平均体重可以达到6.5千克左右，即可出栏上市了。

如果要留作种鹅，此时就要进行选留，公母比例按照1∶4留取，要以头大、颈长、体型大而健壮、羽翼丰满的狮头鹅作为选种的条件，选种完成后即进入后备种鹅饲养阶段。

### （五）后备种鹅的饲养管理

后备期是指70日龄到140日龄的鹅。这一时期狮头鹅主要是进行换羽，体重及生长发育不明显，饲料量逐渐减少，70～120日龄的鹅每天喂2次即可，有放牧条件的，以放牧采食为主，视采食情况不补或少量补充精饲料。120～140日龄，此时换羽基本完成，还要根据第一次同样的标准进行第二次选种，将弱小、不健康的淘汰。

### 1. 限饲期的饲养管理

第二次选种以后，要在饲粮中加入适量的谷壳作填充量，为的是逐渐降低饲料营养水平，为进入限饲期做好过过渡准备。一年以上的种鹅的休产期也属于限饲期，通过限制饲养，控制生长并促使生殖系统发育完善，对进入产蛋期的种鹅产蛋量和种蛋的受精率都有较大的影响。

还可以通过饲料的饲喂量来调节限制饲养，可以按照每只鹅每天投喂统糠200克、稻谷壳150壳的数量分两次饲喂，时间可以选择在每天的上午7～8点和下午的3～4点。

### 2. 日常管理

根据羽毛的生长和体质情况，到190～200天的时候，要进行拔羽，拔羽可以使狮头鹅整齐进入产蛋期，如果任种鹅的羽毛自行退换，鹅与鹅之间的产蛋期就会相差15天左右，所以拔羽有利于产蛋期的管理。这时正好是每年的芒种至夏至这段时间，拔出时毛根干枯，不带血，要拔去主、副翼羽和尾羽，然后再开始加强饲养管理，以促进群体的正常发育。

## （六）种鹅的饲养管理

种鹅的饲料营养要求不高，采用配合日粮或全价配合日粮，具体的饲料配方如下：玉米54%、麦麸17%、豆粕22%、骨粉1.5%、稻谷壳4%、磷酸氢钙1.3%、食盐0.2%，还要添加1000克的甲硫氨酸、200克的多种维生素、15克的粗蛋白。每只鹅每天投喂300～350克，分两次投喂，投喂时间可以选择在上午的7～8点和下午的4～5点。种群的公母比例为1:4，但是在大群饲养时，为了防止因公鹅伤病而影响鹅蛋的受精率，可以在第二次选留种时，按照每群留取公鹅2～3只作为备用，以保证受精率，这几只鹅要隔离饲养。

鹅的自然交配是在水上完成的，所以，养殖者要掌握鹅每天的下水规律。鹅的产蛋时间不一，一般在每天的下半夜至上午居多，要求饲养员每天要拣蛋 3～4 次，及时将蛋拣出，防止鹅蛋因母鹅抱孵或者受污染而影响孵化率。另外，拣完蛋后还要更换鹅舍内的垫草，更换垫草时要彻底清除干净，通常每隔 3 天更换一次，以保持鹅舍的干净卫生。

鹅蛋拣出后不要随便放，要将鹅蛋摆放到专门的支架上，做好种鹅蛋保存的时间、温度、湿度、存放方式等几个方面的调控。种鹅蛋最佳的保存时间在 7 天以内，超过 7 天孵化率会有所下降，且弱雏率会增加。种鹅蛋最佳的保存温度在 15℃左右，环境相对湿度最好保持在 75%～80%。存放种鹅蛋的地方要采取适当的通风措施，且存放种鹅蛋的地方应保证没有可能会对种鹅蛋造成污染的化肥、农药等，以保证种鹅蛋的新鲜度。种鹅蛋存放千万不能用水清洗，因为在鹅蛋的表面有一层白霜，这层白霜起到保护鹅蛋蛋壳气孔的作用，能够防止细菌侵入与鹅蛋的水分挥发，防止鹅蛋较快变质。

## （七）疫病防治

狮头鹅较其他禽类抗病力强，在平时要做好鹅舍的消毒工作和常见病的预防工作。主要有小鹅瘟、大肠杆菌病、鸭瘟、巴氏杆菌病等。常用的免疫程序为：1 日龄注射小鹅瘟卵黄抗体 1 毫升（母源抗体高可不注射）；7～10 日龄注射小鹅瘟弱毒活疫苗 1～2 羽份；15～20 日龄注射大肠杆菌、巴氏杆菌二联灭活菌苗 1 毫升 / 羽；28～30 日龄注射小鹅瘟弱毒活疫苗 20～25 羽份。

第七章

# 鹅的疾病防治

预防为主

## 一、养鹅场的生物安全管理

生物安全是近年来国外提出的有关集约化生产过程中保护和提高畜禽群体健康状况的新理论。生物安全的中心思想是隔离、消毒和防疫。关键控制点是对人和环境的控制,最后达到建立防止病原入侵的多层屏障的目的。因此,养鹅场饲养管理者必须认识到,做好生物安全是避免疾病发生的最佳方法。一个好的生物安全体系将发现并控制疾病侵入养殖场的各种最可能途径。

生物安全包括控制疫病在鹅场中的传播、减少和消除疫病发生。因此,对一个鹅场而言,生物安全包括两个方面:一是外部生物安全,防止病原菌水平传入,将场外病原微生物带入场内的可能降至最低。二是内部生物安全，防止病原菌水平传播，降低病原微生物在鹅场内从病鹅向易感鹅传播的可能。

鹅场生物安全要特别注重生物安全体系的建立和细节的落实到位。

### （一）鹅场的隔离

鹅传染病的发生是由传染源、传播途径和易感鹅群三个环节构成的（见图7-1）。患传染病的病鹅，是重要的传染源。不明显的带病原体的鹅，虽然本身不致病，但排出的病原体可引起敏感的鹅发生疾病，造成流行。传播途径分为直接接触和间接接触两种。多数鹅传染病的传播是通过间接接触，即病鹅或其排出的病原体污染饲料、饮水、空气、土壤等，使健康的鹅吃入或接触而感染发病，并把病传染开来。鹅群的易感性，决定于鹅饲养管理水平和免疫程度。饲养管理合理，及时进行免疫接种，就可以提高鹅群抵抗力和特殊免疫力，降低易感性。可见，三者之中，只要控制其中一个环节，就可控制疾病的流行。因此，实行隔离制度是切断传染病流行的最重要措施。

图7-1 传染病流行的基本环节

隔离制度通常有鹅场及鹅舍的隔离、养鹅生产实行"全进全出"和鹅群的隔离。

### 1. 鹅场及鹅舍的隔离

鹅场应远离交通要道和居民点，最少要相隔1公里；鹅场内的工作区和生活区要分开，注意鹅群的卫生防疫。鹅场布局要就地势的高低和主导风向，按防疫需要合理安排，依次为职工生活管理区—鹅饲养区—粪污处理区。鹅场有2栋以上的鹅舍时，鹅舍之间最少要相隔10米。种鹅场应设在上风向，与商品鹅场、屠宰场或其他养禽场保持间距在500米以上；孵化室应设在种鹅场附近，位于上风向，并与商品鹅场隔开一定距离；鹅场的周围应栽树，鹅舍的外面要有围墙。

养鹅场要制定严格的生物安全制度。如新引进的鹅（雏鹅、幼鹅和小母鹅）移动时要用消毒过的运输工具（如箱、篓和车辆等）；每栋鹅舍要有单独的饲养员，各舍饲养员禁止串场、串岗，以防交叉感染；服务人员做疫苗接种或因其他原因需要进入鹅舍时，需要穿消毒过的服装、帽子和靴子；病、死鹅必须做无害化处理（最好烧掉或埋掉）；运送垫料或其他物品的车要消毒；无关人员不准进入场区和鹅舍，要控制和消灭鹅舍附近的昆虫；饲养员和其家庭成员应避免同养禽业有关的行业相接触，如屠宰场、孵化场，不要参观其他的鹅场和鸟类养殖场；养鹅场有防止野鸟进入鹅舍内的防护网；鹅舍内不许养观赏鸟、猫和犬；鹅舍内的垫草、鹅粪便和其他废料应送往远离鹅舍1公里以外的地方，发酵后作为肥料等。

### 2. 养鹅生产实行"全进全出"

"全进全出"是指在同一栋鹅舍或在同一鹅场只饲养同一批次、同一日龄的肉鹅，同时进场、同时出栏的管理制度。"全进全出"分三个级别：一是在同一栋鹅舍内"全进全出"；二是在鹅场内的一个区域范围内实行"全进全出";三是整个鹅场实行"全进全出"。

实行"全进全出"的好处主要表现在:一是能有效控制鹅病,提高肉鹅的出栏率。全场肉鹅饲养施行"全进全出",在肉鹅出场后,能彻底打扫卫生、清洗、消毒,切断病原的循环感染,保证下一批鹅群健康。二是便于饲养管理。整栋或整场都饲养相同日龄的肉鹅,雏鹅同时进场,温度控制、饲料配制与使用、免疫接种等工作都变得单一,容易操作。

### 3. 鹅群的隔离

鹅群隔离就是在检疫的基础上,将发病鹅、可疑感染鹅和假定健康鹅分开饲养。目的是控制传染源,保护易感动物,防止疫情扩大,以便将疫情限制在最小的范围内就地扑灭。同时也便于采取对发病鹅进行治疗、对可疑感染鹅和假定健康鹅进行紧急免疫接种等防疫措施。

发病鹅包括有典型症状、前驱症状以及感染群中非典型症状或经特殊检查(微生物学或分子生物学检测)为阳性的鹅等都是危险的传染源。若是烈性传染病,应依据国家相关法律法规中的有关规定进行处理。若是一般性疾病可进行隔离,病鹅少时,将其从大群中剔除处理或直接淘汰。病鹅数量多时或没有隔离舍,则将其留在原舍隔离治疗。

可疑感染鹅指未发现任何症状,但与病鹅同群、同舍或有过明显接触者,可能已经处于潜伏期,因此,也要隔离,进行药物防治或其他紧急防疫。

假定健康鹅是除上述两类外,场内其他禽均属于假定健康鹅,也要注意隔离,加强消毒,进行各种紧急防疫。

## (二)鹅场的消毒

消毒是养鹅场最常见的工作之一。保证养鹅场消毒效果可以节省大量用于疾病免疫、治疗方面的费用。随着养鹅业发展趋于集约化、规模化，养鹅人必须充分认识到养鹅场消毒的重要性。

消毒的目的是消灭病原微生物，如果存在病原微生物就有传播的可能，最常见的疾病传播方式是鹅与鹅之间的直接接触，引入疾病的最大风险总是来自感染的家禽。因此，应重视从场外引进鹅的生物安全。其他能够传播疾病的方式包括：空气传播，例如来自相邻鹅场的风媒传播；机械传播，例如通过车辆、机械和设备传播；人员传播，通过鞋和衣物；鸟、鼠、昆虫以及其他动物（家养、农场和野生）传播；污染的饲料、水、垫料传播等。疾病要想传播，首先必须有足够的活体病原微生物接触到鹅只。生物安全就是要尽可能减少或稀释这种风险。因此，卫生、清洗消毒就成了生物安全计划不可分割的部分。

因此，一贯的、高水准的清洗消毒就是打破某些传染性疾病在场内再度感染的循环周期的有效方式。所以，养鹅场必须高度重视消毒工作。

## （三）防止应激

应激是作用于动物机体的一切异常刺激，引起机体内部发生一系列非特异性反应或紧张状态的统称。对于鹅来说，任何让鹅只不舒服的动作都是应激。应激对鹅会有很大危害，造成鹅只免疫力、抗病力下降，导致免疫抑制，诱发疾病，发生条件性疾病。可以说，应激是百病之源。

防止和减少应激的办法很多，在饲养管理上要做到"以鹅为本"，精心饲喂，从养鹅日常管理的细节入手，做到日常管理有规律，建立鹅的条件反射，减少各种应激反应。程序一旦定下来不可随意改动，但可随季节昼夜长短变化逐渐调整。供应营养平衡的饲料，控制鹅群的密度，做好鹅舍通风换气，控制好温度、湿度和噪声，随时供应清洁充足的饮水等。

## （四）定期进行抗体检测

养鹅场应依照《中华人民共和国动物防疫法》及其配套法规，以及当地农业农村主管部门有关要求，并结合当地疫病流行的实际情况，制定疫病监测方案并实施，并应及时将监测结果报告当地农业农村主管部门。

鹅饲养场常规监测的疫病有高致病性禽流感、小鹅瘟、鹅副黏病毒病、禽霍乱等。养鹅场应接受并配合当地动物卫生监督机构进行定期或不定期的疫病监督抽查、普查、监测等工作。

## （五）实施群体预防

养鹅场应根据《中华人民共和国动物防疫法》及其配套法规的要求，结合当地疫病流行的实际情况，制定免疫计划，有选择地进行疫病的预防接种工作。对国家农业农村主管部门不同时期规定需强制免疫的疫病，疫苗的免疫密度应达到100%，选用的疫苗应符合《中华人民共和国兽用生物制品质量标准》，并注意选择科学的免疫程序和免疫方法。

进行预防、治疗和诊断疾病所用的兽药应是来自具有兽药生产许可证，并获得农业农村部颁发兽药GMP证书的兽药生产企业，或农业农村部批准注册进口的兽药，其质量均应符合相关的兽药国家质量标准。使用饲料药物添加剂应符合农业农村部《饲料药物添加剂使用规范》的规定。禁止将原料药直接添加到饲料及饮用水中或直接饲喂。不得使用国家禁用药品。为了保证动物性食品的安全，农业农村部颁布了《食品动物中禁止使用的药品及其他化合物清单》，凡是列入清单的药物，鹅场均不得使用。

不管是预防性用药还是治疗性用药，都应按兽医的要求购买正规厂家生产的合格药品。不要随意加大或减少用药量。掌握正确的用药方法。投药前要适当停料停水，保证投药后鹅群能迅速地将拌有药品的饲料采食干净或将溶有药品的饮水饮用完。加入药品的饲料、饮水的数量不要太多，以鹅群可一次性采食、饮用完为宜。药品拌入饲料或溶入水中后要立即使用。

注意掌握休药期，并认真做好用药记录。

## （六）加强饲料卫生管理

饲料原料和添加剂应符合感官要求，即具有该饲料应有的色泽、嗅、味及组织形态特征，质地均匀，无发霉、变质、结块、虫蛀及异味、异嗅、异物。饲料和饲料添加剂的生产、使用，应是安全、有效、不污染环境的。符合单一饲料、饲料添加剂、配合饲料、浓缩饲料和添加剂预混合产品的饲料质量标准规定。所有饲料和饲料添加剂的卫生指标应符合《饲料卫生标准》（GB 13078—2017）的规定。

饲料原料和添加剂应符合《无公害食品　畜禽饲料和饲料添加剂使用准则》（NY 5032—2006）的要求，并在稳定的条件下取得或保存，确保饲料和饲料添加剂在生产加工、贮存和运输过程中免受害虫、化学、物理、微生物或其他不期望物质的污染。

在鹅的不同生长时期和生理阶段，根据营养需求，配制不同的全价配合饲料。营养水平不低于该品种营养标准的要求，建议参考使用饲养品种的饲养手册标准，配制营养全面的全价配合饲料。禁止在饲料中添加违禁的药品及药品添加剂。使用含有抗生素的添加剂时，在商品鹅出栏前，按有关准则执行休药期。不得使用变质、霉败、生虫或被污染的饲料。不应使用未经无害化处理的泔水、其他畜禽副产品。

## （七）引种要求

引进种鹅和种蛋时，应从具有种畜禽生产经营许可证和动物防疫条件合格证的种禽场引进。《动物检疫管理办法》第二十条"跨省、自治区、直辖市引进的乳用、种用动物到达输入地后，在所在地动物卫生监督机构的监督下，应当在隔离场或饲养场（养殖小区）内的隔离舍进行隔离观察，大中型动物隔离期为 45 天，小型动物隔离期为 30 天。经隔离观察合格的方可混群饲养；不合格的，按照有关规定进行处理。隔离观察合格后需继续在省内运输的，货主应当申请更换《动物检疫合格证明》。动物卫生监督机构更换《动物检疫合格证明》不得收费"。保留种畜禽生产经营许可证复印件、《动物检疫合格证明》和车辆消毒的相关证明。不得从疫区或可疑疫区引种。若从国外引种，应按照国家相关规定执行。

### （八）建立各项生物安全制度

建立生物安全制度就是将有关鹅场生物安全方面的要求、技术操作规程加以制度化，以便全体员工共同遵守和执行。

大门口严格标识"防疫重地，谢绝参观"，设专人把守，严禁外来车辆和人员进场；进入生产区时必须洗手消毒并经消毒通道（有消毒水池和紫外线）方可进入。

各舍饲养员禁止串场、串岗，以防交叉感染。场区环境应保持干净无污染，不要轻视野鸟对传染病的传播，严防其粪便污染饲料和运动场。坚持定期的全场消毒和带鹅消毒，发病期间要天天消毒。做好灭鼠和灭蚊蝇工作。病死鹅和解剖病料必须做无害化处理，不得任其污染环境，造成人为地传播疾病。

工具管理方面做到专舍专用工具，各舍设备和工具不得串用，工具严禁借给场外人员使用。

# 二、鹅场消毒

### （一）养鹅场消毒时机的把握

#### 1. 进鹅前消毒

购买雏鹅或者育成鹅进入育肥舍或种鹅舍需至少提前一周

时间，对育雏舍或者育肥舍及周边环境进行一次彻底消毒，杀灭所有病原微生物。

### 2. 定期消毒

病原微生物的繁殖能力很强，无论养禽还是养畜，都要对畜禽圈舍及周围环境进行定期消毒。规模养殖场都要有严格的消毒制度和措施，一般每月至少消毒 1 ～ 2 次。

### 3. 鹅转群或者淘汰出栏后消毒

鹅转群或者淘汰出栏后，舍内外病原微生物较多，必须进行一次彻底清洗和消毒。消毒鹅舍的地面、墙壁及周边，所有清理出的垃圾和粪便要集中处理，鹅粪便和垫料可堆积发酵，垃圾可单独焚烧或者深埋，所有养殖工具要清洗和用药物消毒。

### 4. 高温季节消毒

夏季气温高，病原微生物极易繁殖，是畜禽疾病的高发季节。因此，必须加大消毒强度，选用广谱高效消毒药物，增加消毒频率，一般每周消毒不得少于 1 次。

### 5. 发生疫情紧急消毒

如果畜禽发生疫病，往往引起传染，应立即隔离治疗，同时迅速清理所有饲料、饮水和粪便，并实施紧急消毒，必要时还要对饲料和饮水进行消毒。当附近有畜禽发生传染病时，还要加强免疫和消毒工作。

## （二）消毒剂的选择

鹅舍常用消毒药品的选择与其他药物一样，化学消毒药对微生物有一定选择性，即使是广谱消毒药也存在这方面问题。因为不同种类的微生物（如细菌、病毒、真菌、支原体等），或同类微生物中的不同菌株（毒株），或同种微生物的不同生物状态（如芽孢体和繁殖体等），对同种消毒药的敏感性并不完全相同。如细菌芽孢对各种消毒措施的耐受力最强，必须用杀菌力强的灭菌剂、热力或辐射处理，才能取得较好效果。故一般将其作为最难消毒的代表。其他如结核杆菌对热力消毒敏感，而对一般消毒剂的耐受力却比其他细菌强。真菌孢子对紫外线抵抗力很强，但较易被电离辐射所杀灭。肠道病毒对过氧乙酸的耐受力与细菌繁殖体相近，但季铵盐类对之无效。肉毒杆菌毒素易为碱破坏，但对酸耐受力强。至于其他细菌繁殖体和病毒、螺旋体、支原体、衣原体、立克次体对一般消毒处理耐受力均差，常见消毒方法一般均能取得较好效果。所以，在选择消毒药时应根据消毒对象和具体情况而定。

选用的原则是首先要考虑该药对病原微生物的杀灭效力，其次是对鹅和人的安全性，同时还应具有来源广泛、价格低廉和使用方便等优点，才能选择使用。

### （三）鹅舍消毒

鹅舍的彻底消毒对防止疾病传播起到至关重要的作用，是实现全进全出制度的重要步骤。鹅舍消毒是在一批鹅淘汰或转群后，在鹅舍空栏的情况下而进行的消毒（见视频7-1）。包括舍内门

视频7-1 养殖场
常规消毒方法

窗、墙壁、地面、笼具和工具等，要求按先顶棚后地面、先移出设备后清洗、先室内后环境等顺序，消毒要彻底，不留死角。清扫出来的杂物要集中运到指定垃圾处理处填埋或焚烧处理，不能随便堆置在鹅舍附近。冲洗出的污水要排到下水道内，不应任其自由漫流，以致对鹅舍周围环境造成新的人为污染。

鹅舍消毒的程序：清扫—冲洗—干燥—火焰消毒—第一次化学消毒—10%石灰乳粉刷墙壁和天棚—移入已洗净的笼具等设备并维修—第二次化学消毒—干燥—高锰酸钾和甲醛熏蒸

消毒。

消毒前必须经过彻底地清洗（见图 7-2），因为彻底的清洁是有效消毒的前提。同时进行清洗和消毒是没有作用的。一方面，除了高活性的碱液（如氢氧化钠）和某些特殊组方的复方消毒剂外，一般消毒剂哪怕是接触到最微量的有机物（污物、粪便）也会失去杀菌力，达不到杀灭病原微生物的效果。靠提高浓度来消毒的想法是荒谬的，即使提高 2 ～ 4 倍也不会有任何加强效果，只会加大成本。另一方面，过高浓度的消毒液会严重腐蚀鹅舍设备。

图 7-2　消毒前清洗

清扫：对于淘汰或转群后的鹅舍，要将舍内的垫草垃圾、粪便、羽毛等废弃物清除掉，将地面、门窗、屋顶、笼架、蛋箱、用具、灯泡等的灰尘清扫干净。

冲刷：用水冲刷舍内的墙壁、地面、笼架、用具等。有条件的用高压水枪冲洗效果更好。墙角、笼架下、粪道、风道、烟道等都要冲刷干净。

火焰消毒：用火焰枪对墙壁、地面、笼架及不怕烧的用具表面进行消毒，速度为每分钟 2 平方米。

第一次化学消毒：用消毒药喷洒或浸泡消毒。用消毒药喷洒墙壁、门窗、顶棚、笼架等。能移动的料水槽可放到大容器内用 1% 氢氧化钠液或百毒杀液浸泡 1 天，刷净，再用清水冲洗干净，晾干备用；笼养的要用消毒液反复擦洗料槽。

第二次化学消毒：选择常规的氯制剂、表面活性剂、酚类消毒剂、氧化剂等用高压喷雾器按顺序喷洒。

高锰酸钾和甲醛熏蒸消毒：熏蒸用药量根据实际情况分为三级消毒。一级消毒适用于发生过一般性疾病或未养过鹅的鹅舍；二级消毒适用于发生过较重传染病的鹅舍，如球虫病、大肠杆菌病等；三级消毒适用于发生过烈性传染病的鹅舍，如小鹅瘟、禽流感等。

每立方米用药量：一级，高锰酸钾 7 克、福尔马林 14 毫升；二级，高锰酸钾 14 克、福尔马林 28 毫升；三级，高锰酸钾 21 克、福尔马林 42 毫升。

有条件的鹅场在熏蒸消毒前将灯线或灯泡更换新的，以防消毒不严或漏电。还要注意通风孔及风扇处的消毒清洗。鹅场用于周转的饲料袋最好一批鹅更新一次，或将用过的料袋放入来苏尔水中浸泡 24 小时，再用清水冲洗，晾干后再熏蒸，定点使用效果更好。

鹅舍一旦消毒完毕，任何人不能随意进入。

## （四）影响消毒效果的主要因素

### 1. 消毒剂的选择是否正确

要选择对重点预防的疫病有高效消毒作用的消毒剂，而且要适合消毒的对象，不同的部位适合不同的消毒剂。地面和金属笼具最适用氢氧化钠，空间消毒最适合用甲醛和高锰酸钾。

不同的消毒液对不同的病原体敏感性是不一样的，一般病毒对含碘、溴、过氧乙酸的消毒液比较敏感，细菌对含双链季铵盐类的消毒液比较敏感。所以，在病毒多发的季节或鹅生长阶段（如冬春）应多用含碘、含溴的消毒液，而细菌病高发时（如夏季）应多用含双链季铵盐类的消毒液。对于球虫类的卵囊，则用杀卵囊药剂。

各种病原体只用一种消毒剂消毒是不行的，总用一种消毒液容易使病菌产生耐药性，同一批鹅应交替使用2～3种消毒液。消毒液选择还要注意应选择不同成分而不是不同商品名的消毒液，因为市面上销售的消毒液很多是同药异名。

### 2. 稀释浓度是否合适

药液浓度是决定消毒剂对病原体杀伤力的第一要素，浓度过大或者过小都达不到消毒的效果。消毒液浓度并不是越高越好，浓度过高一是浪费，二会腐蚀设备，三还可能对鹅造成危害。另外，有些消毒药浓度过高反而会使消毒效果下降，如酒精在75%时消毒效果最好。对黏度大、难溶于水的药剂要充分稀释，做到浓度均匀。

### 3. 药液量是否足够

要达到消毒效果，不用一定量的药液将消毒对象充分湿润是不行的，通常每立方米至少需要配制200～300毫升的药液。用量太大会导致舍内过湿，用量小又达不到消毒效果。一般应灵活掌握，在鹅群发病、育雏前期、温暖天气等情况下应适当加大用量，而天气冷、育雏后期用量应减少。只有浓度正确才能充分发挥其消毒作用。

### 4. 消毒前的清洁是否彻底

有机物的存在会降低消毒效果。对欲消毒的地面、门窗、用具、设备、屋顶等均须事先彻底消除有机物，不留死角，并冲洗干净。污物或灰尘、残料（如蛋白质）等都会影响消毒液的消毒效果，尤其在进雏前消毒育雏用具时，一定要先清洗再消毒，不能清洗消毒一步完成，否则污物或残料会严重影响消毒效果，使消毒不彻底。用高压加高温水，容易使床面黏着的脏物和油污脱落，而且干得快，从而缩短了工作时间。此外，在水洗前喷洗净剂，不仅容易使床面黏着的鹅粪便剥落，同时也能防止尘埃的飞散。再则，在洗净时用铁刷擦洗，能有效地减少细菌数。

### 5. 消毒的时间是否足够

任何消毒剂都需要同病原体接触一定的时间，才能将其杀死，一般为 30 分钟。

### 6. 消毒的环境温度和湿度是否满足

消毒剂的消毒效果与温度和湿度都有关。一般情况下，消毒液温度高，消毒效果强，温度低则杀毒作用弱、速度慢。试验证明，消毒液温度每提高 $10^{\circ}\text{C}$，杀菌效力增加 1 倍，但配制消毒液的水温以不超过 $45^{\circ}\text{C}$ 为好。另外，在熏蒸消毒时，需将舍温提高到 $20^{\circ}\text{C}$ 以上，才有较好的效果，否则效果不佳（舍温低于 $16^{\circ}\text{C}$ 时无效）；很多消毒措施对湿度的要求较高，如熏蒸消毒时需将舍内湿度提高到 $60\% \sim 70\%$，才有效果；生石灰单独用于消毒是无效的，须洒上水或制成石灰乳等。所以消毒时应尽可能提高药液或环境的温度，以及满足消毒剂对湿度的要求。

### 7. pH 值是否吻合

若由于冲洗不干净，鹅舍内的 pH 值（$8 \sim 9$）偏高呈碱性，而在酸性条件下才能有效的消毒药物，此时其效果将受到影响。

### 8. 水的质量是否达标

所有的消毒剂性能在硬水中都会受到不同程度的影响，如苯制剂、煤酚制剂会发生分解，降低其消毒效力。

### 9. 消毒是否全面

一般情况下对鹅的消毒方法有三种，即带鹅（喷雾）消毒、饮水消毒和环境消毒。这三种消毒方法可分别切断不同病原的传播途径，相互不能代替。带鹅消毒可杀灭空气中、禽体表、地面及屋顶墙壁等处的病原体，对预防鹅呼吸道疾病很有意义，还具有降低舍内氨气浓度和防暑降温的作用；饮水消毒可杀灭鹅饮用水中的病原体并净化肠道，对预防鹅肠道病很有意义；环境消毒包括对禽场地面、门口过道及运输车（料车、粪车）等的消毒。很多养殖户认为，经常给鹅饮消毒液，鹅就不会得病。这是错误的认识，饮水消毒操作方法科学合理，可减少鹅肠道病的发生，但对呼吸道疾病无预防作用，必须通过带鹅消毒来实现。因此，只有用上述三种方法共同给鹅消毒，才能达到消毒目的。

## 三、鹅群免疫

免疫接种是指用人工方法将有效疫苗引入动物体内使其产生特异性免疫力，由易感状态变为不易感状态的一种疫病预防措施。有组织、有计划地免疫接种，是预防和控制动物传染病的重要措施之一，在某些传染病如小鹅瘟等病的防控措施中，免疫接种更具有关键性的作用，根据免疫接种的时机不同，可将其分为预防接种和紧急接种两大类。免疫接种计划是根据不同传染病、不同动物及用途等多因素制定的。虽然疫苗接种是预防传染病的重要手段，但也要以加强饲养管理，提高鹅的抗病力，做好消毒和隔离，减少疫病传播机会，防止外来疫病侵入等。

## （一）预防接种

在经常发生某些传染病的地区，或有某些传染病潜在的地区，或经常受到临近地区某些传染病威胁的地区，为了防患于未然，在平时有计划地给健康鹅进行的免疫接种（见图7-3），称为预防接种。

图7-3　注射疫苗免疫操作

家庭农场应根据所在地区、畜禽养殖场传染病的流行情况、鹅的品种、鹅群健康状况、不同疫苗特性和免疫监测结果等综合考虑，为本场的鹅群制定接种计划，包括接种疫苗的类型、顺序、时间、次数、方法、时间间隔等过程和次序。

免疫程序的制定，应至少考虑以下八个方面的因素：①当地疾病的流行情况及严重程度；②母源抗体水平；③上一次免疫接种引起的残余抗体水平；④鹅的免疫应答能力；⑤疫苗的种类和性质；⑥免疫接种方法和途径；⑦各种疫苗的配合；⑧对鹅健康及生产能力的影响。这八个因素是相互联系、互相制约的，必须统筹考虑。一般来说，免疫程序的制定首先要考虑当地疾病的流行情况及严重程度，据此才能决定需要接种什么种类的疫苗，达到什么样的免疫水平，如新城疫母源抗体滴度低的要早接种，母源抗体滴度高的推迟接种效果更好。目前还没有一个可供统一使用的疫（菌）苗免疫程序。

预防接种通常使用疫苗、菌苗、类毒素等生物制剂作为抗原激发免疫。用于人工主动免疫的生物制剂可统称为疫苗，包括用细菌、支原体、螺旋体和衣原体等制成的菌苗，用病毒制成的疫苗和用细菌外毒素制成的类毒素。根据所用生物制剂的性质和工作需要，可采取注射、点眼、滴鼻、喷雾和饮水等不同的接种方法。

不同疫苗免疫保护期限相差很大，接种后经一定时间（数天至3周），可获得数月至1年以上的保护力。

需要说明的是，在饲养过程中，预先制定好的免疫程序也不是一成不变的，而是要根据抗体监测结果和鹅群健康状况及当地疫病流行情况随时进行调整。尤其是抗体监测可以查明鹅群的免疫状况，指导免疫程序的设计和调整。定期进行免疫抗体水平监测，根据监测结果适时调整免疫程序是最合理的办法。商品鹅及种鹅参考免疫程序见表7-1。

表 7-1　商品鹅及种鹅参考免疫程序

| 免疫日龄 | 疫苗名称 | 免疫剂量 | 免疫途径 | 备注 |
|---|---|---|---|---|
| 1～3 | 小鹅瘟、鹅副黏病毒病二联血清 | 0.5～1毫升 | 皮下注射 | 疫苗内最好加入一些抗生素、维生素C等药物，以防注射污染，降低注射应激 |
| 18 | 鹅副黏病毒病灭活苗 | 0.5毫升 | 肌内注射 | |
| 23 | 禽流感（H5，H9）二价灭活苗 | 0.5毫升 | 皮下注射 | 各品种鹅 |
| 30 | 禽霍乱、大肠杆菌病灭活苗 | 1毫升 | 皮下注射 | 各品种鹅 |

| 免疫日龄 | 疫苗名称 | 免疫剂量 | 免疫途径 | 备注 |
|---|---|---|---|---|
| 35 | 鹅副黏病毒病灭活苗 | 1毫升 | 皮下注射 | 各品种鹅 |
| 40 | 禽流感（H5，H9）二价灭活苗 | 1毫升 | 皮下注射 | 各品种鹅 |
| 45 | 鹅霍乱、大肠杆菌病灭活苗 | 1毫升 | 皮下注射 | 蛋鹅、种鹅休产期加强免疫1次 |
| 60 | 鹅副黏病毒病、禽流感二联灭活疫苗 | 1.5毫升 | 皮下注射 | 蛋鹅、种鹅休产期加强免疫1次 |
| 开产前20日 | 禽流感（H5，H9）二价灭活苗 | 1毫升 | 皮下注射 | 蛋鹅、种鹅休产期加强免疫1次 |
| 开产前15日 | 小鹅瘟、鹅副黏病毒病二联血清 | 1毫升 | 皮下注射 | 种鹅每年开产前均需进行加强免疫1次，蛋鹅6个月免疫鹅副黏病毒病疫苗1次 |

数据来源：牛淑玲，高效养鹅及鹅病防治（第二版）。

免疫接种后，要注意观察鹅群接种疫苗后的反应，如有不良反应或发病等情况，应及时采取适当措施，并向有关部门报告。

为克服不良免疫反应，应根据具体情况采取相应措施。一般来说活疫苗引起的不良反应较多见，特别是在使用气雾、饮水、点眼、滴鼻等方法进行免疫时，往往易激活呼吸道的某些条件性病原体而诱发呼吸道反应。因此，在这种情况下对病毒性活疫苗可通过加抗生素、保护剂等措施减少应激；也可在免疫接种前或免疫接种时给被接种鹅使用抗应激药物、抗生素等。另外，严格遵守操作程序、注意气候条件、控制好鹅舍环境条件、选择适当的免疫时机等也能有效避免或降低免疫接种诱发的不良反应。

接种弱毒活疫苗前后各 5 天，鹅应停止使用对疫苗活菌有杀灭力的药物，以免影响免疫效果。

疫苗接种后经过一定时间（10 ～ 20 天），用测定抗体的方法来监测免疫效果。尤其是改用新的免疫程序及疫苗种类时更应重视免疫效果的检查，这样可以及早知道是否达到预期免疫效果。如果免疫失败，应尽早、尽快补防，以免发生疫情。

## （二）紧急接种

紧急接种是当鹅群发生传染病时，为迅速扑灭和控制疫病流行，对疫区和受威胁区尚未发病的鹅群进行的应急性免疫接种。通常应用高免血清或血清与疫苗共同接种。

从理论上说，紧急接种以使用免疫血清较为安全有效。在某些鹅病上常应用高免血清或高免卵黄抗体进行被动免疫，其能够立即生效，如对发生小鹅瘟的鹅群，未经免疫的雏鹅可用小鹅瘟高免血清进行预防和治疗，能迅速控制该病的流行，具有良好的疗效。但因血清用量大、价格高、免疫期短，且在大批鹅接种时往往供不应求，因此在实践中很难普遍使用。实践证明，使用某些疫（菌）苗进行紧急接种是切实可行的，尤其适合于急性传染病。如小鹅瘟、鹅副黏病毒病、禽霍乱等传染病，已广泛应用疫苗紧急接种作为迅速控制疫情的重要措施并取得较好的效果。

注意，紧急接种只能对外观健康的鹅进行紧急接种。对患病鹅及可能已受感染而处于潜伏期的鹅，必须在严格消毒的情况下立即隔离，不能再接种疫苗。由于在外观健康的鹅中可能混有一部分潜伏期患者，这一部分患病动物在接种疫苗后不能获得保护，反而会促使其更快发病，因此在紧急接种后短期内鹅群中发病鹅的数量有可能增多，但由于这些急性传染病的潜伏期较短，而疫苗接种后大多数未感染鹅很快产生抵抗力，因此发病率不久即可下降，最终使疫情很快停息。

紧急接种是在疫区及周围的受威胁区进行，受威胁区的大小视疫病的性质而定。某些流行性强大的传染病如禽流感，其受威胁区在疫区周围 5 ～ 10 公里。这种紧急接种的目的是建立"免疫带"以包围疫区，就地扑灭疫情，防止其扩散蔓延。但这一措施必须与疫区的封锁、隔离、消毒等综合措施相配合才能取得较好的效果。

# 四、常见病防治

## （一）鹅的病毒性疾病

### 1. 高致病性禽流感

高致病性禽流感，是由正黏病毒科流感病毒属 A 型流感病毒引起的禽类烈性传染病。世界动物卫生组织（OIE）将其列为须通报动物疫病，我国将其列为一类动物疫病。

【流行特点】鸡、火鸡、鸭、鹅、鹌鹑、雉鸡、鹧鸪、鸵鸟、鸽、孔雀等多种禽类均易感。

传染源主要为病禽和带毒禽（包括水禽和飞禽）。病毒可长期在污染的粪便、水等环境中存活。

病毒的传播主要通过接触感染禽及其分泌物和排泄物、被污染的饲料、水、蛋托（箱）、垫草、种蛋、鸡胚和精液等媒介，经呼吸道、消化道传播，也可通过气源性媒介传播。

【临床症状】潜伏期从几小时到数天，最长可达 21 天。表现为突然死亡、高死亡率，饲料和饮水消耗量及产蛋量急剧下降，病鹅极度沉郁，头部和脸部水肿，鸡冠发绀、脚鳞出血和神经紊乱。鸭鹅等水禽有明显神经和腹泻症状，可出现角膜炎症（见图7-4），甚至失明。

【病理变化】剖检病变：全身组织器官严重出血。腺胃黏液增多，剖开可见腺胃乳头出血，腺胃和肌胃之间交界处黏膜可见带状出血；消化道黏膜，特别是十二指肠广泛出血；呼吸道黏膜可见充血、出血；心冠脂肪及心内膜出血；输卵管的中部可见乳白色分泌物或凝块；卵泡充血、出血、萎缩、破裂，有的可见"卵黄性腹膜炎"。水禽在心内膜还可见灰白色条状坏死。胰脏沿长轴常有淡黄色斑点和暗红色区域。

急性死亡病例有时未见明显病变。

病理组织学变化：主要表现为脑、皮肤及内脏器官（肝、脾、胰、肺、肾）的出血、充血和坏死。脑的病变包括坏死灶、血管周围淋巴细胞管套、神经胶质灶、血管增生和神经源性变化；胰腺和心肌组织局灶性坏死。

【诊断】符合相应生物安全级别的且经国务院农业农村主管部门认定的省级以上动物疫病诊断实验室和研究机构的实验室，可开展病原鉴定工作。

【预防与控制】

（1）预防

① 加强饲养管理，提高环境控制水平。饲养、生产、经营场所必须符合动物防疫条件，取得动物防疫条件合格证。饲养场实行全进全出饲养方式，控制人员出入，严格执行清洁和消毒程序。水禽和鸡禁止混养，水禽饲养场与养鸡场应相互间隔3公里以上，且不得共用同一水源。

② 水禽场要有良好的防止禽鸟进入饲养区的设施，并有健全的灭鼠设施和措施。

③ 加强消毒，做好基础防疫工作。要建立严格的卫生（消毒）管理制度。

④ 引种检疫。国内异地引入种禽及精液、种蛋时，应当先到当地动物卫生监督机构办理检疫审批手续且检疫合格。引入的种禽必须隔离饲养21天以上，并由动物卫生监督机构进行检测，合格后方可混群饲养。从国外引入种禽及精液、种蛋时，按国家有关规定执行。

（2）疫情处置

① 疫情报告。任何单位和个人发现患有本病或疑似本病的禽类，都应当立即向当地动物卫生监督机构报告。

② 疫情处理。确认属于高致病性禽流感感染后，实行以

紧急扑杀为主的综合性防治措施（见图 7-5）。对疫区和受威胁区内的所有易感禽类进行紧急免疫接种，对在曾发生过疫情区域的水禽，必要时也可进行免疫。所用疫苗必须是经农业农村部批准使用的禽流感疫苗。登记免疫接种的禽群及养禽场（户），建立免疫档案。对疫点内禽舍、场地以及所有运载工具、饮水用具等必须进行严格彻底的消毒。

图 7-4　患病成年鹅角膜炎　　图 7-5　发生禽流感后鹅场进行紧急扑杀

### 2. 小鹅瘟

小鹅瘟是由小鹅瘟病毒引起的雏鹅的一种高度接触性传染病。主要特征是小肠黏膜渗出性炎症，小肠中后段黏膜坏死和脱落，凝固物形成腊肠样栓状物堵塞肠管。本病是严重危害养鹅业的一种传染病。

【流行特点】本病主要侵害 3～20 日龄雏鹅，日龄越小损失越大，3～15 日龄为高发日龄，发病率和死亡率随日龄增大而降低；15 日龄以上的雏鹅，症状较缓和，部分可自愈；25 日龄以上的很少发病；成年鹅感染后不显症状，成为带毒者。

【临床症状】本病潜伏期为 3～5 天，以消化系统和中枢神经系统紊乱为主要表现。根据病程的长短不同，可将其临诊类型分为最急性型、急性型和亚急性型三种（见视频7-2）。

（1）最急性型　最急性型多发生于3～10日
龄的雏鹅，通常是不见有任何前驱症状，发生败
血症而突然死亡；或在发生精神呆滞后数小时即
呈现衰弱，倒地划腿，挣扎几下就死亡。病势传
播迅速，数日内即可传播全群。

视频7-2 小鹅瘟的症状

（2）急性型　急性型多发生于15日龄左右的雏鹅，患病
雏鹅表现精神沉郁、食欲减退或废绝、羽毛松乱、头颈缩起、
闭眼呆立、离群独处、不愿走动、行动缓慢，虽能随群采食，
但所采得的草并不吞下，随采随丢。病雏鹅鼻孔流出浆液性鼻
液，沾污鼻孔周围。病鹅频频摇头，进而饮水量增加，逐渐出
现腹泻，排灰白色或灰黄色的水样稀便，常为米浆样浑浊且带
有气泡或有纤维状碎片，肛门周围绒毛被沾污，喙端和蹼色变
暗（发绀）。有个别患病雏鹅临死前出现颈部扭转或抽搐、瘫
痪等神经症状。据临床所见，大多数雏鹅发生于急性型，病
程一般为2～3天，随患病雏鹅日龄增大，渐而转为亚急
性型。

（3）亚急性型　亚急性型通常发生于流行的末期或20日
龄以上的雏鹅，其症状轻微，主要以行动迟缓，走动摇摆，腹
泻，采食量减少，精神状态略差为特征。病程一般4～7天，
间或有更长，有极少数病鹅可以自愈，但雏鹅吃料不正常，生
长发育受到严重阻碍，成为"僵鹅"。

【病理变化】本病特征病变为小肠中后段形成腊肠状栓子
堵塞肠腔（见图7-6），排灰白色或者灰黄色、混有气泡、带纤
维状碎片的稀便，鼻孔流出浆液性鼻液，病鹅频频摇头。

剖检可见整个小肠黏膜发炎，弥漫性出血，有坏死灶，肠
腔内有大量渗出物和带条状伪膜脱落；小肠中后段膨大增粗，
肠壁变薄，内有容易剥离的腊肠样栓子。直肠黏膜轻微出血，
内含黄白色稀便。肝脏肿大、质脆、呈棕黄色，胆囊膨大，充
满蓝绿色胆汁。脾脏充血，肾脏肿胀，神经症状明显可见的脑
膜充血。

【诊断】确诊需进行病毒分离或血清学试验，如琼脂扩散

试验、聚合酶链式反应可作出较准确的诊断。

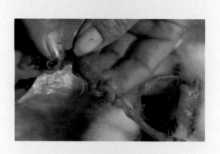

图7-6　肠道黏膜呈弥漫性充血、出血，肿胀光泽，肠腔内充满着栓状物

注意本病与鹅副黏病毒病和病毒性肠炎鉴别诊断。鹅副黏病毒病所有品种和日龄的鹅都可发生，肺部有出血；小鹅瘟主要发生于1月龄内的小鹅；病毒性肠炎发生于进雏后6～30天，以8～15天多发，发病速度和传播速度较慢，发病24小时内只有10%左右的患雏有明显的临床症状。小鹅瘟发生于进雏后4～6天，以第五天最易发病，且发病迅速，传播快，发病12小时就有50%左右的患雏出现明显的临床症状。

【预防与控制】本病目前尚无有效药物治疗。由于本病主要传染源是病雏鹅和带毒成年鹅，病鹅的排泄物污染饲料、饮水、用具及场地，健康鹅饮食经消化道感染，带毒的种蛋用于孵化更易感染。因此，防治该病应从加强免疫和饲养管理入手。

（1）预防接种　采取预防措施能有效控制本病的发生和流行，应加强对种鹅和雏鹅的预防接种工作。

① 种鹅的免疫程序。由于小鹅瘟发病率和死亡率的高低与种鹅的免疫直接相关，因此应特别重视和加强种鹅的免疫接

种工作。种鹅应于开产前 1 个月进行首免，用灭菌生理盐水将疫苗做 20 倍稀释，每只鹅皮下或肌内注射 1.0 毫升。种鹅免疫时间超过 4～6 个月，所产的蛋孵出的雏鹅的保护率有所下降，种母鹅应进行再次免疫。如有条件应定期对种鹅群进行免疫监测，以便及时了解掌握其抗体水平的消长状况。

② 雏鹅的免疫程序。如果种鹅小鹅瘟防得好，种鹅抗体水平比较高的话，小鹅出壳后不要打小鹅瘟活疫苗，因为这时小鹅有母源抗体的保护，可以抵抗小鹅瘟的感染，并且母源抗体能中和活疫苗中的病毒，使活疫苗不能产生足够的免疫力而导致免疫失败。到 1 周龄时再打一次小鹅瘟血清便可有效控制小鹅瘟的发生。

如果种鹅没预防小鹅瘟或种鹅小鹅瘟免疫时间已超出 150 天，可采取两种方法有效预防小鹅瘟：一是在雏鹅出壳后 1～2 天内注射小鹅瘟疫苗，注射后 7 天内应严格管理，防止未产生免疫力之前因野外强毒感染而引起发病，7 天后免疫雏鹅产生免疫力，基本可抵抗小鹅瘟病毒感染。二是在雏鹅出壳后注射小鹅瘟血清，5～7 日龄时再注射小鹅瘟疫苗或再注射一次小鹅瘟血清，如果是疫区最好连注射两次小鹅瘟血清，鹅群基本可以控制小鹅瘟的发生。

（2）饲养管理　本病的预防主要是不从疫区引进鹅苗和种蛋，实行自繁自养。如果确实需要从外地购进鹅苗和种蛋时，必须了解供应鹅苗和种蛋的鹅场（地区）有无小鹅瘟流行，以往输出雏鹅有无发病，母鹅群是否接种过小鹅瘟疫苗等，以便采取相应预防措施。新生雏鹅严禁与新购进的种蛋接触。

环境要经常清扫消毒，严格消毒对预防小鹅瘟发生、流行具有重大作用，用于孵化的种蛋必须用甲醛熏蒸消毒，孵化机器及其设备也必须及时消毒。

（3）发病治疗　对已发病的鹅应采取严格的封锁和隔离措施，把疫病控制在最小范围内，防止疫情的扩大蔓延。对无治愈希望的病雏，应集中淘汰，尸体应焚烧或深埋，不准到处乱丢。对未发病的和暂无临床表现但与病雏接触过的假定健康雏，应逐只注射小鹅瘟高免血清或干扰素，同时采取对症治疗措施，可取得较好的防治效果。

### 3.鹅鸭瘟病

鸭瘟病又称鹅病毒性溃疡性肠炎，是由鸭瘟病毒引起的一种急性、热性、败血性传染病。症状以高热、流泪、头颈肿大，泄殖腔溃烂，排绿色稀便和两腿发软为特征。本病在过去只有少数病例与报道，但近年来在广东、广西和海南已逐渐发展为地方性流行病。

【流行特点】鸭瘟病毒存在于病鹅的排泄物、分泌物、各内脏器官、血液、骨髓及肌肉中，以肝和脾含毒量最高。病鹅主要通过消化道、呼吸道感染，也可通过眼结膜、吸血昆虫叮咬感染。自然情况下，都是有与发病鸭密切接触的情况下感染发病，先鸭群发生，后鹅群感染。病鸭、病鹅及其带毒者是本病的传染源。直接接触和间接接触是本病的传播途径，被污染的水体以及饲料、饮水、用具等均是本病的传播媒介。

不同年龄、品种、性别的鹅均可发病，但以 15～50 日龄的鹅易感性高，死亡率达 80％左右；成年鹅发病率和死亡率随环境条件而定，一般 10％左右，但在疫区可高达 90％～100％。

【临床症状】病初体温升高到 42～43℃，精神萎靡，食欲废绝，两脚发软，伏地不起，翅膀下垂。特征性症状是眼睑水肿、流泪，眼周围羽毛湿润。眼结膜充血、出血。另外还有头颈肿大、鼻孔流出多量浆液、黏液性分泌物，呼吸困难，常仰头、咳嗽，腹泻，排黄绿、灰绿或黄白色稀便，粪便中带血，肛门水肿，泄殖腔黏膜充血、肿胀，严重者泄殖腔外翻。患病公鹅的阴茎不能收回。将病鹅倒提时，可从口中流出绿色发臭黏稠液体。一般 2～5 天死亡，有的病程可延长。成年鹅多表现流泪、腹泻、跛行和产蛋率下降。

【病理变化】病鹅头、颈、颌下、翅膀等处皮下和胸腔、腹腔的浆膜有黄色胶冻样物渗出，消化道黏膜充血、出血，咽和食管黏膜上有散在坏死点或黏膜坏死物，脱落后留下溃疡，泄殖腔黏膜覆盖假膜痂块，法氏囊黏膜水肿、小点状出血。慢性病例可见溃疡坏死等特征性病变。肝肿大、质脆、有出血或坏死点，胆囊肿大充满胆汁，小肠黏膜有大小不一、数量不等的坏死点，脾、胰肿大，心外膜出血，心包积液等。

【诊断】根据临床症状和病理变化可做出初步诊断，确诊需进行实验室诊断。一般可采集病鹅肝、脾、脑等样品送往当地动物疫病防疫机构进行病毒分离与鉴定。

注意本病临床上易与小鹅瘟、鹅巴氏杆菌病和鹅副黏病毒病相混淆，应与之区别。小鹅瘟主要病变为小肠中后段有"香肠"样变。鹅巴氏杆菌病病鹅血液、肝、脾经涂片碱性亚甲蓝染色可呈现典型的巴氏杆菌。鹅副黏病毒病的病料经负染后，电镜下可呈现典型的副黏病毒。病变以脾脏肿大，表面有大小不一灰白色坏死灶，肠道见散在黄色或灰白色纤维性结痂病灶为主。

【预防与控制】鹅鸭瘟病无特效治疗药物，预防和控制本病主要靠平时的综合防疫措施。因此，应从控制传染源、切断传播途径、保护易感鹅群三方面入手。

（1）加强消毒　对鹅舍、运动场、水池等定期消毒。本病毒对热和普通消毒药都敏感，56℃ 10 分钟、80℃ 5 分钟死亡，1%～3%氢氧化钠溶液、10%～20%漂白粉溶液和 5%甲醛溶液均能较快杀灭本病毒，75%酒精 5～10 分钟、0.5%漂白粉 30 分钟和 5%生石灰 30 分钟都能减弱病毒的毒力或杀灭病毒。

（2）科学引种　不从鸭瘟疫区引鹅，引进的种鹅要严格执行检疫制度，并进行隔离饲养，确认无隐性感染鹅或病鹅后，方可混群饲养。平时养殖场要做到鹅与鸭分群饲养，避免同饮一池水。

（3）接种疫苗　受威胁区、疫区的鹅，应用鸭瘟弱毒苗预防接种，方法是：15 日龄以下雏鹅用鸭的 15 倍剂量；15～30 日龄雏鹅用鸭的 20 倍剂量；30 日龄以上鹅用鸭的 25～30 倍剂量，后备种鹅于产蛋前用鸭的 30 倍量肌内注射。免疫后 3～4 天产生免疫力，免疫期可达 6 个月，种鹅每隔半年免疫一次，肉鹅免疫两次即可。

（4）发病时的控制措施　发生鸭瘟的鹅群，及早进行治疗有一定的效果，可减少损失。

① 使用鸭瘟高免血清，小鹅 0.5 毫升，成年鹅 1 毫升，体型较大的鹅 2 ～ 3 毫升，肌内注射。

② 同时或单独使用鹅专用干扰素肌内注射，剂量按瓶签说明。

### 4. 鹅副黏病毒病

鹅副黏病毒病又称鹅类新城疫，是由鹅副黏病毒Ⅰ型引起的各种年龄鹅均可感染的一种急性病毒性传染病，其主要症状是精神沉郁，食欲减退，体重迅速减轻。排水样稀便，并出现扭颈、转圈等神经症状。病理变化特征是脾脏和胰腺呈现灰白色坏死灶。消化道黏膜有坏死、溃疡。本病是养鹅业的大敌。

【流行特点】本病的流行没有明显的季节性，一年四季都可发生，各种品种的鹅均可感染，鹅群发病之后 2 ～ 3 天，邻近的鸡群也可受到感染而发病，死亡率可达 80%。

鹅副黏病毒病的潜伏期为 3 ～ 5 天，人工感染雏鹅和青年鹅 2 ～ 3 天发病，病程 1 ～ 4 天。各种年龄的鹅都易感染，但主要发生于 15 ～ 60 日龄的雏鹅。鹅龄越小发病率和死亡率越高，随着日龄增长，发病率和死亡率减低。15 日龄以内的雏鹅发病率和死亡率可高达 90%。产蛋种鹅除发病死亡外，产蛋率明显下降。

【临床症状】病鹅精神委顿，缩头垂翅，食欲不振或拒食，饮水量增加，行动缓慢，不愿下水，下水后浮在水面随水流漂游。病鹅排淡黄绿色、灰白色、蛋清样稀便（见图 7-7 和见视频 7-3）或水样便，有时带血呈暗红色。成年鹅将头插于翅下，严重者常见口腔流出水样液体，并有扭颈、转圈、仰头等神经症状，特别是饮水后病鹅有甩头、咳嗽、呼吸困难等现象。成年鹅病程稍长，产蛋量下降，康复鹅生长发育

视频 7-3 从鹅粪便辨别鹅病

养鹅家庭农场致富指南

受阻。

图 7-7　患病鹅排淡黄绿色、灰白色、蛋清样稀便

【病理变化】病死鹅机体脱水，眼球下陷，脚蹼干燥，皮肤淤血，皮下干燥；肝脏肿大，淤血，有芝麻或绿豆大的坏死灶；胰腺肿大，有灰白色坏死灶；心肌变性；下段食管黏膜有散在的灰白色或淡黄色芝麻大小溃疡结痂，剥离后留有斑痕及溃疡面；腺胃和肌胃黏膜充血，有出血斑点；肠道黏膜有不同程度的出血，空肠和回肠黏膜上常有散在的淡黄色豆粒大小坏死性假膜，剥离后呈溃疡面；盲肠扁桃体肿大，出血。有的病死鹅脑充血、淤血。

【诊断】确诊需采集肝脏、脾脏等病料进行病毒分离与鉴定。注意本病初期临床症状及病理变化与小鹅瘟十分相似，易与小鹅瘟混淆误诊。

【预防与控制】

（1）鹅群与鸡群实行隔离　鹅副黏病毒属于禽副黏病毒Ⅰ型，该毒株对鸡和鹅均有致病力，因此，鸡群必须与鹅群严格分开饲养，避免疫病相互传播。

（2）坚持自繁自养　如需引进种鹅，引进之后要隔离饲养观察一段时间，确认健康无病者方可入群。

（3）加强卫生和消毒　本病经消化道和呼吸道传播，若引进了病鹅群，病鹅的唾液、鼻液及粪便污染的饲料、饮水、垫料、用具和孵化器等均可称为本病的传播媒介。病死鹅尸体、内脏、下脚料及羽毛是重要的传播媒介。本病毒抵抗力不强，干燥、日光及腐败条件下容易死亡。在室温或较高的温度下，存活时间较短，存在于病死鹅体内的病毒，在土壤中能存活 1 个月。常用消毒药物如 2％氢氧化钠溶液、3％石炭酸溶液和 1％来苏尔等，3 分钟内均能将本病毒杀灭。因此，养鹅场要严格执行卫生防疫制度，加强消毒工作。控制好饲养密度，注意搞好环境卫生，定期消毒鹅舍和用具。定期消除鹅舍粪便，在离鹅舍稍远一些地点堆积进行生物热发酵。对病死鹅要作深埋处理。

（4）做好疫苗接种　应坚持预防为主的方针，搞好鹅群免疫接种工作。使用鹅副黏病毒油乳剂灭活苗，其无论对雏鹅或种鹅，均安全可靠，无不良反应。对新购进的雏鹅立即注射鹅副黏病毒高免血清或卵黄抗体，免疫种鹅产蛋所孵出的雏鹅具有一定的母源抗体，初次免疫在 7～10 日龄，用鹅副黏病毒油乳剂灭活苗，接种剂量为颈部皮下 0.5 毫升 / 只，若种鹅未经免疫接种所产的蛋孵出的雏鹅，则无母源抗体，首免应在 2～7 日龄，2 个月后再免疫 1 次。留种的鹅群在 7～10 日龄时进行首免，2 个月时进行二免，产蛋前 2 周进行三免。

（5）发病治疗　本病在治疗上目前尚无特效药，对已发病的鹅群，使用疫苗紧急接种，病鹅可用血清治疗，同时全群喂服多种维生素和抗菌药物，以提高机体抵抗力，防止继发感染。对已发病的鹅群可使用鹅专用干扰素进行控制，连用 3 天，效果很好。为防止继发细菌混合感染，可应用氟苯尼考。

### 5. 雏鹅新型病毒性肠炎

雏鹅新型病毒性肠炎又称雏鹅腺病毒性肠炎，是由腺病毒引起的 3～30 日龄以内雏鹅的一种急性传染病，其主要特征是发病急、死亡率高和小肠呈现出血性、纤维素性、卡他性、渗出性和坏死性肠炎。给养鹅业带来了重大经济损失。

【流行特点】本病的发生有明显的年龄特征，即主要发生于 3～30 日龄以内的雏鹅。3 日龄雏鹅开始发病，5 日龄开始死亡，10～18 日龄达到高峰期，30 日龄以后的雏鹅基本不发生死亡。死亡率在 25%～75%，甚至可达 100%，成年鹅不发病。本病经消化道传播，粪便、分泌物、排泄物、病死鹅均可造成感染。

【临床症状】本病潜伏期 2～3 天，少数 4～5 天，自然病例可分为最急性型、急性型和慢性型 3 种类型。

（1）最急性型 多发生在 3～7 日龄雏鹅。常无前驱症状，突然呈现极度衰竭、昏睡而死，或突然倒地，两腿乱划，很快死亡，病程仅数小时至 1 天。

（2）急性型 多发生在 8～15 日龄雏鹅，可见病雏精神沉郁，食欲减退，常啄食后又将其丢弃。随病程发展，病鹅行动迟缓、掉群、嗜睡、不食，但饮水仍不减少。病鹅排黄绿色或灰白色蛋清样稀便，常混有气泡，粪便恶臭。病雏呼吸困难，自鼻孔流出少量浆液样分泌物。喙端及边缘的色泽变暗。死前两腿麻痹，不能站立，以喙触地，昏睡或抽搐而死。病程3～5 天。

（3）慢性型 15 日龄以上的雏鹅发病时常取慢性型经过。病雏精神萎靡，消瘦，呈间歇性腹泻，终因营养不良衰竭而死。耐过者也常生长发育不良。

【病理变化】特征性的病变在肠道，即小肠的纤维素性、坏死性凝固栓子，以及卡他性、出血性、纤维素性、坏死性肠炎。凝固栓子出现在感染第 14 天以后死亡的病例（慢性型）；而感染后第 4 天死亡的雏鹅只有各小肠段的严重出血，黏膜肿胀发亮，蓄积大量黏液性分泌物；第 7～12 天死亡的雏鹅，各小肠段除严重出血外，黏膜上开始出现少量黄白色凝固的纤维素性渗出物，并有少量成片肠上皮细胞的坏死物。凝固栓子主要出现在小肠后段至盲肠开口处，有两类：第一类栓子初期直径较细，约 0.2 厘米，长度可达 10 厘米，随病程的延长，栓子的直径可增至 0.5～0.7 厘米，长度增至约 20 厘米，使肠管膨大至正常的 1～2 倍，肠壁很薄，透明度大增。栓子质地紧密，多数为一段，少数出现两段的，切开可见有两层结构，外层为坏死组织和纤维素性渗出物混杂凝固成的暗灰白色的厚层假膜，中间是干燥密实的肠内容物。第二类栓子较细，直径在 0.4 厘米以下，呈细圆条状，但长度较长，可达 30 厘米以上，它是由坏死的肠组织和纤维素性渗出物构成。两类栓子与肠壁都不粘连，容易取出。

其他脏器及组织的病变均无特征性，可见肝脏淤血、出血；胆囊明显肿胀、扩张，是正常的 3～5 倍大，充满深墨绿色胆汁；肾脏充血和轻微出血；皮下充血、出血；胸肌和腿肌出血呈暗红色；个别早期病例心外膜充血或有小出血点。

【诊断】本病可根据流行病学情况，症状和特征性的病理变化作出初步诊断。但由于特征性病变出现较晚，故对发病早期的最急性、急性型病例的诊断有一定的困难。

注意本病的症状和特征性病变与小鹅瘟很相似，但用抗小鹅瘟血清进行治疗无效。可通过了解种鹅是否用小鹅瘟疫苗免疫过，病雏是否用小鹅瘟血清预防过加以判断。有条件的，应作血清学检验（琼扩试验）或作病毒的分离鉴定。

【预防与控制】本病尚无特效治疗药物。搞好本病的预防工作可有效降低损失。

① 预防本病关键是控制从疫区或疫区附近引进种鹅、雏鹅及种蛋，对引进后的鹅可用药物和疫苗进行预防，同时还要做好饲养管理、消毒工作。

② 免疫接种

a. 对出壳 1 日龄的雏鹅，用雏鹅新型病毒性肠炎弱毒苗经口服免疫，3 日后即有 85％雏鹅获得免疫，第五天时，雏鹅可获得免疫力，免疫期可达 30 天。

b. 种鹅于产蛋前注射雏鹅新型病毒性肠炎 - 小鹅瘟二联弱毒苗，能使其后代雏鹅获得良好的免疫力，保护期长达 5～6 个月，是预防雏鹅新型病毒性肠炎的最有效方法。

c.注射高免血清。对新引进的雏鹅每只皮下注射高免血清 0.5～1 毫升，可有效地防止本病的发生。对已发病的雏鹅，每只皮下接种 1～2 毫升高免血清，治愈率可达 60%～95%。由于本病常与小鹅瘟同时并发，因此，在治疗或预防时，使用抗小鹅瘟 - 雏鹅腺病毒性肠炎二联高免血清，效果更理想，为了保证治疗效果，在本病严重流行的地区，可隔 3～4 天再注射一次二联高免血清。

③ 饲料中添加抗生素和维生素 C、维生素 K，可降低损失，其配比为维生素 C 针剂、维生素 $K_3$、维生素 $K_4$ 针剂、庆大霉素各 1 支，用冷水 1000 毫升稀释，让鹅自由饮水，连饮 3 天。

④ 干扰素治疗。对已发病的雏鹅群，除可使用雏鹅新型病毒性肠炎高免血清或雏鹅新型病毒性肠炎 - 小鹅瘟二联高免血清进行治疗外，使用鹅专用干扰素也可使该病得到有效控制。

⑤ 使用广谱抗生素，防止继发感染。

## （二）鹅的细菌性疾病

### 1. 禽霍乱

禽霍乱又称禽出血性败血病、禽巴氏杆菌病、摇头瘟等，是一种由禽型多杀性巴氏杆菌引起的急性败血性传染病，各种年龄鹅都能感染，雏鹅、仔鹅最易感染，一年四季均可发病，尤以 9～11 月最流行，发病率与死亡率都很高。禽霍乱是危害养鹅业的一种传染病，严重影响养鹅业发展。

【流行特点】常因病鹅的排泄物和分泌物中，带有大量病菌，污染了饲料、饮水、用具和场地等，导致健康鹅发病。饲养管理不良，长途运输，天气突变和阴雨潮湿等因素，都能促进本病的发生和流行，青年鹅、新培育母鹅最为敏感。

【临床症状】本病潜伏期为 3～5 天。因流行期、鹅体抵抗力及病菌致病力强弱不同等原因，临床症状可分为最急性型、急性型和慢性型三种。

（1）最急性型　多发生于暴发初期，病鹅常无前驱症状而突然死亡，也有的倒地扑翅后随即死亡。

（2）急性型　病程稍长，表现为病鹅精神委顿，羽毛松乱，不愿行动，离群独处，头隐翅下，食欲不振，体温升高至42～43℃，饮欲增加，气喘，频频甩头，故又称为"摇头瘟"。口鼻中流出白色黏液，排出黄色、灰白或淡绿色稀便，恶臭，发病1～3天虚脱死亡，死亡率可达50%～80%。

（3）慢性型　多发生于疫病流行后期，病鹅持续腹泻、消瘦、贫血、跛行，最后虚脱死亡，少数病鹅也可康复，但无饲养价值。

【病理变化】本病典型剖检变化为肝脏肿大质脆，有的呈土黄色，有的有针尖大小的灰白色坏死灶（见图7-8），十二指肠出血。最急性型剖检可见眼结膜充血发绀，浆膜点状出血，肝表面有黄白色坏死灶；急性型剖检可见心包积液增多，肝、脾肿大，呈土黄色，表面有出血点和坏死灶，肠黏膜充血、发炎；慢性型当呼吸道症状明显时，可见鼻腔和鼻窦内有多量黏性分泌物，关节炎性肿胀、囊壁增厚，关节腔内有干酪样渗出物，肝脂肪变性或有坏死灶。

**图7-8**　肝脏肿大，有针尖大小灰白色星状斑点

**【诊断】**根据流行病学特点、临床症状特征和病理变化可作出初步诊断，确诊需经实验室诊断。

**【预防与控制】**由于本病的传播途径广泛，可通过污染的饮水、饲料和用具等经消化道或呼吸道以及损伤的皮肤黏膜等传播。因此，应从饲养管理的各个方面做好防治工作。

① 做好消毒工作。本病的病菌多杀性巴氏杆菌对外界的抵抗力不强，5%石灰水或1%漂白粉溶液都能对其有良好的杀灭作用，60℃ 10分钟即可杀死本菌。但本菌在寒冷季节和土壤中生存力较强，在病死禽体内可存活2～4个月。所以，消毒必须彻底，并坚持经常化、制度化。

② 因本菌在阳光直射和干燥环境中菌体很快死亡，所以，鹅舍内要经常更换垫料，保持垫料的清洁干燥，更换出的垫料如果要继续使用以及新进入的垫料，必须经阳光曝晒后方可使用。

③ 由于本病菌在病死禽体内可存活2～4个月，埋在土壤中可存活5个月之久。所以，一旦有本病发生，必须实行隔离，对死亡的鹅只，要进行生石灰填埋或焚烧等处理。切勿随意乱丢。

④ 免疫预防。禽霍乱氢氧化铝甲醛疫苗，2月龄以上每次每羽肌注2毫升，8～10天后再注射1次，免疫期6个月。

⑤ 发病治疗。成年鹅每羽肌注链霉素10万单位（200毫克），中鹅3万～5万单位，每日2次，连用3～5天或者成年鹅每只肌内注射青霉素5万～8万单位，每天2～3次，连用4～5天；也可在每千克饲料中拌入土霉素2克（拌匀），连用3～5天。

### 2. 鹅大肠杆菌病

鹅大肠杆菌病是由致病性大肠杆菌所引起的一种急性传染病，俗称"蛋子瘟"。"蛋"是指产蛋季节产蛋母鹅，"子"是子宫（卵巢、输卵管）受到侵害，"瘟"是指引起的疫病。其特点是专门侵害产蛋期的母鹅、公鹅，往往在产蛋初期或中期开始发病，直至产蛋结束而停止，病鹅治愈后也失去种用价值。从危害种鹅的产蛋率、出雏率这个角度来说，本病是影响鹅业发展的第一大杀手。随着养鹅数量的增加、密度的增大，本病发生不断增多，已成为危害养鹅业的重要传染病之一。同时本病易与鹅的其他细菌性疾病、病毒性疾病混合感染，给养鹅业带来极大的经济损失。

【流行特点】本病的病原为致病性大肠埃希氏菌（大肠杆菌），有多种血清型。大肠杆菌在自然界中广泛分布，也存在于健康鹅和其他禽类的肠道中，在机体抵抗力正常情况下不能致病，当饲养管理不当、天气寒冷、气候骤变、青饲料不足、维生素 A 缺乏、鹅群过度拥挤、闷热、长途运输、严重寄生虫感染等而使机体抵抗力降低时，即可引起感染发病。可见本病的发生与不良的饲养管理有密切关系。

粪便污染是本病的主要传播方式，种蛋污染也是一种重要的传播途径。雏鹅发病常与种蛋污染有关。种蛋可通过以下方式被大肠杆菌污染：一是带菌母鹅在产蛋时，由大肠杆菌性输卵管炎所引起的卵泡自身的感染；二是蛋通过泄殖腔时，或种蛋在产蛋箱内停留时被含菌粪便污染蛋壳，在孵化期间，大肠杆菌通过蛋壳上的气孔进入蛋内而感染。中雏期以后的感染，都是由呼吸道（吸入带菌的尘埃）或消化道感染而发病。公鹅感染后，虽很少会引起死亡，但可通过配种而传播疾病。交配传播也是本病的一个重要的传播途径。

【临床症状】临床上常见的有卵黄性腹膜炎、急性败血症、心包炎、脐炎、气囊炎、胚胎炎及全眼球炎等类型。

（1）急性败血症　各种年龄的鹅都可以发生，但以 7 ～ 45 日龄的幼鹅易感。患病鹅精神沉郁，羽毛松乱，怕冷，常挤成一堆，不断尖叫，体温升高，比正常鹅超过 1 ～ 2℃。粪便稀薄而恶臭，混有血丝、血块和气泡，肛门周围污秽，沾满粪便，食欲废绝，渴欲增加，呼吸困难，最后衰竭窒息死亡，死亡率较高。

（2）母鹅大肠杆菌性生殖器官病　母鹅在开始产蛋后不久，部分产蛋母鹅表现精神不振，食欲减退，不愿走动，喜卧，常在水面漂浮或离群独处。病鹅气喘，站立不稳，头向下弯曲，嘴触地，腹部膨大。病鹅排黄白色稀便，肛门周围沾有污秽发臭的排泄物，其中混有蛋清、凝固的蛋白或卵黄小块。病鹅眼球下陷，喙、蹼干燥，消瘦，呈现脱水症状，最后因衰竭而死亡。即使有少数鹅能自然康复，但也不能恢复产蛋。

（3）公鹅大肠杆菌性生殖器官病　主要表现阴茎肿大、红肿、溃疡或结节。病情严重者，在阴茎表面布满绿豆粒大小的坏死灶，剥去痂块即露出溃疡灶，阴茎无法收回，丧失交配能力。

【病理变化】急性型：患鹅腹腔中有未被吸收的卵黄，卵黄囊大而软，内多为液状淡黄绿色或淡绿色卵黄水，多有腥臭味。多数病例肝脏有条状出血（见图7-9）。少数病例呈心包炎病变。

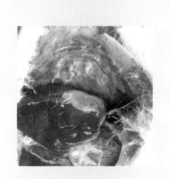

图7-9　肝脏有条状出血

亚急性、慢性型：亚急性型患鹅多数有"一炎"或"二炎"病变，而慢性型患鹅均具有"三炎"变化。心包炎，心包膜浑浊，增厚不透明，呈灰白色。心包腔内充满淡黄色积液，液中有数量不等的纤维素性渗出物。严重病例，心内外膜粘连。肝周炎，肝脏有不同程度肿大。肝有一层厚度不均被膜，或厚度不等灰白色的纤维素性膜覆盖，包膜不易剥离，而与肝脏粘连，剥离包膜时易将肝组织取出。肝表面有灰白色点状坏死灶。气囊炎，气囊膜增厚，浑浊，常附着数量不等的灰白色或黄白色纤维素性渗出物。患鹅消瘦，皮下及体内脂肪消失。

【诊断】确诊需采集病鹅的肝、脾、心包液、卵黄液等病料作分离培养和生化鉴定及血清学鉴定

【预防与控制】

① 消除不良因素。鹅群中发生大肠杆菌病，往往是在各种不良因素的影响下使机体抵抗力降低而造成的。因此，预防本病应着重于消除各种不良因素。如保持鹅舍的清洁卫生、通风良好、密度适宜、加强青饲料的供给和消毒等。坚持做好消毒工作，大肠杆菌对外界的抵抗力不强，50℃ 30 分钟、60℃ 15 分钟即可死亡，一般消毒药能在短时间内将其杀死。

② 公鹅在本病的传播上起到重要作用，所以要在种鹅繁殖配种季节之前，对种公鹅进行逐只检查，凡种公鹅外生殖器上有病变的，阴茎红肿或带有结痂的立即淘汰。母鹅肛门周围潮湿，并带黏稠的粪便也要淘汰，把引发本病的一切潜在因素消灭在萌芽之中，确保种鹅产出健康无菌的优质种蛋。

③ 进行免疫接种。由于大肠杆菌的血清型很多，因此，应使用多价大肠杆菌苗进行预防。母鹅产蛋前 15 天，每只肌内注射 1 毫升，然后用其所产的蛋留作种用。雏鹅 7 ~ 10 日龄注射一次，每只 0.2 毫升。

④ 对发病的鹅只进行药物治疗。可用环丙沙星或诺氟沙星进行预防和治疗，但大肠杆菌的耐药性非常强。因此，为了提高治疗和预防效果，最好将当地分离的大肠杆菌请有关部门作药敏试验，然后根据试验结果，选用敏感药物进行治疗或预防。

### 3. 鹅副伤寒病

鹅的副伤寒是由沙门菌引起的一种传染病，又称鹅沙门菌病。各年龄鹅都可感染，主要危害雏鹅，尤其是 3 周龄之内的

雏鹅更容易感染，以腹泻、结膜炎、消瘦等症状为主要特征。成年鹅多呈慢性或隐性经过，症状不明显。被本菌污染的种蛋孵出的雏鹅多发病死亡。

【流行特点】本病除了鹅发生外，在鸭、鸡、火鸡、珠鸡、野鸡、鹌鹑、孔雀等雉科禽类，鸽、麻雀和芙蓉鸟等鸟禽类，以及属于不同科属的野禽均可感染，并能互相传染。在自然条件下，本病多发生于 1～3 周龄雏鹅，病死率高低不一，低者约百分之几，高者可达 80％左右。通常仔鹅，尤其 4 月龄以上鹅很少发病。

　　本病的病原菌也经常出现在马、牛、羊、猪、狗、猫等家畜体内，也发现在毛皮兽以及野生肉食兽中。本病也可以传染给人类，是一种重要的人兽共患疾病。鼠类和苍蝇等都是病菌的重要携带者，在本病的传播上有重要作用。鹅沙门菌病传染主要是通过消化道，带菌动物是传染本病的主要来源，粪便中排出的病原菌污染了周围环境，从而传播疾病。本病也可以通过种蛋传染，沾染在蛋壳表面的病菌能够钻入蛋内，侵入卵黄部分。在孵化时也能污染孵化器和育雏器，在雏群中传播疾病。

【临床症状】雏鹅感染大多由带菌鹅蛋垂直传播所引起，在出壳后数日内很快死亡，无明显症状。30 日龄内的生病雏鹅表现精神萎靡、食欲废绝、口渴、饮欲增加、嗜睡、呆钝、畏寒、垂头闭眼、两翅下垂、羽毛松乱、颤抖；下痢，病初粪便呈稀粥样，后变为水样，肛门周围有粪便污染，干涸后常阻塞肛门，导致排便困难（见图 7-10）；眼结膜发炎、流泪、眼睑水肿；呼吸困难，常张口呼吸；从鼻腔流出黏液性分泌物；身体衰弱、腿软、不愿走动或行动迟缓，痉挛抽搐，突然倒地，头向后仰，或出现间歇性痉挛，持续数分钟后死亡。雏鹅多于病后 2～5 天内死亡。成年鹅无明显症状，雏鹅多呈慢性或隐性经过。

【病理变化】主要病变在肝脏。肝脏肿大、充血，表面色泽不均，呈红色或古铜色，表面也常有灰白色的小坏死点。肝实质内有细小灰黄色坏死灶（副伤寒结节）。胆囊肿大，充满胆汁。肠黏膜充血、出血，盲肠里面有干酪样物质形成的栓子，直肠扩张增大，充满内容物（见图7-11）。肺淤血、出血。气囊膜浑浊不透明，常附着黄色纤维素性渗出物。肾脏的色泽变苍白，有出血斑。脑壳充血、出血，部分患鹅脑组织充血、出血。部分母鹅卵巢、输卵管、腹膜发生炎症变化。

图 7-10　肛门周围有粪便污染　　图 7-11　直肠扩张增大，充满内容物

【诊断】雏鹅急性病例可采集肝、心血、心包液和肠道内容物等病料进行实验室诊断，采取肝脏病料触片染色镜检、琼脂培养基、细菌鉴定等方法确诊。

注意本病与小鹅瘟和雏鹅出血性坏死性肝炎的区别。雏鹅出血性坏死性肝炎是由鹅呼肠孤病毒所致的雏鹅病。患病雏鹅肝脏出血坏死特征性病变与沙门菌病的病变不同。

【预防与控制】本病主要通过消化道传播，常因粪便中排出的病原菌污染了周围环境而传播，也可以通过蛋垂直传播。自然条件下多发生于雏鹅，大多数是由带菌的种蛋所引起，1～3周龄雏鹅的易感性最高。常由于饲养管理不当而导致。污染的饲料和饮水，天气和环境剧变，都会促使发病。因此，本病的防治需要采取综合措施。

（1）做好饲养管理工作　雏鹅和成年鹅要分开饲养，避免相互传染。鹅群饲喂全价料，不喂腐败变质的饲料，保持种鹅健康，及时淘汰病鹅。冬季要做好舍内的防寒保暖，夏季要做好通风工作。育雏舍要坚持灭鼠，消灭传染源。

（2）防止种蛋被污染　首先应防止种蛋被污染，种鹅舍要干燥，要放置足够的产蛋箱，产蛋箱内勤垫干草，以保证种蛋的清洁。勤拣蛋，保证种蛋的清洁。蛋库内温度为12℃，相对湿度为75％。孵化器的消毒应在出雏后或入孵前（全进全出）进行，每立方米容积用15克高锰酸钾、30毫升甲醛熏蒸消毒20分钟后，开门进行通风换气。

（3）加强育雏管理　接运雏鹅用的木箱、纸箱、运雏盘，于使用前后进行消毒，防止污染。接雏后应尽早饮水，在饮水中添加适量的抗菌药物，其用量、用法是每升水中加入氟苯尼考10毫克，并加电解多维0.25克，连用7天；每千克饲料添加多西环素20毫克，连用7～10天，这是防止雏鹅感染的有效措施。育雏时有条件的尽量用网上育雏，若必须地面平养，一定备足新鲜的、干燥、不发霉的垫料，并要经常更换，保持清洁。

（4）做好消毒　定期对鹅舍进行消毒，平时每隔2天要带鹅消毒1次，如发病每天消毒1次。并要对饲槽、饮水器、用具彻底消毒。

（5）发病治疗

① 彻底消除舍内粪便、垫草，重新更换干燥的、经消毒的垫草；用0.5％的百毒杀消毒，饲槽、饮水器及用具用2％的火碱溶液刷洗再用清水冲洗后使用。

② 饲料中添加氟苯尼考（氟甲砜霉素），每千克饲料中加入200毫克，连用5天。

③ 用阿莫西林水溶液饮水，浓度为250毫克/升，连用5天，并在饮水中添加电解多维和维生素C。

### 4. 雏鹅传染性气囊炎

雏鹅传染性气囊炎，又称为雏鹅流行性感冒、雏鹅渗出性败血症，是由败血志贺菌引起的一种雏鹅急性传染病。主要感染 20 日龄左右的雏鹅，临床特征为呼吸困难、摇头、鼻腔流出大量的分泌物，发病率和死亡率可达 90%～100%。本病只有鹅易感染，其他禽类不感染。

【流行特点】本病常发生于冬春寒冷季节，长途运输、气候剧变、饲养管理不良等因素都可促使本病的发生和流行。病鹅和带菌鹅是本病的传染源。传播途径主要是消化道，也可通过呼吸道传播。被污染的饲料、饮水等均是传播媒介。

【临床症状】本病的潜伏期很短，在 12 小时以内。病鹅体温升高，精神萎靡，食欲不振，羽毛松乱，喜蹲伏，常挤成堆。病雏从鼻孔流出多量浆液性鼻汁，频频摇头，致鼻汁四溅，或将头颈后弯（见图 7-12），在身躯前部两侧羽毛上擦拭鼻液，使雏鹅的羽毛湿脏。进而呈现呼吸困难，并发出鼾声，站立不稳，行动摇晃。后期出现腹泻、脚麻痹不能站立。病程 2～5 天。

图 7-12　患病雏鹅头颈后弯

【病理变化】病变为全身败血症变化，可见鼻腔、喉、气管和支气管内有多量的浆液或黏液，肺脏、气囊内有纤维素性渗出物。皮下、肌肉、肠黏膜出血。肝、脾、肾肿大淤血，脾表面有灰白色坏死灶。有的病例心内、外膜有出血点。

【诊断】根据流大量鼻液的临床症状、全身败血症病变和部分脏器的纤维素性炎症，结合流行病学特点，可以作出初步诊断。通过细菌学检查可以确诊。

【预防与控制】根据本病的流行特点，要做好以下几个方面的工作。

（1）搞好环境卫生和消毒　由于本病的病原为败血志贺菌，为革兰氏染色阴性小杆菌。本菌对热的抵抗力极弱，56℃5分钟即可致死。因此，做好消毒至关重要，要做好鹅舍，尤其是育雏舍的环境消毒，同时做好垫草、饲料、料槽、水槽的消毒。及时清除鹅粪便，并做无害化处理。

（2）加强雏鹅管理　本病主要是1个月龄内的雏鹅发病，其中20日龄左右雏鹅最易感，至后期成年鹅也可感染。因此，重点做好雏鹅的运输、饮水和饲喂工作，控制好温度和湿度，做好通风和消毒工作。舍饲的供给新鲜的青绿饲料。

（3）药物预防

① 2%环丙沙星预混剂250克，均匀拌入100千克饲料中饲喂。

② 氟苯尼考，1:40拌料，每天1次，连用3～5天。

③ 复方磺胺嘧啶混悬液，雏鹅每只每千克体重肌内注射25毫克，连用3天。

（4）发病治疗　可选用上述药物进行治疗，用药后应补充微生态制剂和多种维生素。

### 5. 鹅曲霉菌病

曲霉菌病是一种常见的真菌病，主要发生于雏鹅。本病的特征是呼吸道（尤其肺和气囊）发生炎症，因此又称曲霉菌性肺炎。本病多呈急性经过，发病率较高，可造成大批死亡，是鹅的一种重要传染病。

【流行特点】污染的垫草、垫料和发霉的饲料是引起本病流行的主要传播媒介，其中可含有大量的曲霉菌孢子。病菌主要通过呼吸道传播感染。本病多发生于温暖潮湿的梅雨季节，也正是霉菌最适宜增殖的季节，而饲料、垫草、垫料受潮后则成了霉菌生长繁殖的天然培养基。若雏鹅的垫草、垫料不及时更换，或保管不善的饲料继续饲喂，一旦吸入霉菌孢子后，往往就会造成本病的暴发。此外，本病的传播亦可经污染的孵化器或孵房，幼鹅出雏后一日龄即可患病，出现呼吸道症状。

【临床症状】潜伏期一般为 2～10 天，急性病例发病后 2～3 天内死亡，主要发生于一周龄以下的雏鹅，病雏食欲减少或废绝、体温升高、口渴增加、精神不振、眼半闭、缩头垂翅、羽毛松乱无光泽、呼吸急速，常见张口呼吸，鼻腔常流出浆液性分泌物，呼吸时常发生特殊的沙哑声或呼哧声（见图7-13），病雏常出现腹泻，迅速消瘦死亡，如不及时采取特殊措施，则全群覆灭。慢性病例主要呈阵发性喘息，食欲不振，腹泻，逐渐消瘦，衰竭而死，病程一周左右。霉菌感染到脑部就会引起霉菌性脑炎，这些病例常出现神经症状。成年鹅患病常见张口呼吸，食欲减退，间有下痢，病程较长，可达 10 天以上。

【病理变化】本病由于致病的菌株、水禽品种、感染日龄的不同，其病理变化和病程长短也有差异。但肺部和气囊具有特征性的变化。肺的病变最为常见，肺充血，切面上流出灰红色泡沫液。肺、气囊和胸腹膜上有一种从针头至米粒大小、数量不等的坏死肉芽肿结节，有时可以相互融合成大的团块，最大的直径达 3～4 毫米。结节呈灰白色或淡黄色，柔软而有弹性，内容物呈干酪样。有时在肺、气囊、气管或腹腔内肉眼即可见到成团的霉菌斑。在肺的组织切片中，可见到多发性的支气管肺炎病灶和肉芽肿，病灶中可见分节清晰的霉菌菌丝、孢子囊及孢子。气囊膜浑浊、增厚、有炎症渗出物覆盖。膜上有大小不一、数量不等的霉菌结节，有的病例见有较大隆起的霉斑，呈烟绿色或深褐色。

图7-13　张口呼吸，沙哑声音

【诊断】临诊上有诊断意义的是由呼吸困难所引起的各种症状，但应注意和其他呼吸道疾病相区别。单凭临床诊断比较困难，所以在禽场中诊断本病还要靠流行病学调查，如呼吸道感染，不卫生的环境条件，特别是发霉的垫料和饲料。本病的确诊，可采取患病鹅肺或气囊上的结节病灶进行实验室诊断。

【预防与控制】曲霉菌病对雏鹅致死率高，切不可掉以轻心，要采取以防为主的综合性防治措施。

（1）加强饲养环境卫生，做好消毒　不用发霉的垫草、垫料和禁喂发霉的饲料是预防曲霉菌病的主要措施。保持鹅舍的清洁卫生，通风干燥。垫料要经常翻晒，发现发霉时，育雏室应彻底清扫、消毒，然后再换上干净的垫草。霉菌病好发的梅雨季节，鹅舍必须每天清扫消毒，保持舍内干燥清洁。

垫草消毒可用2%甲酚皂、1:2000硫酸铜溶液或1:1600的百毒杀等喷雾，维持3小时之后晒干备用。其中，以1:2000硫酸铜溶液为好，高效低毒。室内环境定期消毒可用1:2000硫酸铜溶液，或用1:1600的百毒杀喷雾，或用福尔马林熏蒸。

霉敌（有效成分为硫化苯唑）具有消除曲霉菌属霉菌污染的作用，可明显降低孵化器及种蛋上霉菌污染的程度。霉敌为烟熏片剂，每片60克，含硫化苯唑11.7%。在种蛋孵至第17天时（即转蛋前1天），将片剂放入孵化器内烟熏。如饲养场污染严重，雏鹅中常发生本病时，需在种蛋放入孵化的当天加熏2次。用量为每100立方米空间用药4～8片。烟熏时人、畜不得进入孵化室，以防中毒。

（2）加强饲料保管和使用　禁止饲喂霉变饲料，加强饲料的保管，尤其是梅雨季节。

（3）发病治疗　发病的鹅群用制霉菌素防治具有一定的效果，即每只雏鹅服用5000～8000单位，成年鹅按每千克体重2万～4万单位服用，1日2次，连续3～5天，或每100羽雏鹅用1克克霉唑混于饲料中服用，也可用0.05%硫酸铜溶液饮水，也有一定的疗效。

### 6.鹅口疮

鹅口疮又称念珠菌口炎、霉菌性口炎、念珠菌病、碘霉菌病病，是一种酵母状真菌引起的真菌性口炎或念珠菌病，也是一种消化道上部的真菌病，各种家禽和动物都能够感染，鹅常呈散发，一旦暴发，可造成巨大经济损失。本病可感染人，特别是婴幼儿，出现生殖道炎症、肺炎、皮炎等，应注意防护。

【流行特点】主要发生在鸡、鹅和火鸡，其特征为上部消化道口腔、喉头、食管膨大部、黏膜形成白色假膜和溃疡，有时也可蔓延侵害胃肠黏膜。雏禽的易感性、发病率与致死率均比成年禽高，4周龄以下的家禽感染后迅速大批死亡，3月龄以上的家禽多数可康复。

【临床症状】本病临床症状不是很典型。常表现生长不良、食欲减少、精神委顿、羽毛松乱，眼睑口角可见痂皮样病变，腿有皮肤病变，口腔、舌面可见溃疡坏死，由于上部消化道受损害，吞咽困难，食管膨大部胀大，触诊松软有痛感，压之有气体或有酸味的内容物排出，鹅常常出现下痢，逐渐消瘦，死前出现痉挛状态。

【病理变化】病理检查典型症状为食管膨大部黏膜增厚，表面见有灰白色、圆形隆起的溃疡，黏膜表面常见有假膜性斑块和易刮落的坏死物。口腔和食管黏膜上的病变常形成黄色、豆渣样的典型"鹅口疮"。腺胃偶然也受感染，黏膜肿胀、出血，表面附有卡他性或坏死性渗出物。

【诊断】消化道黏膜的特征性病变可作为本病初步诊断的依据，确诊需进行实验室检查。

【预防与控制】本病发生多与环境有关，饲养管理不好，饲料配合不当，维生素缺乏，导致抵抗力降低，天气湿热都是促使本病发生和流行的因素，本病也可通过鹅卵传染。因此，搞好环境卫生及做好药物预防，可极大地降低发病率。

① 注意饲养管理卫生条件，鹅群饲养密度不要过大，做好鹅舍的保暖和通风换气。种蛋孵化前，要用消毒液浸洗消毒。发现病鹅要立即隔离。

② 群体治疗，按照每千克饲料中添加制霉菌素 50 ～ 100 毫克，并以 0.5％硫酸铜液饮水，连用 1 ～ 3 周。克霉唑的使用浓度为每 100 只雏鹅 1 克混料。

③ 个体治疗时，去除病鹅口腔伪膜，涂碘甘油。向食管膨大部内灌入适量的 2％硼酸，饮用适量的 0.5％硫酸铜，给予每千克含 50 ～ 100 毫克制霉菌素的饲料。

④ 治疗的同时，要更换新垫料，禽舍与用具以 0.4％过氧乙酸溶液，按每平方米 50 毫升用量计算进行带禽喷雾消毒，每天 1 次，连用 7 天。

## （三）鹅的寄生虫病

### 1. 鹅球虫病

鹅球虫病是危害幼鹅的一种寄生虫病。本病在欧美一些国家常有发生，我国沿江和太湖区域的养鹅地区也时有暴发。主要发生于幼鹅，发病日龄愈小，死亡率愈高，能耐过的病鹅往往发育不良、生长受阻，对养鹅业危害极大。

【病原】已报道的鹅球虫有 15 种，寄生于鹅肾脏的截形艾美耳球虫致病力最强，常呈急性经过，死亡率较高。而其余 14 种球虫均寄生于鹅的肠道，其中以鹅艾美耳球虫致病性最强，可引起严重发病。国内暴发的鹅球虫病是肠道球虫病。常引起出血性肠炎，导致雏鹅大批死亡，多是以鹅艾美耳球虫为主，由数种肠球虫混合感染致病。鹅肾球虫病主要发生于 3 ～ 12 周龄的幼鹅，发病较为严重，寄生于肾小管的球虫，能使肾组织遭受严重损伤，死亡率可高达 87％。鹅肠球虫病主要发生于 2 ～ 11 周龄的幼鹅，临床上所见的病鹅最小日龄为 6 日龄，最大的为 73 日龄，以 3 周龄以下的鹅多见。常引起急性暴发，呈地方性流行。发病率 90％以上，死亡率为 10％～ 96％不等。通常是日龄小的发病严重、死亡率高。本病的发生与季节有一定的关系，鹅肠球虫病大多发生在 5 ～ 8 月份的温暖潮湿的多雨季节。不同日龄的鹅均可发生感染，日龄较大的以及成年鹅的感染，常呈慢性或良性经过，成为带虫者和传染源。

【临床症状】患肾球虫病幼鹅，表现为精神不振、极度衰弱、消瘦、反应迟钝，眼球下陷，翅膀下垂、食欲不振或废绝、腹泻，粪便呈稀白色，常衰竭而死。患肠球虫病的幼鹅精神委顿，缩头垂翅，食欲减少或废绝，喜卧，不愿活动，常落群，渴欲增强，饮水后频频甩头，腹泻，排棕色、红色或暗红色带有黏液的稀便（见图 7-14），有的患鹅粪便全为血凝块，肛门周围的羽毛沾污红色或棕色排泄物，常在发病后 1 ～ 2 天内死亡。

图7-14　患病鹅排暗红色带有黏液的稀便

【病理变化】肠球虫病可见小肠肿胀，出血性卡他性炎症，主要发生于小肠中后段，肠内充满稀薄的红褐色液体，肠壁上有白色结节或纤维素物质。肝肿大，胆囊充盈，部分鹅胰腺肿大充血，法氏囊水肿、黏膜充血。肾肿大，呈淡灰黑色或红色，有出血斑和针尖大小的灰白色病灶或条纹，内含卵囊、崩解的宿主细胞和尿酸盐。

【预防与控制】

① 鹅球虫病的防治关键在于搞好环境卫生。鹅粪便做到当天清扫，进行堆积发酵无害化处理。鹅舍保持清洁干净，勤换垫草，及时消毒。

② 实行全进全出，幼鹅与成年鹅分开饲养。

③ 药物预防。流行季节在饲料中应添加抗球虫药防治，常用抗球虫药有氨丙啉按每千克饲料 100 ～ 200 毫克饲喂，也可用复方磺胺 -5- 甲氧嘧啶按每千克饲料 200 毫克混饲，或用地克珠利溶液饮水按 0.5 ～ 1 毫克 / 升，均有良好的效果。

④ 发病治疗。用抗球虫药如磺胺类药物、氯丙啉、球虫灵等药物治疗。同时将被污染的垫草彻底清除，更换新草，用 5％火碱消毒场所，清洗用具用 0.3％百毒杀、0.2％过氧乙酸。交替消毒，每天消毒 1 次，直到病鹅痊愈为止。但要注意抗球

虫药物的停药期规定。

## 2. 鹅矛形剑带绦虫病

剑带绦条虫病是寄生于鹅小肠内的常见寄生虫病，常引起鹅感染发病，尤其对幼鹅危害特别严重，可造成大批死亡，给养鹅业带来巨大的经济损失，是鹅的一种重要寄生虫病。本病除感染家鹅外，也感染鸭、野鹅、鹄以及其他某些野生水禽。

【病原】本病病原为矛形剑带绦虫，属膜壳科，是一种大型虫体，为乳白色。虫体长达 13 厘米，呈矛形。头节小，上有 4 个吸盘，顶突上有 8 个小钩，颈短。链体由 20～40 个节片组成，前端窄，往后逐渐加宽，最后的节片宽 5～18 毫米，成熟的节片上有三个睾丸，睾丸呈椭圆形，横列于内方生殖孔的一侧。卵巢分 2 叶，卵黄腺椭圆形，在卵巢的下方。子宫横列。生殖孔位于节片上角的侧缘。虫卵为椭圆形，无卵袋包裹。

剑带绦虫寄生于鹅、鸭及某些野生水禽的小肠内，孕卵节片或虫卵随患禽的粪便排出，虫卵落入水中，被中间宿主剑水蚤吞食，经 6 周发育为成熟的似囊尾蚴。鹅等水禽类吞食了含有似囊尾蚴的剑水蚤，剑水蚤被消化，似囊尾蚴进入小肠，并翻出头节，吸附在肠壁上，经 19 天发育为成虫。

本病分布广泛，世界各地养鹅地区均有发生，多呈地方性流行。本病有明显的季节性，一般多发生于 4～10 月份的春末夏秋季节，而在冬季和早春较少发生。发病年龄为 20 日龄以上的幼鹅。临床上主要以 1～3 月龄的放养鹅群多见，但临床所见的最早发病日龄为 11 日龄，可能在出壳后经饮水感染。轻度感染通常不表现临床症状，成年鹅感染后，多呈良性经过，成为带虫者。

【临床症状】成年鹅感染剑带绦虫后，一般症状较轻，幼鹅感染后可表现明显的全身症状，首先出现消化功能障碍，腹泻，排稀白色粪便，内混有白色的绦虫节片；发病后期，食欲废绝，羽毛松乱无光泽，常离群独居，不愿走动。严重感染者常出现神经症状，走路摇晃、运动失调、失去平衡、向后坐倒、仰卧或突然倒向一侧不能起立，发病后，常引起死亡。病程为 1～5 天。

【病理变化】主要病变在肠部。小肠内积满大量淡黄色或褐色的虫体，造成肠腔阻塞，严重的引起肠破裂。肠壁黏膜受损、水肿出血，有灰黄色结节，肠内容物稀臭，含有大量虫卵（见图 7-15）。鹅体消瘦，泄殖腔周围沾有稀便，肝肿大，肠黏膜出血，呈卡他性炎症。

图 7-15　鹅绦虫

【预防与控制】

① 本病重在预防，主要办法是将成年鹅和幼鹅分开饲养和放牧，经常保持圈舍干燥与卫生，及时清理粪便，饲喂的水槽要清洗。

② 定期检查幼鹅粪便，发现虫卵和体节，立即驱虫。

③ 对育成鹅、成年鹅群应实施定期驱虫，一年至少进行二次，通常在春秋两季，以减少环境的污染和病原的扩散。常用药物有吡喹酮按每千克体重 10～15 毫克内服，或用阿苯达唑按每千克体重 50～100 毫克服用，也可用硫双二氯酚按每千克体重 150～200 毫克。为确保疗效，上述药品最好逐只投服。

### 3. 鹅虱

鹅虱是寄生于鹅体羽毛内的寄生虫。虫体小，形状像鹅身上的虱子。鹅虱的全部生活都离不开鹅体。鹅虱吸食血液及羽毛、皮屑，还会伤皮肤，造成鹅体发痒不安、羽毛脱落、食欲不振，导致鹅生长发育缓慢、消瘦，成年鹅产蛋量下降。

【病原】鹅虱体长 0.5～1.0 毫米，体型扁而宽短，也有细长的。头端钝圆，头部宽度大于胸部。咀嚼式口器，头部有 3～5 节组成的触角。胸部分前胸、中胸和后胸，中胸、后胸有不同程度的愈合，每一胸节上长着 1 对足，足粗，爪不甚发达，胸部由 11 节组成，最后数节常变成生殖器。鹅虱的生活史都在鹅体表完成。鹅虱交配后产卵，卵常结合成团，粘在羽毛的基部，依靠鹅的体温孵化，经 5～8 天变成幼虱，2～3 周内经几次蜕皮而发育为成虫。

【预防与控制】鹅虱是一种永久性寄生虫，其生活史离不开鹅的体表。主要靠鹅的直接接触而传播，一年四季均可发生，但冬季较严重。特别是圈养鹅，冬季鹅体上的虱会大量繁殖。因此，养殖场要注意做好预防工作。

① 对新引进的鹅要加强检疫，先隔离饲养一段时间，如未发现异常，可混群饲养。

② 鹅舍要经常清扫，垫草常换。鹅舍经常用 0.2％的敌敌畏喷洒消毒。

③ 患有鹅虱的鹅可用 0.5％的敌百虫粉剂喷洒羽毛，并轻轻揉羽毛使药物分布均匀。并用 0.03％除虫菊酯和 0.3％敌敌畏合剂，对鹅舍、墙壁、栏架、饲槽、饮水器及工具等进行消毒。同时，对整个养殖场进行彻底消毒，以防感染其他鹅群。10 天后，对患病鹅群再投药一次，以杀死新孵出来的幼虱。

### 4. 鹅裂口线虫病

鹅裂口线虫病，是一种由裂口线虫寄生于鹅的肌胃中而引起的疾病。不论大小鹅，夏秋高温潮湿季节均易感染此病，主要危害雏鹅，影响其生长发育，严重感染可导致死亡。对成年鹅的危害不大。养殖户应注重防治。

【病原】裂口线虫发育无需中间宿主，虫卵内形成幼虫并蜕皮2次，经5～6天的卵内发育，感染性幼虫破壳而出，能在水中游泳，爬到水草上。鹅吞食含有感染性幼虫的水草或水时而遭受感染。幼虫在鹅体内约3周发育为成虫，其寿命为3个月。

寄生裂口线虫的病鹅为传染源，虫卵随其粪便排出，在30℃左右的温度和适宜的湿度下，1天内即形成第一期幼虫；再经4天左右，变为感染期幼虫；然后脱离卵壳，进入外界环境或野菜野花水草上，当鹅吞入带有感染期幼虫的菜和草后即染病。被吞入的幼虫5天内停留在腺胃内，然后进入肌胃，经一段时间发育为成虫，危害鹅只。

【临床症状】裂口线虫主要对鹅的肌胃造成严重损害，从而表现出消化系统功能的紊乱及随之而来的衰弱等症状。雏鹅对本病特别敏感。严重感染时，可见病鹅食欲减退，甚至废绝，精神不振，发育受阻，羽毛无光泽，时有下痢。患病鹅体弱，消瘦贫血，嗜睡，衰竭，甚至死亡。成年鹅多为轻度感染，不呈现症状。

【病理变化】剖检时，肌胃见有大量红色细小虫体寄生在角质层的较薄部位，部分虫体埋在角质层内，造成角质层的坏死、脱落，变成易碎的棕色硬块。

【预防与控制】防治本病要从加强环境卫生和消毒、鹅预防性驱虫以及发病时治疗三方面做好工作。

（1）搞好环境卫生和消毒　预防本病的关键是搞好环境卫生和消毒，消灭感染性虫卵和幼虫。要经常保持鹅舍和运动场清洁干燥，常用开水或烧碱水对食槽和饮水用具进行消毒。定期清除鹅舍粪便并做无害化处理。雏鹅应与成年鹅分开放牧和饲养，避免使用同一场地。尽可能把雏鹅舍和放牧地安排在成年鹅从未到过的地方，每隔5～6天应更换1次雏鹅的牧地。有条件时应定期对鹅群进行粪便检查，发现虫卵，及时隔离病鹅进行治疗，杜绝病源传播。

（2）预防性药物驱虫　本病流行的地方，每批鹅应进行两次预防性驱虫，通常在20～30日龄、3～4月龄各一次。投药后 3 天内，彻底清除鹅粪便，进行生物发酵处理。常用的驱虫药有左旋咪唑（每千克体重用 20 毫克，溶于水中，让鹅饮用，疗效显著）、驱虫净（每千克体重用 45 毫克，口服或皮下注射，每天 1 次，连用 3 天）。

（3）发病时治疗 治疗可用左旋咪唑 25 毫克 / 千克体重，通过饮水给药，驱虫率可达 99%。甲苯咪唑以 50 毫克 / 千克体重内服，或浓度 0.0125%，混饲，每天 1 次，连用 2 天，也能获得满意效果。

## （四）鹅的营养代谢病和中毒病

### 1. 鹅软脚病

软脚病是鹅，尤其是雏鹅的常见病，主要是由于鹅饲料中缺乏钙、磷及维生素 D 导致。其主要症状是：病鹅脚软无力，支撑不住身体，常伏卧地上，长骨骨端增大，特别是跗关节骨质疏松，生长缓慢。

【预防与控制】

① 鹅饲料中钙、磷的含量要丰富，且配比要合理。

② 饲料中必须含有足够的维生素 D，因为维生素 D 有利于鹅对钙、磷的吸收。

③ 让鹅多晒太阳，阳光照射可以促使鹅体内合成维生素 D。

④ 鹅发生软脚病后，每天给病鹅滴服 2 次鱼肝油，每只每次服 2～4 滴。

### 2. 鹅啄癖

鹅啄癖是鹅的一种异常行为，是由多种原因引起的一种代谢紊乱性疾病，也是大群饲养鹅的常见病。如果不及时防治，会破坏正常群体的生活习性，造成严重经济损失。主要表现是部分鹅强迫叨啄其他鹅。部分鹅以凶猛的动作啄食其他鹅的羽毛，常将羽毛下的皮肤一起扯下啄食，被啄的鹅发出惨叫声，并奔跑逃避，被啄部位在背部、尾部、翅膀两侧（见图 7-16、图 7-17），由于受伤而出血，鹅群长期处于惊恐状态。

【病因】主要有以下几种原因。

饲养管理方面：饲养密度过大或过小，育雏舍温度过高或过低，易使雏鹅体内的热量散发受阻而使其狂躁不安或使雏鹅遇冷而导致卵黄吸收不良，也影响雏鹅的采食和饮水量。成年鹅运动量小、饮水不足、交配、随地产蛋等因素，也易导致相互打架，或因饲喂时间间隔过长等，形成啄癖。

通风换气方面：圈舍密封较严、粪便清理不及时、垫料霉变等，使舍内的二氧化碳、二氧化硫、硫化氢、氨气等有害气体不能及时排出，都是鹅形成啄癖的原因。

光照强度方面：光照过强是引起鹅啄癖的又一重要因素，尤其是饲养于开放舍、在夏季进入产蛋期的鹅群。

图 7-16 被啄羽后的雏鹅（一）

图 7-17 被啄羽后的雏鹅（二）

营养方面：饲料配合不合理也是鹅发生啄癖的因素。自配饲料不注意营养平衡，不注意微量元素和维生素的添加。外购饲料由于饲料原料价格猛涨，导致个别厂家生产的饲料营养不均衡，蛋白质和维生素缺乏；青绿饲料补充不足，缺乏矿物质（钙、钾、锌、铁、锰、硒等），氨基酸不平衡，也易导致鹅啄癖。

疾病方面：当鹅发生球虫病、拉痢或其他疾病时常由于肛门上沾有异物而引起鹅群间的相互啄斗。发生体表及体内寄生虫病时，常引起鹅结膜炎，而使眼睛水肿、流泪、发炎，严重的出现采食困难，引起打斗。母鹅病源性或生理性脱肛、皮肤外伤等因素都可诱发啄癖的发生。即将开产时母鹅血液中所含的雌激素和孕酮、公鹅雄激素的增长，都是促使啄癖倾向增强的因素。

**【预防与控制】**

① 加强饲养管理，控制光照强度，保证饲料营养均衡，多补充青绿饲料。做好消毒防疫工作，预防疾病发生。加强通风换气，保持鹅舍内空气清新。

② 鹅发生体表及体内寄生虫病，可用溴氰菊酯喷杀，用伊虫净拌料驱虫。

③ 一旦发生啄癖，可采取下列措施：立即将被啄坏的鹅只隔离，单独进行治疗和饲养，受伤局部进行消毒处理，对啄伤部位可涂紫药水、碘酊等。

④ 用1%～2%的石膏粉配合阿莫西林混饲7天全群拌料饲喂，用于防治啄羽、啄肛。也可选用咬啄停、啄羽灵等药物进行拌料饲喂。

### 3. 鹅有机磷农药中毒

有机磷农药，如敌敌畏、敌百虫和马拉硫磷等都是农业上广泛应用的一种毒性很强的杀虫剂。鹅会因误食了施用过有机磷农药的蔬菜、谷物和牧草，或被这类农药污染的饮水而发生中毒。此外，也会因使用这类农药驱除体外寄生虫不当而发生中毒。还有人为故意投毒，常发生于放牧鹅。

**【临床症状】**发生有机磷中毒最急性中毒的病鹅往往见不到任何症状而突然死亡。多数中毒鹅表现为停食，精神不安，运动失调，流泪，大量流涎，频频摇头并做吞咽动作，肌肉震颤，泄殖腔急剧收缩，有时伴有下痢，瞳孔明显缩小，呼吸困难，循环障碍，黏膜发绀，体温下降，足肢麻痹，最后抽搐、昏迷而死亡。

**【病理变化】**本病的特征性病理变化为胃内容物散发出大蒜臭味。剖检可见口腔积有黏液，食管黏膜脱落，气囊内充满白色泡沫；肺充血、肿胀，心肿大、充血，血液呈酱油色；肝脾肿胀、肝质脆，肾弥漫性出血；胃肠黏膜肿胀、出血，黏膜层极易脱落，肌胃严重山血，黏膜完全剥脱。

**【预防与控制】**对于本病，应以预防为主，积极做好预防工作，农药的保管、贮存和使用必须注意安全。

① 严禁用含有有机磷农药的饲料和饮水喂鹅。放牧地如喷洒过农药或被污染，有效期内不能放牧。一般不要用敌百虫作鹅的内服驱虫药，但可用其消除体表寄生虫，用时注意浓度不要超过 0.5%。

② 治疗中毒初期，可用手术法切开皮肤，钝性分离食管膨大部，纵向切开 2～3 厘米，将其中毒性内容物掏出或挤出，用生理盐水冲洗后缝合。然后静脉注射或肌内注射解磷定，成年鹅每只 0.2～0.5 毫升，并配合使用阿托品，成年鹅每只每次 1～2 毫升，20 分钟后再注射 1 毫升，以后每 30 分钟服阿托品 1 片，连服 2～3 次，并给充足饮水。如是雏鹅，则依体重情况适当减量，体重 0.5～1.0 千克的雏鹅，内服阿托品 1 片，15 分钟后再服 1 片，以后每 30 分钟服半片，连服 1～3 次。针对以上治疗方法，同时配合采取 50% 葡萄糖溶液 20 毫升腹腔注射、维生素 C 0.2 克肌内注射，每天 1 次，连续 7 天。待症状减轻后，针对腹泻不止，在饮水中，按 25 毫克／千克体重投入复方敌菌剂，连续 1 天，以防脱水。若对硫磷中毒则用 0.01% 高锰酸钾或 2.5% 碳酸氢钠溶液灌服，每只鹅 3～5 毫升。

## （五）鹅的普通病

### 1. 鹅皮下气肿

皮卜气肿是幼鹅等幼龄家禽的一种常见疾病。多发生于 1～2 周龄以内的幼鹅，临床上常见于颈部皮下发生气肿，因此又称之气嗉子或气脖子。

【临床症状】患鹅颈部气囊破裂，可见颈部羽毛逆立，轻者气肿局限于颈的基部，严重的病例可延伸到颈的上部，以致头部并且在口腔的舌系带下部出现鼓气泡（见图7-18）。若腹部气囊破裂或由颈部的气体蔓延到胸部皮下，则胸腹围增大，触诊时皮肤紧张，叩诊呈鼓音。如不及时治疗，气肿继续增大，病鹅表现精神沉郁，呆立，呼吸困难，饮、食欲废绝，衰竭死亡。

图7-18　皮下气肿

【预防与控制】本病的发生，可见于粗暴捕捉，致使颈部气囊或锁骨下气囊及腹部气囊破裂，也可因其他尖锐异物刺破气囊或因肱骨、鸟喙骨和胸骨等有气腔的骨骼发生骨折，均可使气体积聚于皮下，产生病理状态的皮下气肿。此外，呼吸道的先天性缺陷亦可使气体逸于皮下。

① 注意避免鹅群拥挤摔伤，捕捉或提拿时切忌粗暴、摔碰，以免损伤气囊。

② 发生皮下气肿后，可用注射针头刺破膨胀的皮肤，使气体放出，但不久又可膨胀，故必须多次放气才能奏效。最好

养鹅家庭农场致富指南

用烧红的铁条，在膨胀部烙个破口，将空气放出。因烧烙的伤口暂时不易愈合，所以逸出气体可随时排出，缓解症状，逐渐能痊愈。

### 2.雏鹅糊肛症

雏鹅发生糊肛症主要是由于雏鹅出壳后，初次饮水以及开食不及时或开食后饲料中蛋白质含量过高，育雏舍温度过低，或感染了某些细菌，如大肠杆菌、沙门菌等引起的一种疾病。雏鹅发生糊肛症后一般以肛门被粪便污染的羽毛黏住为典型特征（见图 7-19），导致雏鹅生长缓慢，成活率低，有的甚至排不出粪便。

图 7-19　雏鹅糊肛

【预防与控制】雏鹅糊肛一般多发生在出壳后的 3 ～ 5 天，如果能做好出壳后鹅的饲养管理工作可有效预防雏鹅糊肛症的发生。

① 尽早饮水，雏鹅一般在出壳后的 12 ～ 24 小时内第一次饮水，可在饮水中添加 0.02％的环丙沙星以及 5％～ 8％的

葡萄糖或电解多维等以增强机体抵抗力，预防细菌感染。

② 及时喂料，一般在出壳后24～36小时内进行喂食，主要用开水泡透的小米或碎米进行开食，少喂勤添；第二天将切碎的青菜、嫩草等混合在小米中投喂；第三天即可投喂适合雏鹅该生长阶段的配合饲料，另外也可投喂一些青饲料。

③ 保持适宜的温度以及良好的饲养环境，一般雏鹅早期的适宜生长温度为28～30℃，饲养密度每平方米不超过25只，随着鹅的成长其饲养密度应逐渐减小。

④ 雏鹅发生糊肛症后应及时治疗，首先将堵塞肛门的羽毛用温淡盐水洗净，难以洗净的羽毛用剪刀剪去，帮助雏鹅顺利排便，可在饲料中添加0.1%土霉素和0.02%多西环素进行治疗，还可在饲料中添加0.2%～0.3%的酵母片等提高雏鹅的消化能力。另外，在饮水中添加多种维生素增强雏鹅抵抗力，促进雏鹅恢复健康。

### 3.鹅舌下垂

鹅舌下垂是指鹅的舌头垂入下颌骨之间的空隙内，多见于狮头鹅。

【病因】由于狮头鹅下颌肉垂大又重，肉垂的肌肉、韧带松弛，下颌肉垂下坠，牵引的黏膜下凹形成袋状。采食后舌下残留饲料，发酵变酸，引发舌下黏膜炎症或溃疡，舌陷入袋中，无法动弹。

【临床症状】主要症状为舌头坠入下颌骨间空隙中，不能伸缩，采食困难，无法吞咽，逐渐消瘦衰弱而死。

【治疗】将舌提起，冲洗舌下饲料，用缝线将颌下黏膜中线袋口缝几针，涂以消炎软膏，饲喂易消化饲料或人工助食，数日可愈。

### 4.鹅中暑

鹅中暑是鹅在炎热的夏季常发生的一种疾病，可呈大群发生，尤其以雏鹅最为常见，分为日射病和热射病两种。

【**病因**】在气候炎热、湿度大的天气里，鹅群由于长时间放牧曝晒于烈日之下或行走在灼热的地面上，容易发生日射病。引起脑膜充血和脑实质急性病变，导致中枢神经系统功能发生严重障碍。当鹅舍潮湿闷热、通风不良或将鹅群长时间饲养在高温环境中，新陈代谢旺盛，产热多，散热少，体内积热，就会引起中枢神经功能紊乱，发生热射病。天气晴雨变化无常，鹅群在烈日直射下放牧时，或被雨水淋湿后，又立即赶进鹅舍，也会引起中暑。

患日射病的鹅以神经症状为主，病时烦躁不安，痉挛，昏迷，体温上升，可视黏膜发红，能够引起大批死亡。鹅患热射病则表现呼吸急促，张口伸颈喘气，翅膀张开下垂，口渴，体温升高，痉挛倒地，昏迷，也可引起大批死亡。

【**预防与控制**】

① 在高温季节，应保持环境的通风良好，降低饲养密度，保证饮水充足。鹅舍温度过高时可使用电风扇扇风，向鹅体羽毛和地面洒水以降温。放牧饲养的，应避开中午并尽可能地在有树荫和充足水源的地方放牧，经常让鹅、鸭沐冷水浴降温。

② 夏天放牧鹅群应早出晚归，避免中午放牧，应选择凉爽的牧地放牧。鹅舍要通风良好，鹅群饲养密度不能过大，运动场要有树荫或搭盖的凉棚，并且要供给充足、清洁的饮水。

③ 鹅群发生中暑时，应立即进行急救，将鹅赶入水中降温或赶到阴凉通风的地方进行休息，并供给清凉饮水。还可将病鹅赶到水中短时间浸泡，然后喂服红糖水解暑，很快会恢复正常。

舍饲的应加强舍内通风，地面放冰块或泼深井水降温，并向鹅体表洒水。可给鹅服十滴水（稀释 5 ～ 10 倍，鹅 1 毫升）或仁丹丸（每只 1 颗），也可用白头翁 50 克、绿豆 25 克、甘草 25 克、红糖 100 克煮水喂服或拌料饲喂 100 只雏鹅（成禽加倍）。

## （六）填饲鹅常见疾病

填饲是一种强制性的饲喂手段，如操作不当，就会造成机械性损伤等一系列疾病。其次填饲期间随着脂肪的迅速沉积，鹅的抗病力明显减弱，此时很容易感染疾病。所以要从加强清洁卫生和提高填饲技术着手，加以预防。一旦发生疾病应及时治疗，但不可滥用药物，防止肝脏负担过重和药物在肝中的残留。

### 1. 喙角溃疡

由于填饲管过粗或在填饲时操作不当，动作粗暴，造成喙角损伤，细菌感染而引起炎症，进而发展到喙角溃疡和局部组织坏死。此病在中小型鹅中发生较多，常发生于夏季，特别在维生素 B 缺乏的情况下，更易发生。发病时，病鹅两喙的基部破损、肿胀、溃疡，强行张开两喙填饲时，可闻到腐臭味。

**【预防与控制】**

① 中小型鹅应采用较细的填饲管填饲，填饲动作要轻，避免擦破喙角。

② 在饲料或饮水中加入禽用多维素。可使用消炎药和珍珠粉涂抹喙角破损处，有一定的疗效。

### 2. 咽喉炎

填饲时因将填饲管强行插入，造成机械性损伤引起的咽喉黏膜及深层组织的炎症。其特征是周围组织充血、肿胀和疼痛。填饲时鹅挣扎不安，且因咽喉肿胀和疼痛，填饲管不易插入。

**【预防与控制】**

① 在填饲前应先检查填饲管是否光滑，管口有无缺口，是否圆钝。

② 填饲员指甲要剪光磨平，拉出鹅舌头要轻；插入填饲管时动作要慢，角度正确。

③ 如鹅挣扎，咽喉部紧张，应暂停插入，不得硬插。

④ 轻度咽喉炎症可内服土霉素，每只每次 0.125 克，每天 2 次，并局部涂擦磺胺软膏。如咽喉损伤严重，则应

淘汰。

### 3. 食管炎

因为食管黏膜受摩擦过度造成损伤所引起的炎症。其特征是食管发炎、肿胀和疼痛，填饲时患鹅表现不安。

【预防与控制】

① 预防与咽喉炎相似。采用 50 厘米的长填饲管填饲，这样填饲管能直接插到食管膨大部，可大大减少食管炎的发病率。

② 插管要谨慎，并使鹅的颈与填饲管保持平行。

③ 注意每次填料要少，否则大量玉米填入食管，使局部食管迅速膨胀，而往下捋时用力过大，玉米粒与食管壁强烈摩擦，致使食管损伤。

④ 发生食管炎时可用土霉素，每只每次 0.125 克，每天 2 次，连喂数天。炎症初发时，适当减少填饲量和填喂次数。

### 4. 食管破裂

由于填饲管插入时动作粗暴，或者由于填饲管本身存在的金属破口，而造成食管破裂。其症状是填饲后抽出填饲管时，发现管壁沾有血液，随后鹅的颈部肿胀，精神萎靡，在下次填饲前用手触摸颈部，可摸到积蓄在颈部皮下的大量玉米。

【预防与控制】预防与食管炎相似。发生本病的鹅应及早淘汰。

### 5. 消化不良和积食

消化功能不良是由于消化功能紊乱，引起以腹泻和排出大量整粒的未消化玉米为主的疾病（非为菌痢）。食管积食往往是由于填饲的玉米突然增多，使整个食管及其膨大部的平滑肌松弛，弹力减弱而造成大量玉米积滞在食管和食管膨大部，甚至向下达到腺胃中。

**【预防与控制】**

① 要有填饲预饲期阶段。在预饲期阶段,让鹅逐渐习惯于摄食整粒的玉米和大量的青绿饲料,使整个食管柔软而富有弹性,为大量填饲打好基础。

② 供给粗沙砾,让其自由采食,以帮助消化。

③ 填饲量应由少到多,逐步增加。每次填饲前,要触摸食管膨大部,对消化良好的可增加填饲量;对消化不良、食管积滞的玉米粒轻轻捏送,并往下捋,然后少填或停填一顿;也可喂些帮助消化的药物,如多酶片、大蒜等。

④ 如连续 3 次未填,积食未消化的,则应及时淘汰。

### 6. 跛行与骨折

填饲后期,由于填鹅体重增加 80% 左右,部分填鹅往往支撑不住体重而跛行,属正常现象。因操作粗暴造成腿部受伤的跛行要精心护理。捉鹅时要轻捉轻放,以免造成翅膀和腿部骨折。骨折的鹅,如基本育肥成熟,应及时屠宰。

### 7. 气管异物

其主要是由于填饲操作不小心,使玉米粒通过喉头落入气管所致。症状是填饲结束后鹅拼命摇头,想把气管中的玉米甩出来,开始呼吸急促,继而呼吸困难,以致窒息死亡。

**【预防与控制】**

① 在插填饲管时,应先将遗留在管中容易掉落的玉米粒去掉。

② 填饲时不要填得过于接近咽喉,拔出填饲管时,动作要轻要快。

③ 发现鹅有气管异物症状,应立即提起,使其双脚倒挂起来,并用手摸捏气管,如玉米粒卡在气管接近咽喉处,可以用手指挤出;如卡的位置很深,只能屠宰。

第八章

# 鹅产品加工

　　鹅产品具有食用、肝用、药用、加工等多种营养价值和经济价值。鹅产品深加工可以延伸鹅养殖产业链，提高鹅的附加值，使鹅产品不再局限于白条鹅、羽绒、肥肝、蛋等简单产品，而且能扩大鹅产品市场，增加销售渠道，从而扩大产品的销量。鹅产品深加工还可延长产品保存期，有利于产品销售和保持产品市场价格稳定。

## 一、活鹅屠宰

### （一）活鹅检验

　　将体重 4 ～ 4.5 千克的活鹅，在运输及宰前饲养环节由兽医卫生检疫人员对其进行检疫，鹅屠宰前检验以外貌来鉴别，健康鹅羽毛洁白有光泽，眼大有神，肛门不污，性情活泼，双翅拍动有力，步态稳健，喜群，常用喙梳理羽毛。患病鹅羽毛粗乱无光，眼无神，结膜肿胀，口腔积黏液，肛门附近毛有污粪，精神萎靡，行动不便，离群蜷缩，食欲不好，呼吸困难，体温高于或低于 40 ～ 42℃。

发现病鹅隔离后妥善处理。对使用药物添加剂的鹅，应严格执行该种药物添加剂规定的停药期。

## （二）运输

在运输过程中，最好采用控温运输车，普通运输车于寒冷季节应在鹅笼外加盖厚篷布进行避风；根据季节温度不同调整鹅密度，以商品鹅活体总重量不超过每立方米 40 千克为宜。运输车辆应保持清洁、平稳，减少因路况不同造成的颠簸。卸车过程应使鹅保持站立平稳，不得剧烈颠簸或晃动。

## （三）宰前准备

宰前应停止饲喂，禁食时间控制在宰前 6 ～ 8 小时，但给予充分的饮水，宰前 1 小时禁水，以利于屠宰后分解、放血，提高肉质。

抓鹅时双手握住鹅的跗关节，不得提拉、拖拽鹅的头、翅膀或羽毛，挂鹅时应双腿同时挂于挂钩上，防止机械损伤（见图 8-1）。

图 8-1　挂鹅

## （四）屠宰工艺流程

宜采用成套屠宰生产线，在符合卫生标准的专用屠宰车间内进行屠宰。具体工艺流程为：

挂钩→电麻→宰杀→沥血→浸烫→脱毛→浸腊→冷却→脱蜡→下挂→处理羽毛→杂羽毛排出车间→羽绒→绒毛处理及除腔工序→除绒毛→整理除腔→下货处理工序→下挂→预冷工序→分割包装工序→冷冻贮存。

### 1. 宰杀放血

操作人员用锋利刀常规宰杀，即用刀切颈放血，切断三管（气管、血管、食管）把血放净并摘除三管，刀口处不能有污血。如留皮作鹅绒裘皮则按其制作方法宰杀。

### 2. 烫毛、拔毛

宰杀后，趁鹅体温未散前，立即放入烫毛池或锅内浸烫，水温保持在 $65 \sim 68℃$，水要充足，以拔掉背毛为准，浸烫时要不断地翻动，使鹅体受热均匀，特别是头、脚要浸烫充分。拔毛时先拔掉大翅毛，要用手掌推去背毛，回手抓去尾毛，然后翻转鹅体，拔去胸腹部毛，最后拔去颈、头部毛。

### 3. 去绒毛净膛

鹅体烫毛拔毛后，残留有若干细毛毛茬。除绒方法：一是将鹅体浮在水面（$20 \sim 25℃$）用拔毛钳子（一头是钳一头是刀片）从头颈部开始逆向倒钳毛，将绒毛和毛管钳净；二是松香拔毛，松香拔毛要严格按配方规定执行，操作得当，要避免松香流入鹅鼻腔、口腔，除毛后仔细将松香除干净（见图8-2）。

### 4. 开腔取内脏

鹅放案板上，沿腹中割开腹部皮肤和肌肉，再割开胸肋骨，取出内脏，并拉出食管、气管，劈开肩关节，最后抹去残血，去掉余杂，破肛门，割去鹅屁股。

图 8-2　白条鹅

5. 割外五件

割下头嘴、双翅、两脚掌。割撕嘴巴，顺肘关节割下两翅，在跗关节处割下两脚掌。

## （五）宰后检验

宰后检验是为了防止病鹅肉尸及不适于人类食用的肉进入消费市场，以保证肉食卫生，防止发生肉食中毒事故，影响人体健康和疫病的蔓延。检查表皮上有无水肿、气肿、创伤、肿瘤、出血点以及皮肤的色泽、硬度、弹性等。根据皮肤的颜色与颈部、翅下、胸部等血管充血程度，判定其放血程度。检查加工操作中的修毛质量、破皮程度、鹅体是否被污血或粪便及胆汁等污染情况。鹅的内脏检查以腹腔半净膛检验为主。开腔去肠后，用开张器从肛门插入腹腔内逐只检查肝、脾、卵巢、睾丸、胸腹膜、肾脏、肌胃等有无病理变化、有无寄生虫、残留的肠段、破胆、血块、粪污等现象。腹腔半净膛检查时，用手电筒或 6～8 伏电珠固定在开张器内照射，效果好且方便。

## （六）屠宰加工卫生要求

为保证白条鹅屠宰加工产品质量，除必须加强宰前、宰后的兽医卫生检验外，还应注意加工场地、工具、容器及工作人员的卫生工作。

### 1. 屠宰车间

车间内保证光线充足，空气流通，门窗上装防蚊、蝇的设备。车间地面、墙壁、下水沟及一切生产工具于每天生产结束后进行 1 次消毒，每周用 2％烧碱溶液喷洒洗刷消毒，再用清水冲洗干净。宰刀、拔毛镊子等金属用具必须严格消毒，并且及时擦干，防止生锈。

### 2. 生产人员

生产人员要讲卫生，勤剪指甲、勤洗澡、勤换衣服。生产人员必须穿戴干净的工作服、帽、围裙、胶鞋，离开工作岗位时，必须脱换工作服。生产人员应每隔 1 年进行 1 次身体检查，凡患有开放性或活动性肺结核、传染性肝炎、肠道传染病、传染性皮肤病及手部化脓性疾病等的患者应调出车间，待痊愈后方可再进入车间工作。

### 3. 卫生消毒

在车间内严禁吸烟和随地吐痰，痰盂每天须冲洗并用 2％烧碱溶液消毒 1 次。车间入口处，应该放置消毒池或消毒盆，便于生产人员的鞋与手消毒。外来人员不得随意进入车间，如果进入车间时，必须遵守卫生制度。车间污水及毛、血等须及时冲洗放掉，以保持车间清洁。一旦发现传染病鹅，必须及时剔除处理，不应久留，更不能与合格产品混杂。发现疫情应及时与当地有关部门联系，防止疫病蔓延。

## 二、鹅肥肝摘取

### （一）屠宰拔毛

宰杀时切断颈部血管，使头朝下，放血彻底，减少肝脏淤血和血斑，放血后置于 70℃左右的热水中浸烫 3～5 分钟，捞出后用手工脱毛法将鹅毛及喙壳、爪壳去除。注意操作时不要压迫肝脏部位，防止肥肝破裂。

### （二）冷却剖肝

将脱毛后的鹅胴体置于 5℃温度下冷却 16～18 小时，以促进体表干燥。在鹅胴体脂肪凝固、内脏变硬后即在 5℃条件下，从鹅龙骨末端处开始，沿腹中线向下做一纵切口，一直切到泄殖腔前缘。慢慢切开腹膜，轻轻取出肝脏。并当即放入 1％盐水中浸泡 10 分钟，取出后用净布擦干表面，分级装盘（见图 8-3）。

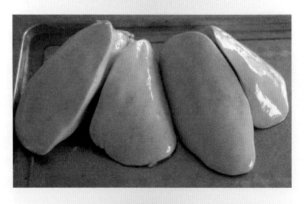

图 8-3　鹅肥肝

## （三）评定分级

摘除胆囊，去掉肝周围、表面的筋膜，整形，称重后，根据单肝重量、新鲜程度和感官进行评定，鹅肥肝分级评定标准见表8-1。

**表8-1 鹅肥肝分级评定标准**

| 鹅肝等级 | 重量 | 感官评定 |
|---|---|---|
| 特级 | 600克以上 | 结构良好，无内外斑痕，呈浅黄色或粉红色 |
| 一级 | 350～600克 | 结构良好，无内外斑痕，呈浅黄色或粉红色 |
| 二级 | 250～350克 | 允许略有斑痕，具脂肪感，柔软而结构清晰 |
| 三级 | 150～250克 | 允许略有斑痕，颜色较深 |

## （四）保藏运输

经分级处理的鹅肥肝，按规定放入塑料盘内。盘下面铺一层碎冰，在冰上铺一张白纸，放入冷藏箱中，经过72小时运输和出售，仍可保证鲜肝的质量和货架期。亦可把分级的肥肝在 −28℃温度下速冻，包装后放在 −18～−20℃温度下，保藏期为2～3个月。

# 三、鹅产品的加工

## （一）鹅产品种类

### 1. 冷鲜鹅肉品种

冷冻鹅白净条，冷鲜风格鹅肉、鹅头、鹅脖、鹅肝、鹅爪、鹅翅、鹅肉丸、鹅舌、鹅肠，一光鹅肉冷冻制品，二光鹅肉冷冻制品，三光鹅肉冷冻制品。

### 2. 鹅腌制制品

腌腊鹅、香腊鹅、板鹅、风鹅、腌腊肥肝、腊鹅翅、鹅肉香肠、鹅肉腊肠、腊鹅。

### 3. 鹅酱卤制品

盐水鹅、白切鹅、白斩鹅、酱汁鹅、卤鹅、糟鹅、风香鹅、鹅心、鹅杂、盐熏鹅、酱熏鹅、茶熏鹅、酱鹅肫、辣鹅翅、卤汁鹅掌、红油鹅脖、鹅肠结、盐板鹅、荷香鹅、松汁鹅、半片鹅、辣鹅腿、辣鹅脖、清汤鹅、竹荪鹅、松针鹅。

### 4. 鹅熏烧烤制品

熏鹅、烧鹅、烤鹅、香酥鹅、叫花鹅、烤鹅肉串。

### 5. 鹅肉干制品

鹅肉松、鹅肉松粉、麻辣鹅肉干、五香鹅肉干、海椒鹅肉干、原味鹅肉干、孜然鹅肉干、鹅肉脯、酱鹅胗、椒盐鹅肉干、酱熏鹅肉干。

### 6. 鹅肉油炸制品

香酥鹅柳、油炸鹅肉丸、油淋酥鹅。

### 7. 鹅熏肠制品

鹅肉腊肠、发酵鹅肉肠、鹅肉灌肠、鹅肉粉肠、鹅肝肠、台湾烤鹅肠、鹅米粒肠、香辣鹅肠、鹅红肠、脆皮鹅肠。

### 8. 鹅火腿肠制品

盐水鹅火腿、烟熏鹅火腿、欧式鹅火腿、压缩鹅火腿、午餐鹅火腿。

### 9. 鹅罐头制品

清蒸鹅肉罐头、红烧鹅肉罐头、酱卤鹅肉罐头、熏鹅肉罐头、烤鹅肉罐头。

## 10. 鹅蛋制品

咸鹅蛋、腌鹅蛋 、鹅松花蛋 、鹅卤蛋 、鹅凤凰胎蛋、黄泥鹅咸蛋、灰包鹅咸蛋、盐水鹅咸蛋。

## 11. 旅游休闲鹅食品

鹅火腿肠、鹅小包装即食食品、鹅血豆、鹅午餐肉。

## 12. 鹅肉其他制品

鹅肉馅饼、鹅肉糕点、鹅肝糕、鹅肉皮冻、鹅骨汤、鹅肉挂面、鹅肉方便面、鹅肉汁、鹅肉膘子、鹅肉米粉、鹅肉粉丝、鹅骨味素、鹅骨味汁、鹅骨质冲剂、鹅肉水饺、鹅肉馄饨、鹅肉包子、鹅骨油、鹅骨胶。

## 13. 鹅油

鹅油制作糕点，如做桃酥，色形良好，酥脆不粘牙，不腻口，不加任何佐料却有一种诱人的清淡香味。利用鹅油熔点低好吸收的特点，还可用来做化妆品，对皮肤美容非常好。

## 14. 鹅肥肝

鹅肝可加工成肥肝酱。

## 15. 鹅骨

鲜骨经打碎、粉碎、胶体研磨成无沙样口感，这种鲜骨泥酱可添加到各种香肠、馅、罐头里，是很好的廉价优质补钙品。

## 16. 鹅血

鹅血经离心分离出的红细胞呈半胶状，乳白色的血清有一种鲜味，可作糕点、香肠等食品添加剂。还可添加到香肠里，有名的法兰克福香肠就添加了 2% 鹅血；英国的黑香肠添加了 50%～55%，用以提高香肠的质量和风味。经过加工还可制成抗癌药物。

### 17. 鹅蛋

可加工蛋黄酱，蛋黄的营养非常全，国外有分别加洋葱、胡椒、辣椒、豆酱、蜂蜜、盐、酱油等制成各种风味的蛋黄酱。

### 18. 鹅胆和鹅掌黄皮

鹅胆可制药，提取去氧胆酸和胆红素。鹅掌黄皮加工成药品治疗冻疮和脚趾湿烂。

### 19. 鹅羽绒

其可加工成各种衣服、被、褥、枕头等，羽翎可加工成羽毛球。尖翎、刀翎可作羽毛扇，小片毛等可加工制作羽毛画、胸花及其他工艺美术品，废弃羽绒还可加工成羽毛粉作饲料和防毒面具填充料。

### 20. 鹅裘皮

裘皮可加工制作衣服、披肩、帽子。鹅裘皮羽绒着色好，可染成各种颜色。

## （二）风味鹅肉制品的加工制作

### 1. 鹅肉香肠

（1）制坯　挑选当地的健康壮鹅，宰杀去毛清脏后，将鹅坯放入冷藏柜中冷冻 30 分钟左右。鹅肉在半解冻状态下剔去骨架、杂物等，将肥瘦肉分割腌制。

（2）调料配制　鹅肉 50 千克，精盐 2.5 千克，味精 250 克，蔗糖 200 克，亚硝酸钠 15 克，料酒 2 千克，食用糊精 150 克。

按配方将原料和调味料搅拌均匀，加入容器，封口盖严，在 0 ～ 5℃的环境下腌制 24 ～ 48 小时。

将腌制好的鹅肉，按瘦肥 60：40 的比例，先放瘦肉，后放肥肉，在绞肉机中绞碎，绞肉时逐渐加入冰水降低肉温，一般加水量为肉量的 10％～ 20％，绞肉时加入适量的葱、姜、蒜等调味料，提高风味。在绞制好的肉中，添加占肉重10%左右的淀粉、4%左右的大豆分离蛋白搅拌，一定要使肥、瘦肉和辅料混合均匀，稀稠一致，干湿得当，用手轻拍有弹性。

将制好的肉馅用灌肠机灌入先前浸泡好的肠衣中，肉馅要适当压紧，使内部不留气泡，灌制长度为30～50厘米分段捆扎。然后将肠吊挂在竹竿上，如肠内有空气，可用小针刺放的方法排除。

（3）烤制　将灌装好的香肠放在无污染的地方晾置5～7天，也可直接送入烘烤炉内烘烤水分，在55～65℃下烘烤30～50分钟，每隔10分钟左右将香肠对翻，确保均匀。最后将肠体放入蒸煮锅内，保持水温75℃，蒸煮30分钟左右。水煮的香肠柔软且有弹性。将煮好的香肠挂在熏烟室顶部，用木锯末熏烟，温度50～60℃，熏烟4～5小时。熏制好的香肠无流油，具有鲜艳的红褐色和特殊的香味（见图8-4）。

图8-4　鹅肉香肠

鹅肉香肠口味独特、鲜润且有韧性，在普通室温下可存放15天左右，0～8℃可自然保存1个月以上，冷冻可保存更长时间。

## 2. 广东烧鹅

（1）制坯　选取活重 2～3 千克的肥嫩仔鹅，宰杀后褪毛，洗净，腹部开膛除去内脏，切除双翅和脚，沥去水分，向腹腔内均匀涂抹一汤匙五香粉盐和二汤匙酱料。用竹针将开膛处缝合，在 70℃ 的热水中烫洗鹅坯。随后取出，向鹅坯体表均匀涂抹怡糖稀液，挂于通风处晾干。

（2）调料配制　按每 100 千克鹅坯配料：

① 五香盐粉。精盐 4 千克，五香粉 400 克，充分混匀即成。

② 酱料。豉酱 1.5 千克，蒜泥（大蒜捣碎）、麻油各 200 克，盐少许，搅拌成酱，再加入白糖 400 克、白酒 100 克、葱白（切短）200 克、生姜末 200 克、芝麻酱 200 克，充分混匀。

③ 怡糖稀液。市售怡糖 200 克，加 1 千克凉开水，搅拌均匀。

（3）烤制　用一特制的烤炉或烤箱，将晾干的鹅坯送入烤炉（箱），先用微火烤 20 分钟左右，待鹅身基本无水汽后，烤炉内温度升至 200℃，继续烤制，并不停翻动直至烤熟，最后将鹅胸部转向火口烤制约 25 分钟，即可出炉。烤鹅出炉后，为了增加光泽和风味可再涂一层花生油（见图 8-5）。

烤好的烤鹅应趁热食用，放置过久会降低烤鹅的风味，最好是现烤现卖。

## 3. 挂炉烤鹅

（1）制坯　选取活重 2.5～3 千克的肥嫩仔鹅，空腹一天后宰杀，褪毛，切除双翅和脚，从喉部屠宰开口处给鹅打气，使全身鼓胀。在肛门处切断鹅肠，从鹅的右翼下切口，取出内脏，向腹腔塞入 8～10 厘米长的秸秆充实体腔，用清水反复冲洗腹腔及体表至洗净为止，用专用铁钩在距胸脯上端 4～5 厘米处挂住鹅，以开水自头颈向下不停浇淋鹅身。第一勺开水应浇在喉部切口处，直至全身皮肤收缩、紧绷。鹅坯体表水汽干后，再用 1 份怡糖、6 份水，在锅内熬成棕红色的糖液，向鹅坯身体各部位涂抹，然后挂于通风处晾干，再向腹腔灌入 90

图8-5 广东烧鹅

毫升鲜开水，以保证鹅坯烤制时能迅速汽化，以便外烤内蒸使之外脆内嫩。灌沸水后，可再涂抹 2～3 勺糖液。

（2）烤制 应采用专门的烤炉，炉温应控制在 230～250℃之间。将上述鹅坯送进烤炉，先挂于炉膛前梁上，右侧刀切口先对着火，以便炉温尽快进入腹腔，促使灌入体内的水迅速汽化，加快成熟。右侧鹅坯皮肤烤至橘黄色后，将鹅体转动，烘烤左侧，至两侧色泽一致时，再转动鹅体，逐一烘烤胸部、腿部，使各部色泽均呈橘红色，即可转至烤炉的后梁，背向红火，继续烘烤鹅身各部至成枣红色即可出炉。整个烘烤过程应控制在 1 小时内完成（见图8-6）。

烤成的鹅应立即食用，风味最佳。冷后的鹅再用炉短时烤制，仍可保持原有风味。

### 4.苏州糟鹅

（1）制坯 选用 2000 克以上重量的太湖鹅，宰杀收拾干净后，放于清水中浸泡一小时，以泡出血水，然后捞出沥干。

（2）调料配制 鹅 2000 克，香糟 50 克，白酱油 2 克，盐 40 克，大葱 30 克，大曲酒 5 克，黄酒 60 克。

图8-6 挂炉烤鹅

（3）制作　锅内放入光鹅，加水淹没鹅体。用大火煮沸，撇去血污。加入葱段、姜片、黄酒，用中火再煮40～50分钟起锅，起锅后在鹅体上撒一些精盐，然后将鹅斩成头、脚、翅膀和两片鹅身，再一起放入干净的容器内冷却一小时，将煮汤另盛一干净容器内，撇净浮油和杂质，加入酱油、花椒、葱花、姜末、精盐，待用。

将已冷却的熟鹅平放于洁净的糟坛中，倒入500克左右已冷却的汤，然后盖上双层细纱布，纱布要比坛口大些，将坛口扎紧，然后将剩余的冷却汤、绍酒及香精拌好后倒入纱布上，使汤液徐徐流入糟坛，渗入鹅肉中。糟坛口盖上盖，使鹅块在坛内糟制4～5小时即成。食时将坛内糟汤浇在糟好的鹅块上（见图8-7）。

### 5. 苏北盐水鹅

（1）制坯　选用当年的肥鹅，宰杀拔毛后，切去翅膀和脚爪，然后在鹅的左右翅下开腔，取出全部内脏，把血污冲洗干净，再放入冷水里浸泡1小时，以除去体内残血，浸泡后挂起沥干水分。

图 8-7　苏州糟鹅

（2）整形腌制　将食盐加少量茴香，炒干并磨细（用盐量为鹅净重的 1/16）。先取 3/4 的盐放入鹅体腔内，反复转动鹅体使腹腔内全部布满食盐。再把剩余的盐在大腿下部用手向上搂抹，在肌肉与腿骨脱开的同时，使部分食盐从骨与肉脱离处入内，然后把落下的盐分别揉搓在刀口、鹅嘴和胸部两旁的肌肉上。擦盐后的鹅体逐只叠入缸中，经过 12～18 小时的腌制后，用手指插入肛门撑开排出血水后，将鹅放入卤缸，从右翅刀口处灌入预先配制好的老卤，再逐一叠入缸中，用竹片横竖盖上，用石块压住，使鹅体全部淹在卤中。根据鹅体大小和不同季节，复卤时间为 16～24 小时即可腌透出缸，出缸时放尽体内盐水。

（3）煮制　煮前先将鹅体挂起，用 10 厘米左右的空心竹管插入鹅的肛门，并在鹅肚内放入少许姜、葱、八角，然后用开水浇淋体表，再放在风口处沥干。煮制时将清水烧沸，水中加入葱、姜、八角，把鹅放入锅内，放时从右翅开口处和肛门管子处让开水灌入内腔。提鹅放水，再放入锅中，腹腔内再次灌入开水，然后再压上锅盖使鹅体浸入水面以下。停火焖煮 30 分钟左右，保持水温在 85～90℃。30 分钟后加热烧到锅中出现连珠水泡时，即可停止烧火，倒出鹅内腔水，再放入锅中灌水入腔，盖上锅盖。最后停火焖煮 20 分钟左右，即可出锅（见图 8-8）。

图 8-8　苏北盐水鹅

### 6. 香酥脆鹅

（1）制坯　选择 1 ～ 2 年生的健康鹅，宰杀、拔毛后切去脚爪，然后在右翅下开口，取出全部内脏，把血污冲洗干净，再放入冷水里浸泡 1 小时左右，除去体内残血。浸泡冲洗后挂起沥干水分，然后用花椒粉和细盐混合均匀擦抹鹅坯全身各部位，先擦腹腔，再抹外表，擦至盐融化为止。

（2）蒸煮浸味　将鹅胸部龙骨扭断压平，然后将鹅坯放在容器中，腹部向上，将桂皮、八角、茴香等香料用布袋扎好放入鹅坯内，同时在鹅坯内加入黄酒 30 克和适量的香葱、生姜，将鹅坯连同容器一并放入蒸笼内，用旺火蒸煮鹅坯至八成熟，然后取出腹中的香料袋，晾干水分待用。

（3）旺火油酥　采用铁锅、旺火，快速炸制。铁锅加入足够的植物油，旺火烧至八成熟后，将鹅坯腹部向上，放在一个较大的漏勺上，一起送入油锅中，边炸边抖动漏勺以防粘连。

炸至鹅坯能漂浮于油面，取出漏勺，鹅坯继续留在油锅内，用汤勺将沸油浇淋鹅坯的一侧，待炸至金黄、皮脆后再翻转鹅坯炸另一侧，炸至整个鹅坯变脆，用汤勺敲之有清脆声，即可捞出油锅，倒出腹油（见图8-9）。

图 8-9　香酥脆鹅

### 7. 武冈卤铜鹅

武冈卤铜鹅（见图8-10），是湖南省武冈市特产，中国国家地理标志产品。

（1）原材料要求

① 原料鹅。选用武冈本地产纯种武冈铜鹅或武冈铜鹅与莱茵鹅杂交一代，生长期龄80天左右，公鹅毛重5.0千克至6.0千克，母鹅毛重4.2千克至5.5千克。

② 卤汁。采用本地云山产的大茴、小茴香、公丁香、母丁香、香叶、桂皮、沙参以及山柰、甘草、良姜、澄茄子、白子、甘松、陈皮、桂子、关桂、八角、橘皮、白蔻、白芷、草

果、千里香、排草等卤剂，与猪骨汤熬制成卤水，保持原味卤汁，并要符合国家相关标准要求。

图 8-10 武冈卤铜鹅

（2）加工工艺

① 工艺流程。选料→候宰→电晕→刺杀→烫毛→脱毛→净膛→分割→预煮→漂洗→卤制→离心脱水→修剪→装内袋→真空封袋→高温杀菌。

② 关键工艺。一是从宰杀到卤制的时间不能超过 3 小时；二是预煮的水温控制在 45 ～ 48℃之间，时间控制在 5 ～ 6 分钟内；三是熬制卤汁时，将按比例配好的卤剂放入铁锅中用微火炒制至干燥发出微香，再与猪骨汤旺火熬制，猪骨汤按 5 千克猪骨配 50 升自来水炖制而成，熬制 30 ～ 35 分钟；四是把预煮好的半成品与卤汁一起煮沸、熬制。卤汁应全部淹没半成品，每次卤制半成品不超过 30 千克，卤汁与半成品重量比1.5 : 1，分两次卤制，熬制 20 ～ 25 分钟，颜色至黄褐色；五是用温度 118 ～ 122℃的水蒸气高温杀菌，时间 2 ～ 3 秒。

（3）质量特色

① 感官特征。表面美观洁净，呈黄褐色，色泽相对一致；

肌肉组织致密，条、块或个体周正，具有武冈卤铜鹅固有的香气与滋味，回味悠长，咸淡适中。

② 理化要求。水分 $\leqslant$ 60％；蛋白质 $\geqslant$ 30％；食盐（以氯化钠计） $\leqslant$ 2％；总酸（以肌肉计） $\leqslant$ 1.3％；酸价（以脂肪计） $\leqslant$ 4毫克/克；过氧化值（以脂肪计） $\leqslant$ 12毫克/千克。

③ 安全要求。产品安全指标必须达到国家对同类产品的相关规定。

### （三）鹅绒收集与加工

鹅身上、颈部、尾部、翅膀上的毛和腹部、背部的绒毛，经过加工处理及消毒灭菌可制成体轻松软、弹性好、保温、防寒能力强的羽绒和羽毛，用这些优质原材料填充成的羽绒被、羽绒服、羽绒睡袋等羽绒制品就会具备优异的保暖性能。

#### 1. 羽毛、羽绒的收集

手工收集方法有两种，一是湿拔，将宰杀后的鹅放在70℃左右的热水中浸烫2～3分钟，取出后拔毛。注意水温不要过高，浸烫不要过久，以免毛绒卷曲、收缩、色泽暗淡。二是干拔，将鹅鸭宰杀后，趁体温尚未变冷之前抓紧拔毛，可保持原来的色泽与品质。

#### 2. 清洗和贮存

收集起来的羽毛要及时清洗处理，否则易变色、发霉甚至腐烂。清洗方法：将收集的湿、干羽毛用温水洗一两次，除去灰尘、泥土和污物。然后薄薄地摊在席上，在阳光下晾晒干。为防止风吹，可覆盖黑布或纱布罩。晒干后用细布袋装好，扎紧口，放在通风干燥处保存，备用加工。

#### 3. 加工

用60～70℃的肥皂水，加入少量纯碱进行清洗脱脂，洗后再用清水洗干净。注意水温不可过高，也不可过分搓拧，洗后及时晒干或烘干。将清洗脱脂的羽毛、羽绒装在细布袋内扎好口，放在蒸锅屉上，待水开后上笼，蒸 30～40 分钟取出。第 2 天再用同样的方法蒸 1 次。将经过消毒灭菌的羽毛、羽绒，用细布袋装好，晒干。经过加工的羽毛、羽绒可作絮被、衣服、枕头。作絮被填料，可取羽毛 3 份与羽绒 7 份，相混合使用；作衣服填料，一般都用羽绒；作枕头填料，可取羽毛 6 份、羽绒 4 份混合。

### （四）鹅裘皮加工

#### 1. 生鹅皮的剥离方法

（1）选鹅　选用优质鹅皮是生产高档鹅裘皮的基础。①选个体大的成年鹅，体重应达 4 千克以上，这样生产出的皮张大，结构致密耐磨性强。②选绒毛多的鹅，主要看鹅的腹部，手触毛茸茸，眼观腹部绒毛丰满。③选毛色，可根据厂家需要而定，一般多为白毛色，也有厂家生产花色品种的要杂色毛。

（2）拔毛　将选好的鹅在宰杀前灌服 25 毫升白酒，待鹅醉后活拔出大羽及毛片，留下绒毛（活拔鹅毛的好处是鹅体自身保护性强，拔毛后皮面不会留下大羽毛梗洞穴）。其顺序是先拔翼部、尾部大毛，再拔颈部、胸部、腹部和腿部毛片。

（3）宰杀　先由一人把鹅两翅反于背部用脚踩住，并握住鹅的脚不让动弹。另一人持刀杀鹅，一手握刀，另一手握住鹅头并拉伸鹅颈。在鹅颈部有一微凹的皮肤沟，内埋藏有颈静脉和动脉血管。将刀插入鹅颈上部 1/3 处的皮肤沟内，顺颈的方向纵向切开颈部肉 3～5 厘米，然后再在中部横向切断颈部静脉血管、动脉血管，将血收入盆中，切勿污染绒毛。当血放尽还未断气时，将刀在头颈结合处旋转一圈，割断头颈连结的皮肤，露出肌肉并用绳子系上，一脚踩住绳子，防止鹅滚动。同时再用刀插入切口下部，沿鹅的背中线直至肛门开破鹅皮，这时就可以把鹅吊起来剥皮。

（4）剥皮　剥皮操作是保证鹅皮质量的关键。运刀必须轻重得当，灵活自如。一要保证皮张的完整性。二不能残留过多的脂肪。剥皮时在刀口上撒锯末以便吸附脂肪和血液，防止污染毛皮。剥皮顺序是头颈、背部，然后是腋下尾部，待剥至翅根、腿根时，要从翅膀后侧及大腿后侧与屠体呈直角切开四梢，剥至肘上和飞节时用刀切一圆圈，而剥下双翅双脚上部的毛皮只留下翅膀梢及小腿。剥背部毛皮时，由于背部皮下脂肪少，与肌肉粘连难剥，必须细心剥离，不要扯破皮张，背部剥完后再转过来剥胸、腹部皮，这个部位皮下脂肪多，剥离时应以左手拉紧皮，右手连剥带推可比较容易地剥下皮来，剥至肛门处，将尾前至肛门部分切开，再用刀转圈切开，剥离肛门周围的皮，这样即可剥下整个皮张。

### 2. 生鹅皮的初加工

生鹅皮剥下后要立即清理，刮去皮上残留的肉和脂肪，可用刮油机或手工操作。刮皮板时要由尾向头刮，用力要均匀，边刮边用毛巾、锯末等揉搓皮板，防止油污染鹅毛皮。经清理后尽快采取防腐措施，因鲜皮中含有水分、蛋白质、脂肪及酶，容易在组织内酶的作用下产生自溶和微生物侵入下腐败变质。防腐可采用自然阴干法或盐腌法。

（1）阴干法　将皮板展平，紧钉在木板上，皮毛朝下，皮板朝上，放在空气流通的阴凉处干燥。由于鹅脂肪熔点很低，$20 \sim 30℃$时就会融化，扩散到皮内，使加工更困难。

（2）盐腌法

① 撒盐法。在生皮的肉面上均匀地撒上盐，用盐量为鲜皮重 $20\% \sim 30\%$，撒盐后将皮板与皮板相合，层层堆集，15天后抖去盐面再晾干。

② 盐浸法。用 $25\%$ 的盐水浸泡 24 小时，捞出后再按撒盐法同样堆置 5 天后，打开展平晾干。晾干方法同自然阴干法。

无论用自然阴干法或盐腌法，在晾皮时温度应在 $10 \sim 20℃$，相对湿度 $60\% \sim 70\%$。阴干后皮张水分降至 $10\% \sim 20\%$ 时，就可以入库贮存。要放在通风良好地方，分类堆放，每堆不超过 30 张，并撒布防虫剂，待送皮革厂鞣制。

# 第九章

# 农场的经营管理

## 一、采用种养结合的养殖模式是养鹅家庭农场的首选

　　种养结合是一种结合种植业和养殖业的生态农业模式（见图9-1）。种植业是指植物栽培业，通过栽培各种农业产物以取得粮食、副食品、饲料和工业原料等植物性产品。养殖业是利用畜禽等已经被人类驯化的动物，或者野生动物的生理功能，通过人工饲养、繁殖，使其将牧草和饲料等植物能转变为动物能，以取得肉、蛋、奶、皮、毛和药材等畜产品。种养结合模式是将畜禽养殖产生的粪便、有机物作为有机肥的基础，为种植业提供有机肥来源；同时，种植业生产的作物又能够给畜禽养殖提供食源。该模式能够充分将物质和能量在动植物之间进行转换及良好的循环。

　　种养结合模式是建立以规模集约化养殖场为单元的生态农业产业体系（即"种植、养殖、加工、沼气、肥料"循环模式），是以粮食作物生产为基础，养殖业为龙头，沼气能源开发为纽带，有机肥料生产为驱动，形成饲料、肥料能源和生态环境的

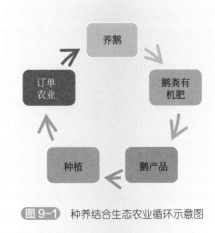

图 9-1 种养结合生态农业循环示意图

良性循环，带动加工业及相关产业发展，合理安排经济作物生产，从而发展高效农业（主要为设施农业），提高整个体系的综合效益（即经济、社会和生态环保效益的高度统一）。其实现了农业规模化生产和粪尿资源化利用，改善了农牧业生产环境，提高了畜禽成活率和养殖水平，降低了农田化肥使用量和农业生产成本，提高了农牧产品产量和质量，确保农牧业收入稳定增加。并通过种植业和养殖业的直接良性循环，改变了传统农业生产方式，拓展了生态循环农业发展空间。下面介绍几个种养结合养鹅的成功模式。

## （一）果园立体高效种植与养殖结合模式

该模式主要是在果园内建设用于放牧养鹅的草地（见图9-2、图9-3）。

果园划分成两个区域，其中三分之一的区域作为青饲牧草生产区，种植高产优质的杂交狼尾草或菊苣等优良牧草；三分之二的区域作为放牧区，种植耐践踏、再生力强、耐放牧的中矮型宽叶雀稗或白三叶等牧草。

图9-2 果园养鹅

图9-3 果园种草养鹅

放牧区的中心位置建鹅舍，以鹅舍为中心沿等高线和与其相垂直线为界划分四个小区，在界线上种植高大茂密的速生植物，形成草篱围栏。按顺序在每个小区轮流放牧，40～60天为一个周期，使每个小区都有充分的休牧时间，从而保证牧草的再生。

在鹅舍旁建水池，水池内养鱼。通过果园种草养鹅技术，采取以养鹅为中心环节的产业链运作，促进生物高效循环利用，实现经济效益、生态效益和社会效益共赢。

其优点和效果：一是一"园"多用，节省土地资源，一块土地多种利用。多种产业链状并存，不但不会相互抵销、相互排斥，而且相互之间共生共赢、相辅相成、相得益彰。人工种植的高产优质的草地，为鹅提供了充足丰富的饲料来源，同时强化水土保持，培肥地力，促进果树生长旺盛，硕果丰产。鹅是比较怕热的家禽，在果园里放牧，果树就是天然的大伞，为鹅遮阴防晒起到了降温的作用，有利于鹅的健康生长。鹅喜食昆虫，在放牧条件下，一方面草地为鹅提供了优质的动物性蛋白来源，另一方面减少了果树的病虫害。鹅粪便和池塘污水为果树和牧草生长提供养分和水分，形成良性循环。

二是生长效益显著。应用果园种草养鹅技术，果园的生态环境得以改善，土壤有机质含量不断提高，土壤结构得以改良，水资源不受污染，得以净化。生物资源不断丰富，数量和质量不断提高。气候资源不断优化，空气得到净化。

三是经济效益显著提高。果园种草养鹅使单一经济效益变成了多重经济效益，是在种植果树、养鹅、养鱼单项经济效益大幅度提高的基础上，多重效益累加的结果。在生态友好型的前提下发展高经济效益的生产，会深受政府部门的大力提倡、支持和农民的欢迎与接受。这项技术的广泛推广将会对农业发展、农民增收具有重要的现实作用。

如利用农村闲弃的水面、林地和荒滩、荒坡，实行鹅规模化养殖，充分利用当地野草资源，实行放牧饲养。视牧草质量、采食情况和增重速度酌情补充精饲料，一般以糠麸为主，掺以甘薯、秕谷和豆粕。如果单靠野草是不够的，就实行种草养鹅，建立养鹅人工草地，选择适宜鹅采食、适口性好、耐践踏的品种，如种植黑麦草和苜蓿草，鹅特别喜欢吃，可减少饲料成本。

## （二）"禽粮互作"模式

"禽粮互作"由中科院植物所蒋高明研究员首次提出，就是利用鸡鸭鹅与虫、草之间的关系，达到禽粮双赢的目的（见图 9-4）。

图9-4　利用玉米地养鹅　　　图9-5　水库养鹅实例

## （三）鹅鱼模式

该模式也称鱼鹅生产模式，鹅以青草为饲料，鹅粪可喂鱼。鱼池为养鹅提供了清洁的环境，鹅在鱼池内活动，又是鱼池的全自动节能高效增氧机，一举多得（见图9-5）。

鱼、鹅综合养殖的形式有塘外养鹅和在鱼池的堤埂上建设鹅舍两种形式。塘外养鹅是在鱼塘附近搭建鹅舍，舍外设鹅的活动场所和废水池。每天将鹅粪和鹅泼溅的饲料扫入活动池中，然后通过肥水池的闸门把肥水流入鱼池。塘外养鹅便于管理，但不能充分发挥鱼与鹅的互利关系。在鱼池的堤埂上建鹅舍，是用部分堤面和池坡作为鹅的活动场，鱼池一旁用网片围一定面积作鹅的游泳场，水中的拱网不拱到底，以供鱼类从网底游入摄食。这样较之将鹅放在全池活动为佳，因其对鱼干扰较小，也便于管理，一般上网高出水面40～50厘米，下部距离水底40厘米。

养鹅的密度为鹅舍和活动场3～5只，游泳场2～3只。鱼、鹅联养中鹅的配养数，主要决定于鹅的排便量。一般1只鹅年产粪便为120～150千克，故每亩（667平方米）可配养50～60只鹅。

鱼、鹅综合养殖，应特别注意解决好以下两个问题：一是选择活水鱼塘。因为鹅一旦下水时间过长，会使池水长时间混浊，易导致池内的成鱼发病，甚至出现伤亡。当然，如果鱼塘虽不是活水，但面积比较大，鹅下塘后不会导致水长时间混浊，那么也可以进行鱼鹅混养，达到肥水养鱼目的。二是合理投喂鱼料。给鱼投喂饵料时，应禁止鹅下水，这样做既可防止鹅吃鱼饵料，也可避免鹅长时间下塘戏水，扰乱鱼的正常采食。特别是夏天，饵料容易变质，投喂后若不能马上吃完，易发生鱼病。另外，投喂饵料时，既要坚持按照定量、定质、适时原则喂鱼，又要根据水温变化、鱼的生长及吃食情况，不断调整投饵量，促进鱼鹅双丰收。

此外，在农场、山庄合理地配置一定比例的鹅，既能根除林间的杂草，添加支出，增加开支，又能发扬鹅警惕性极

养鹅家庭农场致富指南

强的天分，进攻农场里的天敌（蛇、野猫、老鼠、黄鼠狼、刺猬、豪猪等），防止它们骚扰家畜或破坏作物。鹅遇到异常状况就会立刻收回警报，甚至自动攻击。鹅和黄鼠狼之间还有着自然的对立关系，鹅不但能驱逐黄鼠狼，鹅的粪便也有驱逐黄鼠狼的效果。这样一来，依据场地大小适量养殖鹅，投入低、风险低但收益高，也不会由于群体过大，担忧销路。

可见，种养结合优点很多，值得家庭农场根据本地自然资源状况大胆地进行尝试。

## 二、因地制宜，发挥资源优势养好鹅

因地制宜是指根据各地的具体情况，制定适宜的办法。家庭农场养好鹅离不开适宜的养鹅环境和条件，如鹅场要处于适养区内，最好不在限养区内，绝不能建在禁养区内。家庭农场要有适合其发展规模的场地，场地既能满足当前养殖的需要，也为以后扩大规模留有空间。其还要有设计合理、建造科学、保温隔热的鹅舍，有廉价而丰富的饲料资源，有稳定可靠的销售渠道，有饲养管理和防病治病技术的保障等。这些适宜环境和条件有的是家庭农场能把握的，如鹅场的选址和建设、饲养管理等方面；有的却不能完全把握，需要借助外界的条件，如防病治病、饲料供应和销售等方面。

俗话说："养鹅没有巧，要有水和草。"养鹅必须要有好水，因为它是水禽。又因为鹅是草食性动物，以植物食物为主，只要是无毒、无特殊气味的野草、牧草都可用来喂鹅。还可以利用农作物和农产品加工后产生的渣、糟、粉、粕、藤、蔓、枝、秆等资源。因此，要降低养殖成本，提高养鹅效益，就必须以充分利用自然资源为主（见图9-6、图9-7）。

各地自然条件虽然不同，但都有大量生产青绿饲料的潜力，群众很早就有采集各种野草、野菜和树叶喂鹅的习惯，应结合当地条件，以"靠田吃田""靠山吃山""靠水吃水"的方法，因地制宜地广泛开辟饲料来源，解决养鹅所需的青绿饲料。

图 9-6　湿地养鹅　　　　图 9-7　水库养鹅

　　放牧是让鹅直接摄取青绿饲料的最佳途径。当雏鹅养到一周以后，白天在不影响作物生长的情况下，可以将鹅放牧，鹅在地上或果园里，能消灭野草，其粪便又能肥地，一举两得。如利用秋收后的农田养鹅的方法，在秋收后的农田周围围上栅栏，搭建鹅舍，挑选 6 个月以上、适于野外生存的鹅。在农田上定期施混有石灰的草木灰，做好消毒、防疫措施等步骤。鹅的食物主要是秋收后掉落的粮食、农田杂草、作物茬与田间虫类，合理利用空置农田，避免掉落的粮食被浪费，同时使得来年田间虫害减少，避免使用杀虫剂，既有利于环境保护和食品安全，又使肉质变得更有风味。鹅排出的粪便对农田增加了有机肥料，有利于将土地养肥，减少化学肥料的使用；有利于环境保护和食品安全，使经济效益更好。

　　规模较大的养鹅场，要开辟一定规模的饲料地，种植高产优质青饲料，保证供应。如广西玉林市已成功推广利用冬闲田种植黑麦草饲养畜禽，2000 年全市共种植了 12000 多亩。博白县种鹅场在旺茂镇八廊村以每亩750斤稻谷的田租，租用65亩水田种植黑麦草养鹅，取得了较好的经济效益。再比如属于高寒山区的广西壮族自治区柳江区土博镇，每年11月中下旬，天气开始转冷，适宜种植黑麦草，而每年的11月晚稻收割完成后至下一年的清明节期间，当地多数农田处于闲置状态。为充分利用闲置农田、增加经济收入，有一养殖户在自家空闲农田种植1000平方米草以养殖肉鹅，2009～2010年养殖2批肉鹅共240只，获利19650元。利用冬闲田种植黑麦草养殖肉鹅，既是对冬春季空闲农田的再利用，还可增加经济收入。

若是小批量生产，最好少占或不占耕地，采取间作、混播、套种和抢茬等方法生产青绿饲料，鹅场周围的零星土地要力争全部种植不空闲。鹅舍的运动场地应栽种南瓜、丝瓜等爬蔓植物，既可生产饲料，又可遮光防暑。

利用水面养殖水生饲料，如水浮莲、水葫芦、水花生、绿萍等。它们的特点是生长快、产量高、管理方便、不占耕地、适口性好、容易消化，是很好的青绿饲料。

# 三、养鹅家庭农场风险控制要点

鹅场经营风险是指鹅场在经营管理过程中可能发生的危险。而风险控制是指风险管理者采取各种措施和方法，消灭或减少风险事件发生的各种可能性，或风险控制者减少风险事件发生时造成的损失。但总会有些事情是不能控制的，风险总是存在的。作为管理者必须采取各种措施减小风险事件发生的可能性，或者把可能的损失控制在一定的范围内，以避免在风险事件发生时带来难以承担的损失。

## （一）养鹅家庭农场的经营风险

养鹅家庭农场的经营风险通常主要包括以下7种。

### 1. 鹅群疾病风险

疾病是养鹅最大的潜在风险，也是对鹅养殖效益影响最大的变量。随着规模化养鹅业的发展，养殖密度的增加，疫病的危害日渐突出。目前，重要的鹅病有20多种，流行严重的疫病有高致病性禽流感、小鹅瘟、细小病毒感染、鹅大肠杆菌病、鹅传染性浆膜炎和禽霍乱等。这种疾病因素对鹅场产生的影响有两类：一是鹅在养殖过程中发生疾病造成的影响，主要包括大规模的疫情导致大量鹅只的死亡，带来直接的经济损失；疫情还会给以蛋鹅或种鹅养殖为主的家庭农场生产带来持续性的影响，如疾病治疗及治愈后恢复的过程将使家庭农场的生产效率降低，生产成本增加，进而降低效益；内部疫情发生将使农场的货源减少，造成收入减少，效益下降。二是暴发大规模禽类疫病或出现安全事件造成的影响，如暴发禽流感。

### 2. 市场风险

养鹅是产业链的最低端，风险多集中在生产环节。导致家庭农场养鹅经营管理的市场风险很多，如种蛋价格、鹅肥肝价格或肉鹅价格大起大落、饲料价格上涨、肉鹅或鹅蛋滞销、人工费用增加等。还有养鹅行业出现食品安全事件或某个区域暴发疫病，将会导致全体消费者的心理恐慌，降低相关产品的总需求量，直接影响家庭农场的产品销售。饲料原料供应紧张导致价格持续上涨，如玉米、豆粕、进口鱼粉等主要原料上涨过快，导致生产成本上升。经济通胀或通缩导致销售数量减少，消费者购买力下降等。这些市场风险因素短时间大部分家庭农场可以接受，而风险若长时间得不到有效控制则对很多经营管理差的家庭农场来说就是灾难。

### 3. 产品质量风险

家庭农场养鹅的主营业务收入和利润主要来源于鹅产品，如果种蛋质量差导致孵化率低，肉鹅和鹅蛋出现违禁添加剂或药物残留超标等不能适应市场消费需求的变化，就存在产品风险。

### 4. 经营管理风险

经营管理风险即由于家庭农场内部管理混乱、内控制度不健全、财务状况恶化、资产沉淀等造成重大损失的可能性。家庭农场内部管理混乱、内控制度不健全会导致防疫措施不能落实。暴发疫病造成鹅死亡的风险；饲养管理不到位，造成饲料浪费、鹅生长缓慢、产蛋率低、死亡率增长的风险；原材料、兽药及低值易耗品采购价格不合理，库存超额，使用浪费，造成家庭农场生产成本增加的风险；家庭农场的应收款较多，资产结构不合理，资产负债率过高，会导致家庭农场资金周转困难、财务状况恶化的风险；不重视环保问题，造成严重的环境污染，被迫关停等。

### 5. 投资及决策风险

投资风险即因投资不当或决策失误等造成鹅场经济效益下降的可能性。决策风险即由于决策不民主、不科学等造成决策失误，导致家庭农场重大损失的可能性。如果在行情高潮期盲目投资办新场，扩大生产规模，会产生因市场饱和、肉鹅或鹅蛋价格大幅下跌的风险；投资选址不当，鹅养殖受自然条件及周边卫生环境的影响较大，也存在一定的风险。对肉鹅或蛋鹅品种是否更新换代、扩大或缩小生产规模等决策不当，会对家庭农场的效益产生直接影响。

### 6. 安全风险

安全风险即有自然灾害风险，也有因家庭农场安全意识淡漠、缺乏安全保障措施等而造成家庭农场重大人员或财产损失的可能性。自然灾害风险即因自然环境恶化如地震、洪水、火灾、风灾等造成家庭农场损失的可能性。家庭农场安全意识淡漠、缺乏安全保障措施等原因而造成的风险较为普遍，如用电或用火不慎引起的火灾，不遵守安全生产规定造成人员伤亡，购买了有质量问题疫苗、兽药等，引起肉鹅生长缓慢、蛋鹅产蛋率低、鹅只死亡等。

### 7. 政策风险

政策风险即因政府法律、法规、政策、管理体制、规划的变动，税收、利率的变化或行业专项整治，造成损害的可能性。其中最主要的是环保政策给家庭农场带来的风险，如养鹅场原来所在地由适养区变为禁养区，养鹅场只有搬迁或关门两条路可以选择。

## （二）控制风险对策

在家庭农场经营过程中，经营管理者要牢固树立风险意识，既要有敢于担当的勇气，在风险中抢抓机会，在风险中创造利润，化风险为利润。又要有防范风险的意识，管理风险的智慧，驾驭风险的能力，把风险降到最低程度。

### 1. 加强疫病防治工作，保障养鹅生产安全

首先要树立"防疫至上"的理念，将防疫工作始终作为家庭农场生产管理的生命线；其次要健全管理制度，防患于未然，制订内部疾病的净化流程，同时，建立饲料采购供应制度、疾病检测制度及危机处理制度，尽最大可能减少疫病发生概率并杜绝病死鹅流入市场；再次要加大硬件投入，高标准做好卫生防疫工作；最后要加强技术研究，为防范疫病风险提供保障，在加强有效管理的同时加强与国内外牲畜疫病研究机构的合作，为家庭农场疫病控制防范提供强有力的技术支撑，大幅度降低疾病发生所带来的风险。

### 2. 及时关注和了解市场动态

及时掌握市场动态，适时调整养鹅品种、鹅群结构和生产规模。同时做好成品饲料及饲料原料的储备供应。

### 3. 调整产品结构，树立品牌意识，提高产品附加值

养鹅是产业链的最低端，风险集中在生产环节。他们试图通过延长产业链，从生产拓展到加工和流通领域，以此来熨平风险。以战略的眼光对产品结构进行调整，大力开发安全优质肉鹅和蛋鹅产品、安全饲料等与养鹅有关的系列产品，并拓展鹅产品深加工，实现产品的多元化。保持并充分发挥鹅产品在质量、安全等方面的优势，加强生产技术管理，树立鹅产品的品牌，巩固并提高鹅产品的市场占有率和盈利能力。

### 4. 健全内控制度，提高管理水平

根据国家相关法律、法规的规定，制定完备的企业内部管理标准、财务内部管理制度、会计核算制度和审计制度，通过各项制度的制定、职责的明确及良好的执行，使家庭农场的内部控制制度得到进一步的完善。重点要抓好防疫管理、饲养管理，搞好生产统计工作。加强对饲料原料、兽药等采购、加工及出库环节的控制，节约生产成本；加强财务管理工作，降低非生产性费用，做到增收节支；加强商品鹅和鹅蛋的销售管理，减少应收款的发生；调整资产结构，降低资产负债率，保障资金良性循环。

### 5. 加强民主、科学决策，谨防投资失误

经营者要有风险管理的概念和意识，家庭农场的重大投资或决策要有专家论证，要采用民主、科学决策手段，条件成熟了才能实施，防止决策失误。现在和将来投资养鹅家庭农场，都应将环保作为第一限制因素考虑，从当前的发展趋势看，如何处理粪水使其达标排放的思维方式已落伍，必须考虑走循环农业的路子，充分考虑土地的承载能力，达到生态和谐。

### 6. 参加保险

向保险公司投鹅养殖保险，是规避养鹅风险的一个重要途径。

# 四、做好鹅产品的"三品一标"认证，提高鹅产品的附加值

"三品一标"是指无公害农产品、绿色食品、有机农产品和农产品地理标志（见图9-8、图9-9）。无公害农产品是指产地环境、生产过程和产品质量符合国家有关标准和规范的要求，经认证合格获得认证证书并允许使用无公害农产品标志的优质农产品及其加工制品；绿色食品是指遵循可持续发展原则，按照特定生产方式生产，经专门机构认证、许可使用绿色食品标志的无污染的安全、优质、营养类食品；有机农产品是指纯天然、无污染、高品质、高质量、安全营养的高级食品，也可称为"AA级绿色食品"，它是根据有机农业原则和有机农产品生产方式及标准生产、加工出来的，并通过有机食品认证机构认证的农产品；农产品地理标志是指标示农产品来源于特定地域，产品品质和相关特征主要取决于自然生态环境和历史人文因素，并以地域名称冠名的特有农产品标志。

图9-8 "三品一标"图　　图9-9 "三品"等级

安全是这三类食品突出的共性，它们从种植、养殖、收获、出栏、加工生产、贮藏及运输过程中都采用了无污染的工艺技术，实行了从土地、农场到餐桌的全程质量控制，保证了食品的安全性。但是，它们又有不同点。

目标定位上，无公害农产品是规范农业生产，保障基本安全，满足大众消费；绿色食品是提高生产水平，满足更高需求、增强市场竞争力；有机农产品是保持良好生态环境，人与自然的和谐共生。

质量水平上，无公害农产品达到中国普通农产品质量水平；绿色食品达到发达国家普通食品质量水平；有机农产品达到生产国或销售国普通农产品质量水平。

运作方式上，无公害农产品为政府运作，公益性认证，认证标志、程序，产品目录等由政府统一发布，产地认定与产品认证相结合；绿色食品为政府推动、市场运作，质量认证与商标转让相结合；有机农产品为社会化的经营性认证行为，因地制宜、市场运作。

认证方法上，无公害农产品和 A 级绿色食品依据标准，强调从土地到餐桌的全过程质量控制，检查检测并重，注重产品质量；有机农产品实行检查员制度，国外通常只进行检查，国内一般以检查为主，检测为辅，注重生产方式。

标准适用上，生态环境部有机食品发展中心制定了有机产品的认证标准。我国的绿色食品标准是由中国绿色食品中心组织指定的统一标准，其标准分为 A 级和 AA 级。A 级的标准是参照发达国家食品卫生标准和国际食品法典委员会（CAC）的标准制定的，AA 级的标准是根据国际有机农业联盟（IFOAM）有机食品的基本原则，参照有关国家有机食品认证机构的标准，再结合我国的实际情况而制定的。无公害食品在我国是指产地环境、生产过程和最终产品符合无公害食品的标准和规范。这类产品中允许限量、限品种、限时间地使用人工合成化学农药、兽药、鱼药、肥料、饲料添加剂等。

级别区分上，有机农产品无级别之分，有机农产品在生产过程中不允许使用任何人工合成的化学物质，而且需要 3 年的过渡期，过渡期生产的产品为"转化期"产品。绿色食品分为A级和AA级两个等次。A级绿色食品产地环境质量要求评价项目的综合污染指数不超过1，在生产加工过程中，允许限量、限品种、限时间地使用安全的人工合成农药、兽药、鱼药、肥料、饲料及食品添加剂。AA级绿色食品产地环境质量要求评价项目的单项污染指数不得超过1，生产过程中不得使用任何人工合成的化学物质，且产品需要3年的过渡期。无公害食品不分级，在生产过程中允许限品种、限数量、限时间地使用安全的人工合成化学物质。

认证机构上，有机农产品的认证由国家认监委批准、认可的认证机构进行，有中绿华夏、南京国环、五岳华夏、杭州万泰等机构。另外亦有一些国外有机食品认证机构在我国发展有机食品的认证工作，如德国的BCS。绿色食品的认证机构在我国唯一一家是中国绿色食品发展中心，该中心负责全国绿色食品的统一认证和最终审批。无公害食品的认证机构较多，目前有许多省、区、市的农业农村主管部门都进行了无公害食品的认证工作，但只有在国家市场监督管理总局正式注册标识商标或颁布了省级法规的前提下，其认证才有法律效应。

做好"三品一标"认证，是为了保障公众的食品安全和无公害农产品的发展，国家农业农村部为此在全国启动实施了"无公害食品计划"，实现"从农田到餐桌"全程质量监控，有效推动有机、高效、优质的农产品的发展和宣传，保障公众的食品安全。农产品地理标志的登记保护是挖掘、培育和发展独具地域特色的传统优势农产品品牌，保护各地独特的产地环境，提升农产品独特的品质，增强特色农产品市场竞争力，促进农业区域经济发展。因此，"三品一标"的认证对于一个农产品品牌来说，具有很深远的意义。

家庭农场通过实施"三品一标"认证，可以规范家庭农场的生产秩序，提升农产品质量安全水平，提高农产品的附加值和市场竞争力，进而提高家庭农场的经济效益，使家庭农场长久发展。

# 五、做好家庭农场的成本核算

家庭农场的成本核算是指将在一定时期内家庭农场生产经营过程中所发生的费用，按其性质和发生地点，分类归集、汇总、核算，计算出该时期内生产经营费用发生总额和分别计算出每种产品的实际成本和单位成本的管理活动。其基本任务是正确、及时地核算产品实际总成本和单位成本，提供正确的成本数据，为企业经营决策提供科学依据，并借以考核成本计划执行情况，综合反映企业的生产经营管理水平。

家庭农场成本核算是家庭农场成本管理工作的重要组成部分，成本核算的准确与否，将直接影响家庭农场的成本预测、计划、分析、考核等控制工作，同时也对家庭农场的成本决策和经营决策产生重大影响。

通过成本核算，可以计算出产品实际成本，可以作为生产耗费的补偿尺度，是确定家庭农场盈利的依据，便于家庭农场依据成本核算结果制定产品价格和企业编制财务成本报表。还可以通过产品成本的核算计算出的产品实际成本，与产品的计划成本、定额成本或标准成本等指标进行对比，除可对产品成本升降的原因进行分析外，还可据此对产品的计划成本、定额成本或标准成本进行适当地修改，使其更加接近实际。

通过产品成本核算，可以反映和监督家庭农场各项消耗定额及成本计划的执行情况，可以控制生产过程中人力、物力和财力的耗费，从而做到增产节约、增收节支。同时，利用成本核算资料，开展对比分析，还可以查明家庭农场生产经营的成绩和缺点，从而采取针对性的措施，改善家庭农场的经营管理，促使家庭农场进一步降低产品成本。

通过对产品成本的核算，还可以反映和监督产品占用资金的增减变动和结存情况，为加强产品资金的管理、提高资金周转速度和节约有效地使用资金提供资料。

可见，做好家庭农场的成本核算，具有非常重要的意义，是家庭农场规模化养鹅必须做好的一项重要工作。

## （一）规模化家庭农场成本核算对象

会计学对成本的解释是：成本是指取得资产或劳务的支出。成本核算通常是指存货成本的核算。规模化养鹅虽然都是由日龄不同的鹅群组成，但是由于这些鹅群在连续生产中的作用不同，应确定哪些是存货，哪些不是存货。

家庭农场养鹅的成本核算的对象具体为家庭农场的每批肉鹅、每批蛋鹅。

鹅在生长发育过程中，不同生长阶段可以划分为不同类型的资产，并且不同类型资产之间在一定条件下可以相互转化。根据《企业会计准则第5号——生物资产》可将资产分为生产性生物资产和消耗性生物资产两类。结合养鹅的特点，也可将鹅群分为生产性生物资产和消耗性生物资产两类。家庭农场饲养蛋鹅的目的是产鹅蛋，蛋鹅能够重复利用，属于生产性生物资产。生产性生物资产是指为产出畜产品、提供劳务或出租等目的而持有的生物资产。即处于生长阶段的，包括雏鹅和育成鹅，均属于未成熟生产性生物资产，而当育成鹅成熟为产蛋鹅时，就转化为成熟生产性生物资产，当种鹅被淘汰后，就由成熟生产性生物资产转为消耗性生物资产。

家庭农场外购的成龄蛋鹅，按应计入生产性生物资产成本的金额，包括购买价款、相关税费、运输费、保险费以及可直接归属于购买该资产的其他支出。

产蛋前期的育成鹅，达到预定生产经营目的后发生的管护、饲养费用等后续支出，全部由鹅蛋承担，按实际消耗数额结转。

## （二）规模化家庭农场成本核算内容

### 1. 鹅蛋生产成本的管理与核算

鹅蛋生产首先要掌握产蛋率，产蛋率＝产蛋总只数÷实际饲养母鹅只数累加数×100%。其次是饲料回报率（料蛋比），饲料回报率 = 饲料耗用量 ÷ 期内总产蛋量 ×100%。

饲料回报率有四种算法：①饲料耗用量和产蛋总量都以公斤计算。②饲料耗用量以公斤计算，产蛋量以只计算。这两种为养殖技术人员常用。③饲料耗用量以金额计算，产蛋量以公斤计算，分析商品蛋成本用此法。④饲料耗用量以金额计算，产蛋量以只计算，分析种蛋成本用此法。

种蛋生产还须掌握受精率，受精率 = 受精蛋只数 ÷ 入孵蛋只数 ×100%。在采收、保管、传递等过程中，会发现破损蛋。破损蛋价格低于好蛋。因此，减少破损很重要。母鹅产蛋量降到一定程度，必须淘汰，不然徒增饲养成本。

鹅蛋的生产成本项目有：

① 种鹅耗损。不管是购进母鹅还是自繁母鹅，其成本价都比淘汰鹅价高，差价即是种鹅耗损。种鹅耗损是鹅蛋成本的一个重要项目，占鹅蛋生产成本的 10%～15%。

② 饲料。生产成本中比重最大，约占成本的 70%，产蛋母鹅对饲料的要求比较严格。要分别按产蛋期和休产期的不同要求配制精料，适当搭配粗料。

③ 工资。指饲养人员的工资及附加费，按应计数计入成本。工资在鹅蛋生产成本中比重最小，在 3% 以下。如果是放牧，人工费用要增加，饲料费用可减少，要权衡得失。

④ 其他费用。包括医药费、消耗材料、工具、电费、鹅舍折旧费等，按实耗数或应计数计入成本。如果是自繁鹅苗用的种蛋生产，则种鹅耗资应包括公鹅。公母比例一般为（1∶4）～（1∶6），保证受精率在 80% 以上。公鹅过多增大成本，过少不能保证受精率。饲料也应包括公鹅，分析公鹅耗料时，要以受精率的升降作为参照。宁可改进饲料的质与量，不可降低受精率。

### 2. 鹅苗生产成本的管理与核算

① 照蛋。照蛋的目的是检查孵化期间鹅胚胎的发育情况，检查孵化条件是否适宜；同时还可剔除无精蛋、死胚蛋，有助于更好地改进孵化条件，提高孵化成绩。

在孵化过程中一般照蛋3次，第一次照蛋在6～7天进行，应及时剔除无精蛋、死胚蛋，并检查种鹅的受精率以及种蛋的保存条件等是否适宜。第二次照蛋在15～16天进行，正常的胚蛋尿囊在小头"合拢"，同时剔除死胚蛋。第三次照蛋可进行抽样检查，作为孵化后期调整孵化条件、按时出壳的参考。通过这次照蛋，根据不同时期胚胎发育的程度，作为调整孵化条件的依据。照出的无精蛋和死胚蛋均须折价出售。

② 出壳率。鹅苗生产最重要的是掌握出壳率：出壳率 = 出苗只数（健壮苗和弱苗）÷ 受精蛋数 ×100%。其次是每苗的加工成本（孵抱费）和减少弱苗。弱苗一般不超过出苗总数的3%。

③ 成活率。鹅苗进场到4周龄为育雏期，5～30周龄为育成期。育雏期和育成期应重点计算育雏成活率和育成成活率，育雏期和育成期间发现不健康的鹅应及时淘汰处理。

育雏成活率 = 育雏期满成活鹅数 ÷ 该批鹅苗进场数 ×100%，一般标准为94%。

育成成活率 = 育成（售出）鹅数 ÷ 该批鹅苗育雏成活鹅数 ×100%，一般标准为97%。

种鹅在育成后期，可能提前产蛋，所产蛋作商品蛋出售。其收入与不合格种鹅作肉鹅处理的收入，都视同副产品，在成本总额中减去。全部成本减去副产品收入，即为该批种鹅的实际成本，除以合格种鹅只数，就得每只种鹅的单位成本。

## （三）家庭农场账务处理

家庭农场在做好成本核算的同时，也要将整个农场的整个收支过程做好归集和登记，以全面反映家庭农场经营过程中发生的实际收支和最终得到的收益，使农场主了解和掌握本农场当年的经营状况，达到改善管理、提高效益的目的。

家庭农场记账可以参考山西省农业厅《山西省家庭农场记账台账（试行）》（晋农办经发〔2015〕228号）。

山西省家庭农场记账台账（试行）的具体规定如下。

## 1. 记账对象

记账单位为各级示范家庭农场及有记账意愿的家庭农场。记账内容为家庭农场生产、管理、销售、服务全过程。

## 2. 记账目的

家庭农场以一个会计年度为记账期间，对生产、销售、加工、服务等环节的收支情况进行登记，计算生产和服务过程中发生的实际收支和最终得到的收益，使农场主了解和掌握本农场当年的经营状况，达到改善管理、提高效益的目的。

## 3. 记账流程

家庭农场记账包括登记、归集和效益分析三个环节。

（1）登记　家庭农场应当将主营产业及其他经营项目所发生的收支情况，全部登记在《山西省家庭农场记账台账》上。要做到登记及时、内容完整、数字准确、摘要清晰。

（2）归集　在一个会计年度结束后将台账数据整理归集，得到收入、支出、收益等各项数据。归集时家庭农场可以根据自身需要增加、减少或合并项目指标。

（3）效益分析　家庭农场应当根据台账编制收益表，掌握收支情况、资金用途、项目收益等，分析家庭农场经营效益，从而加强成本控制，挖掘增收潜力；明晰经营方向，实现科学决策；规范经营管理，提高经济效益。

## 4. 计价原则

① 收入以本年度实际实现的收入或确认的债权为准。

② 购入的各种物资和服务按实际购买价格加运杂费等计算。

③ 固定资产是指单位价值在 500 元以上，使用年限在 1 年以上的生产或生产管理使用的房屋、建筑物、机械、运输工具、役畜、经济林木、堤坝、水渠、机井、晒场、大棚骨架和墙体以及其他与生产有关的设备、器具、工具等。

购入的固定资产按购买价加运杂费及税金等费用合计扣除

补贴资金后的金额计价；自行营建的固定资产按实际发生的全部费用扣除补贴资金后的金额计价。

固定资产采用综合折旧率为 10%。享受国家补贴购置的固定资产按扣除补贴金额后的价值计提折旧。

④ 未达到固定资产标准的劳动资料按产品物资核算。

### 5. 台账运用

① 作为评选示范家庭农场的必要条件。

② 作为家庭农场承担涉农建设项目、享受财政补贴等相关政策的必要条件。

③ 作为认定和审核家庭农场的必要条件。

附件：山西省家庭农场台账样本。

台账样本见表 9-1 山西省家庭农场台账——固定资产明细账、表 9-2 山西省家庭农场台账——各项收入、表 9-3 山西省家庭农场台账——各项支出和表 9-4（　　　）年家庭农场经营收益。

表 9-1　山西省家庭农场台账——固定资产明细账　单位：元

| 记账日期 | 业务内容摘要 | 固定资产原值增加 | 固定资产原值减少 | 固定资产原值余额 | 折旧费 | 净值 | 补贴资金 |
|---|---|---|---|---|---|---|---|
| 上年结转 | | | | | | | |
| | | | | | | | |
| | | | | | | | |
| | | | | | | | |
| | | | | | | | |
| | | | | | | | |
| | | | | | | | |
| | | | | | | | |
| | | | | | | | |
| | | | | | | | |
| | | | | | | | |

| 记账日期 | 业务内容摘要 | 固定资产原值增加 | 固定资产原值减少 | 固定资产原值余额 | 折旧费 | 净值 | 补贴资金 |
|---|---|---|---|---|---|---|---|
| | | | | | | | |
| | | | | | | | |
| | | | | | | | |
| | 合计 | | | | | | |
| | 结转下年 | | | | | | |

说明：1. 上年结转——登记上年结转的固定资产原值余额、折旧费、净值、补贴资金合计数。

2. 业务内容摘要——登记购置或减少的固定资产名称、型号等。

3. 固定资产原值增加——登记现有和新购置的固定资产原值。

4. 固定资产原值减少——登记报废、减少的固定资产原值。

5. 固定资产原值余额——固定资产原值增加合计数减去固定资产原值减少合计数。

6. 折旧费——登记按年（月）计提的固定资产折旧费。

7. 净值——固定资产原值扣减折旧费合计后的金额。

8. 补贴资金——登记购置固定资产享受的国家补贴资金。

9. 合计——上年转来的金额与各指标本年度发生额合计之和。

10. 结转下年——登记结转下年的固定资产原值余额、折旧费、净值、补贴资金合计数。

### 表9-2 山西省家庭农场台账——各项收入 单位：元

| 记账日期 | 业务内容摘要 | 经营收入 | | 服务收入 | 补贴收入 | 其他收入 |
|---|---|---|---|---|---|---|
| | | 出售数量 | 金额 | | | |
| | | | | | | |
| | | | | | | |
| | | | | | | |
| | | | | | | |
| | | | | | | |
| | | | | | | |
| | | | | | | |
| | | | | | | |
| | | | | | | |
| | | | | | | |
| | | | | | | |

| 记账日期 | 业务内容摘要 | 经营收入 | | 服务收入 | 补贴收入 | 其他收入 |
|---|---|---|---|---|---|---|
| | | 出售数量 | 金额 | | | |
| | | | | | | |
| | | | | | | |
| | | | | | | |
| | | | | | | |
| | | | | | | |
| | | | | | | |
| | | | | | | |
| | | | | | | |
| | | | | | | |
| 合计 | | | | | | |

说明：1. 业务内容摘要——登记收入事项的具体内容。

2. 经营收入——家庭农场出售种植养殖主副产品收入。

3. 服务收入——家庭农场对外提供农机服务、技术服务等各种服务取得的收入。

4. 补贴收入——家庭农场从各级财政、保险机构、集体、社会各界等取得的各种扶持资金、贴息、补贴补助等收入。

5. 其他收入——家庭农场在经营服务活动中取得的不属于上述收入的其他收入。

### 表 9-3　山西省家庭农场台账——各项支出　　单位：元

| 记账日期 | 业务内容摘要 | 经营支出 | 固定资产折旧 | 土地流转（承包）费 | 雇工费用 | 其他支出 |
|---|---|---|---|---|---|---|
| | | | | | | |
| | | | | | | |
| | | | | | | |
| | | | | | | |
| | | | | | | |
| | | | | | | |
| | | | | | | |

| 记账日期 | 业务内容摘要 | 经营支出 | 固定资产折旧 | 土地流转（承包）费 | 雇工费用 | 其他支出 |
|---|---|---|---|---|---|---|
|  |  |  |  |  |  |  |
|  |  |  |  |  |  |  |
|  |  |  |  |  |  |  |
|  |  |  |  |  |  |  |
|  |  |  |  |  |  |  |
|  |  |  |  |  |  |  |
|  |  |  |  |  |  |  |
| 合计 |  |  |  |  |  |  |

说明：1. 业务内容摘要——登记支出事项的具体内容或用途。

2. 经营支出——家庭农场为从事农牧业生产而支付的各项物质费用和服务费用。

3. 固定资产折旧——家庭农场按固定资产原值计提的折旧费。

4. 土地流转（承包）费——家庭农场流转其他农户耕地或承包集体经济组织的机动地（包括沟渠、机井等土地附着物）、"四荒"地等的使用权而实际支付的土地流转费、承包费等土地租赁费用。一次性支付多年费用的，应当按照流转（承包、租赁）合同约定的年限平均计算年流转（承包、租赁）费计入当年成本费用。

5. 雇工费用——因雇佣他人（包括临时雇佣工和合同工）劳动（不包括发生租赁作业时由被租赁方提供的劳动）而实际支付的所有费用，包括支付给雇工的工资和合理的饮食费、招待费等。

6. 其他费用——家庭农场在经营、服务活动中发生的不属于上述费用的其他支出。

## 表 9-4　（　　　）年家庭农场经营收益

| 代码 | 项目 | 单位 | 指标关系 | 数值 |
|---|---|---|---|---|
| 1 | 各项收入 | 元 | 1=2+3+4+5① |  |
| 2 | 经营收入 | 元 |  |  |
| 3 | 服务收入 | 元 |  |  |
| 4 | 补贴收入 | 元 |  |  |
| 5 | 其他收入 | 元 |  |  |
| 6 | 各项支出 | 元 | 6=7+8+9+10+11① |  |
| 7 | 经营支出 | 元 |  |  |
| 8 | 固定资产折旧 | 元 |  |  |
| 9 | 土地流转（承包）费 | 元 |  |  |
| 10 | 雇工费用 | 元 |  |  |
| 11 | 其他费用 | 元 |  |  |
| 12 | 收益 | 元 | 12=1-6① |  |

①数字为代码。

# 六、做好鹅产品的销售

目前我国家庭农场的畜禽产品普遍存在出售的农产品多为初级农产品,产品大多为同质产品、普通产品,原料型产品多,而特色产品少、优质产品少。农产品的生产加工普遍存在仅粗加工、加工效率低、产品附加值比较低的现象。多数家庭农场主不懂市场营销理念,不能对市场进行细分,不能对产品进行准确的市场定位,产品等级划分不确切,大多以统一价格销售;很少有经营者懂得为自己的产品进行包装,特色农产品品牌少,特色农产品的知名品牌更少。在产品销售过程中存在流通渠道环节多,产品流通不畅,交易成本高等问题,也不能及时反馈市场信息。

所以,家庭农场要做好产品销售,就要避免这些普遍存在的问题在本场发生。不仅要研究人们的现实需求,更要研究消费者对农产品的潜在需求,并创造需求。同时要选择一个合适的销售渠道,实现卖得好、挣得多的目的。否则,产品再好,销售不出去,一切前期的努力都是徒劳的。家庭农场销售必须做好本场的产品定位、产品定价、销售渠道等方面工作。

## (一)销售渠道

销售渠道的分类有多种,一般按照有无中间商进行分类,家庭农场的销售渠道可分为直接渠道和间接渠道。

### 1.直接渠道

直接渠道是指生产者不通过中间商环节,直接将产品销售给消费者。如家庭农场直接设立门市部进行现货销售,农场派出推销人员上门销售,接受顾客订货,按合同销售,参加各种展销会、农博会,在网络上销售等。直接销售是以现货交易为主的交易方式。可以根据本地区销售情况和周边地区市场行情,自行组织销售。可以控制某些产品的价格,掌握价格调整的主动权，同时避免了经纪人、中间商、零售商等赚取中间差价，使家庭农场获得更多的利益。此外，通过直接与消费者接触，可随时听取消费者反馈意见，促使家庭农场提高产品质量和改善经营管理。

但是，直接销售很难形成规模，销量不够稳定。受经营者自身能力的限制，以及其对市场知识缺乏深入的了解，无法做好市场预测，经常会出现压栏滞销。

### 2. 间接渠道

间接营销渠道是指家庭农场通过若干中间环节将产品间接地出售给消费者的一种产品流通渠道。这种渠道的主要形态有家庭农场－零售商－消费者、家庭农场－批发商－零售商－消费者、家庭农场－代理商－批发商－零售商－消费者三种。

这类渠道的优点在于接触的市场面广，可以扩大用户群，增加消费量。缺点在于中间环节多，会引起销售费用上升；由于受信息不对称的影响，销售价格很难及时与市场同步；议价能力低。

### 3. 渠道选择

家庭农场经济实力不同，适宜的销售渠道就会有所不同，生产者规模的大小、财务状况的好坏直接影响着生产者在渠道上的投资能力和设计的领域。一般来说，能以最低的费用把产品保质保量地送到消费者手中的渠道是最佳营销渠道。家庭农场只有通过高效率的渠道，才能将产品有效地送到消费者手中，从而刺激家庭农场提高生产效率，促进生产的发展。

渠道应该便于消费者购买、服务周到、购买环境良好、销售稳定和满足消费者欲望。并在保证产品销量的前提下，最大限度地降低运输费、装卸费、保管费、进店费及销售人员工资等销售费用。因此，在选择营销渠道时应坚持销售的高效率、销售费用少和保证产品信誉的原则。

家庭农场采取直接销售有利于及时销售产品，减少损耗、变质等损失。对于市场相对集中、顾客购买量大的产品，直接销售可以减少中转费用，扩大产品的销售。由于农场主既要组织好生产，又要进行产品销售，精力分散，所以该方式对农场主的经营管理能力要求较高。

在现代商品经济不断发展过程中，间接销售已逐渐成为生产单位采用的主要渠道之一。同时，家庭农场将主要精力放在生产上，更有利于生产水平的提高。

家庭农场的产品销售具体采取直接销售模式还是间接销售模式，应在全面分析产品、市场和家庭农场的自身条件后，权衡利弊，然后做出选择。

## （二）营销方法介绍

### 1.饥饿营销法

"哎！就差一步，又没买到……"

饥饿营销是指商品提供者有意调低产量，以期调控供求关系、制造供不应求"假象"、以维护产品形象并维持商品较高售价和利润率的营销策略。在畜禽养殖销售上，饥饿营销同样会取得很好的效果。如某市的一家盐水鹅店经营多年，一直是排队老字号了。附近居民对十几年来排队买盐水鹅已经见怪不怪。一位读者提醒："要是下午去的话，尽量4点钟就在那里等。防止一开门后爪子、翅膀和鹅肠等被一抢而光。稍稍去晚后，基本上就只剩鹅肉了。"这就是典型"饥饿营销"方式，用这种营销方案来造势吸引市民排队抢购，不仅达到销售目的，维持了商品较高的利润率，而且可以维护品牌形象、提高产品附加值。

### 2. 体验式营销

体验一词有谓亲身经历，实地领会，通过亲身实践所获得的经验，查核、考察等意思。而体验式营销，按照营销学专家伯恩德·H.施密特在其著作《体验式营销》中说明：体验式营销就是通过消费者亲身看、听、用、参与的手段，充分刺激和调动消费者的感官、情感、思考、行动、关联等感性因素和理性因素（见图9-10），重新定义、设计的一种思考方式的营销方法。

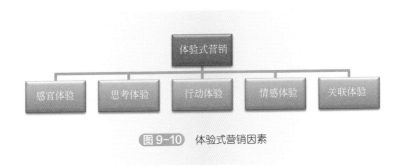

图 9-10　体验式营销因素

体验式营销的关键在于促进顾客和企业之间建立一种良好的互动关系，旨在以用户的需求为导向，设计、生产和销售产品；以用户沟通为手段，关注用户的体验，检验消费情景；以用户满足为目标，积极收集用户反馈，调整营销方法。也就是说，在全面消费者体验时代，不仅需要深入和全方位地了解消费者，而且还应把对使用者的全方位体验和尊重凝结在产品层面，让用户感受到被尊重、被理解和被体贴。

体验式营销方式消费者看得见、吃得着、买得放心、宣传效果好。如经常性地组织消费者参观鹅的养殖全过程，亲身体验养鹅的乐趣，组织特色鹅肉品鉴、免费试吃，提供鹅肉、鹅肝或鹅蛋等赞助大型活动，还可以开设体验店等，提高消费者对鹅产品的认知，扩大知名度。只有让消费者充分了解饲养的过程，知道特色究竟"特"在哪里，才能做到优质优价。如果再与休闲农业充分地融合，会给投资者带来丰厚的回报。

体验式营销是通过让目标顾客观摩、聆听、品尝、试用等方式，使其亲身体验企业提供的产品或服务，实际感知产品或服务的品质或性能，从而促使顾客认知、喜好并购买的一种营销方式。它以满足消费者的体验需求为目标，以服务产品为平台，以有形产品为载体，生产、经营高质量产品，拉近企业和消费者之间的距离。

### 3. 微信营销

微信营销就是利用微信基本功能的语音短信、视频、图片、文字和群聊等，以及微信支付和微信提现功能，进行产品点对点网络营销的一种营销模式（见图 9-11）。

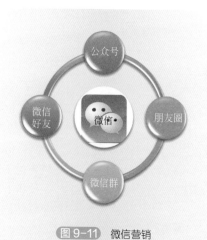

图 9-11　微信营销

微信营销具有潜在客户数量多、营销方式多元化、定位精准、音讯推送精准、营销更加人性化、营销成本低廉等优势。微信营销突破了距离的制约、空间的限制，只要注册微信的用户，就能够与周围同样注册的"朋友"建立联系，对于自己感兴趣的信息，用户可以进行订阅。同样，商家也可以通过微信点对点的方式来推广自己的产品或服务。商家可以快速建立本企业的微信官网，全方位展现企业品牌；微门面多店连锁管理；微活动多种营销互动方式，更贴近用户，提升人气；微信即时支付，帮助销售；微信调研收集用户信息，为企业活动提供决策依据；微信投票即时了解用户需求、收集用户反馈，增加互动；微信统计实时反馈微官网流量；微信团购，重复消费；微信一键轻松报名，人气火爆；微信留言良性互动，传播企业口碑；微信会员查消费、兑积分、看特权，会员功能管理系统；微信电商在线销售，用户群庞大，方便快捷；人工咨询客服能快速接入人工客服，智能快捷；多维度进行听众搜索管理；轨迹分析能快速掌握听众来源与行为动态；用户信息保存使信息数据永久保存，帮助更精准的营销行为。

正是看到微信营销的诸多优点，很多养殖场也纷纷采用微信营销来推广销售本场的畜禽产品，并取得了很好的成绩。

如某微信营销成功案例。首先是挖掘故事，情感营销。鹅肉它最大的价值不在于营养，而是一种情感和味道，只有抓住那些客户内心深处的东西，才能触动他们的神经，达到成交的目的。可以在朋友圈发微信，怀念小时候吃的鹅肉，让喜欢吃的朋友留言，说出爱它的理由，然后选取有代表性留言的人送鹅肉食品。

其次是造势预热，吸引眼球。在朋友圈卖东西，预热很重要，要造就一个神秘感，这样才能吸引大家的关注，还有先在朋友圈发布预售，等过几天才发货，这些都是造势。但是造势是非常有讲究的，造势的前提是你之前和你的微信好友有一定的黏度和信任度，这个是非常重要的。如果你和你的微信好友之前很少联系和互动，人家不信任你，这根本没有任何效果。

可以请交际广泛、威望比较高的人帮助推广，同时在自己的朋友圈帮他进行预热。

再次是借力营销，提升名气。仅依靠一个人的力量是不够的，在发布预售后，让圈内的好友都帮助在他们的朋友圈分享和推广。在朋友圈营销，一定要借助身边的朋友，尤其是好友多、有一定影响力的人去帮你推广。

最后是灵活多变，满足需求。在微信上卖东西，不像淘宝，系统化流程操作，微信就完全靠人工去完成，一个一个沟通，一个一个接单，非常的辛苦和繁琐。在微信上接单，要尽量满足客户的需求，把每个微信好友当作你的好朋友，认真服务，耐心解答，只有这样，人家在收到你的产品时，才会很乐意帮你在朋友圈去分享。为了方便大家，付款方式可以采用多种支付方式，如银行卡转账、微信转账、微信红包、支付宝，甚至电话费都可以。

如广州"物只卤鹅"的成功就有微信营销的功劳。"物只卤鹅"建立了强大的社群矩阵，进行社群营销。拥有品鹅团、尝鹅会、白领福利群等数千用户社群。让"粉丝"参与产品的研发，综合"粉丝"的建议不断改进产品。与顾客建立起信任，收获"死忠粉"，形成好的口碑。"物只卤鹅"还独立运营自己的公众号，目前已有近10万的粉丝。公众号也不是一个摆设，"物只卤鹅"会经常更新内容。另外，"物只卤鹅"还进行跨界营销，拍摄微电影、小视频、制作漫画，加大品牌的推广力度，达到相应的传播效果。开业仅一年多，就在广州开了十余家直营店，单店月销售额高达60万！

4. 网络营销

根据冯英健著《网络营销基础与实践》第 5 版网络营销的定义为：网络营销是基于互联网络及社会关系网络连接企业、用户及公众，向用户传递有价值的信息和服务，实现顾客价值及企业营销目标所进行的规划、实施及运营管理活动。

网络营销以互联网为技术基础，以顾客为核心，以为顾客创造价值作为出发点和目标，连接的不仅仅是电脑和其他智能设备，更重要的是建立了企业与用户及公众的连接，构建了一个价值关系网，使其成为网络营销的基础。可见，网络营销不仅是"网络＋营销"，网络营销既是一种手段，同时也是一种思想。具有传播范围广、速度快、无地域限制、无时间约束、内容详尽、多媒体传送、形象生动、双向交流、反馈迅速等特点，可以有效地降低企业营销信息传播的成本。

如今，网络使用和网上购物迅猛发展，数字技术快速进步，从智能手机、平板电脑等数字设备，到网上移动和社交媒体的暴涨。很多企业纷纷在各种社交网络上建立自己的主页，以此来免费获取巨大的网上社群中活跃的社交分享所带来的商业潜力。

常用的网络营销工具有企业自行运营的官方网站、官方博客、官方 APP、关联网站、博客、微博、微信公众平台等，还有近年特火的抖音、快手、火山小视频等直播平台等（见图 9-12）。

图 9-12　网络营销

# 参 考 文 献

［1］肖冠华.养鹅高手谈经验［M］.北京：化学工业出版社，2015.

［2］牛淑玲.高效养鹅及鹅病防治［M］.2版.北京：金盾出版社，2013.

［3］谢庄.肉鹅高效益养殖技术［M］.北京：金盾出版社，2012.

［4］张淑芬.光照在养鹅生产中的应用［J］.中国家禽，2013，35（04）：
　　51-52.

［5］张瑛.鹅绒裘皮的加工技术［J］.中国禽业导刊，2005（21）：26.

［6］王金兰.鱼鹅立体化生态养殖技术［J］.中国禽业导刊，2007（22）：39.

［7］周晓丽，张有铃.侯水生教授谈养鹅［J］.农村养殖技术，2008（14）：
　　6-7.

［8］冯英健.网络营销基础与实践［M］.5版.北京：清华大学出版社，
　　2016.